内容理解

技术、算法与实践

孙子荀　刘　琦　孙　驰　李　津　屠子睿　詹　惠　肖鑫雨
陈　晓　朱城伟　赵　爽　李廷天　姚文韬　刘义晛　任旭华　　著
俞一鹏　杜　量　施力轩　张昊若　王润发　张振亮

CONTENT
UNDERSTANDING

TECHNOLOGY,
ALGORITHMS AND PRACTICE

机械工业出版社
CHINA MACHINE PRESS

图书在版编目（CIP）数据

内容理解：技术、算法与实践 / 孙子荀等著. —北京：机械工业出版社，2023.8
ISBN 978-7-111-73513-7

Ⅰ. ①内… Ⅱ. ①孙… Ⅲ. ①人工智能 - 算法 Ⅳ. ① TP18

中国国家版本馆 CIP 数据核字（2023）第 130386 号

机械工业出版社（北京市百万庄大街 22 号　邮政编码 100037）
策划编辑：杨福川　　　　　　　责任编辑：杨福川　　韩　蕊
责任校对：肖　琳　　王　延　　责任印制：常天培
北京铭成印刷有限公司印刷
2023 年 10 月第 1 版第 1 次印刷
186mm×240mm · 18.5 印张 · 378 千字
标准书号：ISBN 978-7-111-73513-7
定价：99.00 元

电话服务　　　　　　　　　　　　网络服务
客服电话：010-88361066　　　　机 工 官 网：www.cmpbook.com
　　　　　010-88379833　　　　机 工 官 博：weibo.com/cmp1952
　　　　　010-68326294　　　　金 书 网：www.golden-book.com
封底无防伪标均为盗版　　　　机工教育服务网：www.cmpedu.com

孙子荀

刘琦

内容理解与生成领域的资深专家，腾讯高级总监和专家研究员，负责腾讯游戏用户增长与内容生态技术相关的工作。2012年加入腾讯，十多年来一直从事内容理解、内容生成以及数据科学技术的研究和落地工作，带领团队获得十几项公司级业务奖和技术奖。与团队一起在人工智能顶级学术会议上发表了多篇论文和报告，在相关领域拥有几十项发明专利。

腾讯高级研究员，负责游戏短视频AI创作的算法研发和项目落地。从事文本生成、多媒体创作等方向的研究，在游戏智能创编、信息流内容质量业务场景方面有丰富的算法实践经验。

孙驰

腾讯高级研究员，研究方向为自然语言处理，负责游戏领域语言模型的预训练、游戏文本分类、游戏舆情分析。在文本理解、文本分类、文本生成领域有丰富的实践经验。

李津

西安交通大学博士，中国人工智能学会、中国图象图形学学会会员，长期从事人工智能与多模态内容理解相关工作，在学术理论研究与工业界产品落地方面均有丰富经验，在 CVPR 等顶级会议和期刊上发表多篇论文，多次担任人工智能领域顶级会议审稿人。陕西师范大学讲师。

屠子睿

腾讯高级研究员，在游戏多模态内容领域积累了丰富的算法研究经验，参与了多模态内容检索、内容生成、内容理解领域的多个系统的设计并赋能实际业务。

詹惠

硕士毕业于上海交通大学电子与通信工程专业，腾讯研究员，研究方向包括计算机视觉、语音合成、数据科学，先后负责视频创作和数据科学场景的算法研发及应用落地。

肖鑫雨

腾讯高级研究员，致力于深度学习技术在视频创作、多媒体内容理解、图像文本生成和检索领域的研究与落地。在国内和国际期刊上发表了多篇论文并获得了多项发明专利。

陈晓

腾讯高级研究员，研究方向涉及视频理解、视频创作、数据科学等。曾负责游戏视频智能创编系统建设，在视频结构化理解、视频智能编辑、算法移动端部署等领域有丰富经验。

朱城伟

腾讯高级研究员，在短视频、广告、直播、电竞等领域从事计算机视觉、多模态算法的研发和落地，积累了丰富的经验。腾讯公司级开源协同项目"游戏视频分析"负责人。

赵爽

中国科学院大学博士，腾讯创意数据科学负责人，负责创意营销增长相关工作。研究方向涉及图像与视频理解、图像创作、数据挖掘等，在人工智能领域顶级会议和期刊上发表了多篇论文。

李廷天

香港理工大学博士，腾讯高级研究员，在计算机视觉、多模态、智能创作等领域发表了高水平国际期刊、会议论文十余篇，作为发明人的多项专利已获授权，并多次受邀作为 SCI 一、二区等国际高水平期刊的审稿人。

姚文韬

清华大学博士，腾讯高级研究员，主要负责游戏内容的理解和分析工作。长期从事计算机视觉和自然语言处理算法的研发与产品落地。在视频语义的多模态与细粒度理解、文本热点挖掘与推荐等领域有丰富的经验。

刘义晛

上海科技大学博士，腾讯高级研究员，研究方向包含自然语言处理、多模态、数据挖掘等。主要负责游戏内容理解相关的计算机视觉和自然语言处理算法的研发与产品落地。

任旭华

上海交通大学博士，腾讯高级研究员，在人工智能领域顶级会议和期刊上发表过多篇论文，获得多项国家发明专利，在天池等行业知名竞赛中拿到多项第一名。长期在互联网科技公司从事计算机视觉、人工智能、数据挖掘等方向的相关工作。

俞一鹏

浙江大学计算机专业博士，研究方向包括基于脑机接口的混合智能系统、基于演化计算的多目标优化学习等。曾在 IBM 中国研究院担任研究科学家，在腾讯担任高级研究员。工作期间主要研究方向为自然语言处理和多模态，涉及内容创作、内容理解和内容推荐。在 IJCAI、ACM MM 和 UbiComp 等顶级会议上发表过多篇论文，拥有十几项中国和美国的专利授权。

杜量

复旦大学博士，腾讯高级研究员。先后从事计算机三维场景感知、迁移学习、自动驾驶等领域的研究工作，在人工智能领域顶级会议和期刊上发表论文 10 余篇，担任 TPAMI、CVPR、AAAI 审稿人。

施力轩

清华大学博士，主要研究量子光学和高灵敏检测算法，参与过多个国家自然科学基金研究项目。现任腾讯高级算法研究员，在游戏内容领域积累了丰富的算法模型实战经验。

张昊若

上海交通大学博士，从事 3D 视觉、机器学习、机器人控制、三维建模等方向的研究。现为腾讯高级研究员，主要负责计算机视觉、视频理解、三维场景建模等工作。

王润发

硕士毕业于浙江大学电子与通信工程专业，现为腾讯应用研究研究员，研究方向涉及多模态视频理解、数据科学等，主要参与视频内容结构化、视频智能创编、数据科学等场景的算法研究和应用落地，已获得多项国家发明专利的授权。

张振亮

北京理工大学博士，曾任腾讯高级研究员，现为北京通用人工智能研究院研究员。长期从事虚拟现实、计算机视觉与人工智能相关的研究，曾获中国图灵大会最佳论文奖和国际智能机器人与系统大会最佳论文奖提名。

为什么要写这本书

随着互联网的高速发展，内容产业规模迅猛增长，从图文到短视频，内容形态不断丰富，市场孵化出一大批优秀的内容产品。作为行业发展的见证者，我所在的团队一直致力于通过 AI 技术推动内容产业的发展。

在推荐分发和内容审核等场景中，内容理解是核心竞争力。我们对海量信息进行结构化处理、打标签、语义理解，在很多场景下，AI 对内容的处理能力达到了人类的水平。我们围绕短视频剪辑的各种细分工具，结合人工智能技术合成创作者需要的素材，并生成有特色的创意模板。这也是当前技术领域的研究热点，我们的研究成果全面满足了内容制作者的需求。

本书以团队丰富的算法研究成果为支撑，详细总结和介绍了内容算法的原理与扎实有效的应用案例。鉴于目前市面上内容算法相关的书不多，我们将腾讯在内容业务方面的实践经验撰写成书，供更多从业者参考、交流和学习。

读者对象

- ❑ 内容算法领域的研发人员
- ❑ 人工智能相关的从业者
- ❑ 内容相关的产品和运营人员
- ❑ 高等院校计算机相关专业学生

本书特色

本书结合腾讯游戏内容理解和创作的业务场景，深度解析内容算法原理，围绕内容理解、内容生成、内容质量等业务场景，深入介绍工业界在算法方面的实践和思考。

如何阅读本书

本书分为三部分。

第一部分（第1~7章）介绍内容理解，内容从文本、图像、语音单一模态的理解到多模态理解，从常见的文本理解到复杂的视频解析，帮助读者全面了解其中的技术细节和研究进展。

第二部分（第8~11章）介绍内容生成，着重讲解内容生成的技术细节，从图片生成、文本生成、AI 素材合成到视频编辑，系统介绍了内容创作相关的技术，帮助读者由浅入深地理解技术原理与业务实践。

第三部分（第12~14章）介绍内容质量，详细介绍了信息流产品常见的内容质量问题，讲解了针对这些内容质量问题的业务场景应如何进行拆解和定义。

通过对本书内容的学习，读者可以全面了解内容算法的原理、业务建模流程以及业界常用的解决方案和研究进展。

勘误和支持

由于作者的水平有限，书中难免会出现一些错误或者不准确的地方，恳请读者批评指正。如果你遇到任何问题，可发送邮件至邮箱 qizailiu@outlook.com，我们将尽量为你提供满意的解答。如果你有宝贵意见，也欢迎发邮件联系我们，期待能够得到大家的真挚反馈。

致谢

感谢参与写作本书的每一个人，大家一起努力将团队的工作经验总结成书。

感谢部门领导陈冬对工作的支持。

谨以此书献给对内容相关算法有兴趣的读者们！

孙子茜

Contents **目 录**

内容理解

随着互联网的高速发展，内容产业近几年更是迅猛增长，市场孵化出一大批优秀的内容产品，从图文到短视频，内容形态不断丰富。内容理解是内容业务竞争力的核心，在推荐和内容审核等场景发挥着巨大的作用。在人工智能浪潮下，对海量信息进行结构化、打标签、语义理解，在很多场景下 AI 对内容的处理能力达到了人类的水平。

第一部分将详细介绍内容理解的各个模块，包含从文本、图像、语音等单一模态的理解到多模态理解。从常见的文本理解到复杂视频的解析帮助读者全面了解其中的技术细节和研究进展。第一部分介绍的业务建模流程和解决方案，可以帮助读者在实际工作中快速将应用落地。

文本内容理解

文本内容是众多模态内容的重要组成部分,相较于图片、视频等内容,文本内容更加抽象。语言文字中蕴含了丰富的信息,能够表达各种各样的语义。让机器理解文本内容,是一项十分重要且具有挑战性的工作。一方面,文本内容理解研究如何用向量表示文本,目标是使表示文本的向量能包含丰富的语义信息;另一方面,文本内容理解研究如何从文本中提取标签,例如自动提取某段文本的关键词、主题词,或者给定标签类别,将已有文本自动归类。

文本内容理解是自然语言处理任务的基础,只有理解好文本内容,才能更好地进行内容推荐、文本生成、机器翻译等复杂的工作。本章将介绍文本内容理解的研究分支和最新进展,并通过具体的例子介绍文本内容理解的实际应用。

1.1 文本表示

本节介绍文本表示,首先简要介绍文本表示的研究背景,然后详细介绍近年来被人们广泛使用的传统和深度文本表示方法。

1.1.1 文本表示的研究背景

为了理解文本内容,我们首先要了解如何表示它。传统的文本表示方法有 One-Hot 编码、TF-IDF(Term Frequency-Inverse Document Frequency,词频 – 逆文本频率)等,这一类文本表示方法关注词语出现的频率信息,但是无法对词语的顺序信息以及语义信息进行建模。此外，这种表示方法的词向量的维度等于词表大小，参数量很大，在训练模型时容易出现"维度灾难"的问题。而基于神经网络的文本表示方法采用分布式表示思想，克服了 One-Hot 编码方法的缺点。近年来，非常受欢迎的分布式文本表示模型是 word2vec，该模型基于这样一种分布式假设：在相同语境中出现的词语往往具有相似的含义。

word2vec 的词语表示是固定的，难以对多义词进行建模，尽管有针对多义词建模的改进工作，但是本质上这一文本表示方法仍是上下文无关的。换句话说，同一个词在不同的上下文中的表示是固定的。与之相对的是一种上下文相关的词表示模型 ELMo（Embedding from Language Models），ELMo 使用 LSTM（Long Short-Term Memory，长短期记忆）网络训练语言模型，并将训练好的模型的隐层参数作为词表示。它的维数相对较大，在考虑上下文信息的情况下，同一个词在不同的上下文中的表示是不同的。

在将文本表示应用到具体的任务时，通常直接将事先得到的文本特征作为任务模型的输入，因为文本特征的质量决定了模型的性能，所以这种方法属于基于特征的方法。除了基于特征的方法外，还有一种基于微调的方法。基于微调的方法属于深度学习方法，下游任务使用的模型结构及初始参数和上游学习文本特征的模型结构及参数相同。换句话说，文本特征和学习文本特征的模型参数都被利用起来了。在处理下游任务的时候，只需要采用较低量级的学习率进行微调即可。

基于微调方法的典型代表是 BERT（Bidirectional Encoder Representation from Transformers）。BERT 使用大规模无监督语料预训练通用语言模型，训练好的模型参数会被直接应用于下游任务。在执行下游任务时，基于微调的方法往往比基于特征的方法表现更好，因为这一方法更好地避免了过拟合。需要注意的是，"微调"方法的学习率不宜过大，否则会导致"灾难性遗忘"，使得预训练模型参数中包含的通用信息被快速更新。

1.1.2 文本表示的方法

1. One-Hot 编码

One-Hot 编码又称独热编码、一位有效编码。这一编码使用 N 位状态寄存器来对 N 个状态进行编码，每个状态都有独立的寄存器位，并且在任意时刻，只有一位有效。文本内容的 One-Hot 编码的状态空间通常为词汇表，而词向量维度等于词汇表大小。

使用 One-Hot 编码提取文本特征时，通常采用词袋模型。接下来举例说明提取特征的过程，假设整个语料包含三句话。

- 我爱北京天安门
- 天安门在北京
- 北京是我的家乡

我们从整个语料中提取出词表：我、爱、北京、天安门、在、是、的、家乡。词表大小为8，每个词按顺序编号为1到8。那么语料中三句话的One-Hot编码如下。

❑ [1，1，1，1，0，0，0，0]

❑ [0，0，1，1，1，0，0，0]

❑ [1，0，1，0，0，1，1，1]

One-Hot编码可以简单方便地表示文本，可以扩充特征数量。当词表非常大的时候，这一编码方式得到的文本向量的维度也会很大。此外，词袋模型只关注某个词是否出现，并不关注词的顺序信息以及上下文信息，词的顺序这一重要信息被完全丢弃了。

2. TF-IDF

TF-IDF中文名为"词频－逆文本频率"，是信息检索领域常用的加权技术。文本的TF-IDF表征同样属于词袋模型，它和One-Hot模型的区别在于每个词的特征包含了权重信息。

具体来说，TF-IDF由两部分组成。

❑ 第一部分是TF（Term Frequency，词频），指的是某一个词语在文本中出现的频率。

❑ 第二部分是IDF（Inverse Document Frequency，逆文本频率），是词语的普遍性的度量。

高频词包含的信息往往少于低频词，例如"的""一""在"，这些高频词并不包含太多的信息，而"猫""苹果"这些词的频率相对较低，但包含的信息更加丰富。

IDF具体的计算公式为$IDF(x) = \log_2 \frac{N}{N(x)}$，其中$N$为文档总数，$N(x)$为包含单词$x$的文档数量。包含单词$x$的文档数量越少，说明单词$x$越独特，重要性越高。有一种特殊情况，即单词$x$特别稀有，导致没有文档包含$x$，此时分母$N(x)$等于0。为了避免这种情况发生，计算IDF时需要进行平滑化操作，常见的平滑操作为

$$IDF(x) = \log_2 \frac{N+1}{N(x)+1} + 1$$

最终，TF-IDF的计算公式为

$$TF - IDF(x) = TF(x) \times IDF(x)$$

某个具有高TF-IDF值的词语，既要在当前文档中出现频率较高，又要不经常出现在其他文档中，可以认为这种词语是当前文档的关键词。TF-IDF表征利用了更多的词频信息，比One-Hot编码的表征能力更强。

TF-IDF表征常用于传统机器学习文本分类方法中，对于更关注某些特定关键词而不那么关注句子语义的分类任务而言，可以取得很好的分类效果。举例来说，在新闻分类（体育、财经、娱乐等类别）任务中，包含"足球"关键词的内容大概率为体育类；包含"股票"关键词的内容大概率为财经类；包含"演唱会"关键词的内容大概率为娱乐类。这一表征方法有着悠久的历史，现在依然实用。

TF-IDF 表征方法简洁高效，有着很多优点，在文本挖掘、信息检索领域都有广泛应用。但是，这一表征也有着词袋模型固有的缺点，即特征的维度与词表大小有关，当词表过大时会出现"维度灾难"的问题。同时，因为 TF-IDF 方法同样只关注关键词频率信息，而不关注词语顺序这一重要信息，也不能对语义这一更高层次的信息建模，所以难以解决与语义相关的更复杂的任务。

3. word2vec

与词袋模型的文本表示不同，word2vec 是分布式文本表示。分布式表征使用低维向量来表示多种信息，常见的分布式表征是 RGB（Red Green Blue）颜色表示法，红绿组合成黄色，红绿蓝组合成白色，红绿蓝以不同比重组合能得到其他颜色。

RGB 值的概念引出了三维"颜色空间"，3 个维度分别表示红、绿、蓝三原色，每个维度的数值范围是 0～255，取值为整数，每个维度也可以用两位的十六进制数表示，某个具体的颜色可以用 6 位十六进制数表示。例如红色的 RGB 值为 [255, 0, 0]，用十六进制表示为 #FF0000；黑色的 RGB 值为 [0, 0, 0]，用十六进制表示为 #000000；粉色的 RGB 值为 [255, 192, 203]，用十六进制表示为 #FFC0CB。

word2vec 是文本的分布式表征，其将文本的信息压缩成一个低维的向量，向量维度通常是 100、200 或 300。word2vec 包含了 Skip-gram 和 CBOW（Continuous Bag Of Words，连续词袋）两个模型，Skip-gram 模型的任务是预测中心词的上下文词，而 CBOW 模型的任务是根据上下文词预测中心词，两个模型最终的目标是学习词表中每个词语的表征信息，模型的结构如图 1-1 所示，其中 t 表示序列的相对位置。

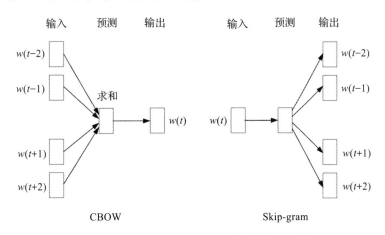

图 1-1　CBOW 和 Skip-gram 模型结构示意图

下面简要介绍 Skip-gram 模型的原理。Skip-gram 模型需要预测给定目标词的上下文词。给定一对词语（w, c），w 是给定目标词，那么词语 c 出现在 w 上下文中的概率可以表示为 $P(c|w)$。我们使用噪声对比估计（Noise Contrastive Estimation，NCE）的方法来计算

$P(c|w)$，当 c 是 w 的上下文时，$P(c|w)$ 的计算公式如下。

$$P(D=1|w, c)= \sigma(w^{\mathrm{T}}c)$$

当 c 不是 w 的上下文时，$P(c|w)$ 的计算公式如下。

$$P(D=0|w, c)=1- \sigma(w^{\mathrm{T}}c)$$

其中 $D=1$ 代表是上下文，$D=0$ 代表不是上下文，w、c 对应的是词语的向量表示，σ 是 sigmoid 函数。

最终，训练模型时使用了负采样的方法，对于给定词 w，取它的一个上下文词 c，随机取 k 个词 $c_1, c_2, \cdots, c_k$（可以认为随机抽取的词不是 w 的上下文词），则模型的损失函数如下。

$$L = \log_2 \sigma(w^{\mathrm{T}}c) + \sum_{i=1}^{k} \log_2 \sigma(-w^{\mathrm{T}}c_i)$$

当模型训练完成后，我们可以得到词语 w 的表示。这种分布式的词语表示包含了语义信息，与语义信息相近的词语表示也是相似的原理，因为具有相似语义的词往往具有相近的上下文。一般用两个词向量的余弦相似度来判断两个词语的相似程度，余弦相似度越接近 1，则表示两个词语的词义越相近。

4. GloVe

GloVe 同样是分布式的文本表示模型，目标和 word2vec 词表示相同，都是要得到包含丰富语义信息的分布式词表示。

GloVe 模型的基本思想是从全局的角度统计词共现信息，我们首先定义共现矩阵为 X，矩阵大小为 $n \times n$，n 是词表大小。矩阵 X 第 i 行第 j 列的值表示词表中第 i 个单词和第 j 个单词共同出现在同一个窗口中的次数。接下来，定义几个符号。X_i 是第 i 个单词在上下文中出现的总次数，计算公式如下。

$$X_i = \sum_{j=1}^{n} X_{i,j}$$

第 k 个词语出现在第 i 个词语的上下文的概率如下。

$$P_{i,k} = \frac{X_{i,k}}{X_i}$$

两个概率的比率如下。

$$\text{ratio}_{i,j,k} = \frac{P_{i,k}}{P_{j,k}}$$

可以发现，$\text{ratio}_{i,j,k}$ 这一指标是有规律的，当词语 i、k 相关，词语 j、k 不相关时，这一指标会很大；当 i、k 不相关，j、k 相关时，这一指标会很小。在其他的情形下，这一指标会接近于 1。我们希望学到的词向量能建模 $\text{ratio}_{i,j,k}$ 这一指标。

为了满足以上性质，作者构造模型损失函数如下。

$$L = \sum_{i,j=1}^{n} f(X_{i,j})(\boldsymbol{w}_i^{\mathrm{T}}\boldsymbol{w}_j + b_i + b_j - \log_2 X_{i,j})^2$$

其中 f 是权重函数，b_i 和 b_j 为偏差项。作者通过实验确定的权重函数如下。

$$f(x) = \begin{cases} (x / x_{\max})^{0.75}, & x < x_{\max} \\ 1, & x \geqslant x_{\max} \end{cases}$$

GloVe 和 word2vec 都可以在大规模通用文本上训练通用的包含了语义信息的词表示。近年来，这种通用预训练的词表示被广泛应用于各种自然语言处理任务中，作为下游任务的神经网络模型中文本的原始输入。

5. ELMo

不同于传统的分布式词表示，2018 年提出的 ELMo 词表示模型对上下文更加敏感。具体来说，word2vec 和 GloVe 学到的词表示是固定的，同一个词语在不同的上下文中的表示是相同的，而在 ELMo 词表示模型中，同一个词语在不同上下文中的表示是不同的。如果想知道 ELMo 词表示是如何学习的，我们要先了解统计语言模型。

对于语言序列 w_1，w_2，$\cdots$，w_n，语言模型就是该序列的概率：$P(w_1, w_2, \cdots, w_n)$。统计语言模型的概率通常用条件概率计算，我们认为某一个词出现的概率跟它前面的词有关，那么整个序列的概率可以拆分成条件概率的乘积，具体公式如下。

$$P(w_1, w_2, \cdots, w_n) = P(w_1)P(w_2 \mid w_1) \cdots P(w_n \mid w_1, w_2, \cdots, w_{n-1})$$

ELMo 模型就是要训练一个正向和反向的语言模型，然后将训练完成的模型的网络参数作为词语的表示。具体的网络结构采用了多层 LSTM 网络，正向语言模型的公式如下。

$$P(w_1, w_2, \cdots, w_n) = \prod_{k=1}^{n} P(w_k \mid w_1, w_2, \cdots, w_{k-1})$$

反向语言模型的公式如下。

$$P(w_1, w_2, \cdots, w_n) = \prod_{k=1}^{n} P(w_k \mid w_{k+1}, w_{k+2}, \cdots, w_n)$$

模型的损失函数如下。

$$L = \sum_{k=1}^{n} \log_2[P(w_k \mid w_1, w_2, \cdots, w_{k-1}; \theta_1) + P(w_k \mid w_{k+1}, w_{k+2}, \cdots, w_n; \theta_2)]$$

其中 θ_1 是正向 LSTM 网络的参数，θ_2 是反向 LSTM 网络的参数。

最终，某个句子中第 i 个词语 w_i 的 ELMo 词表示由它的原始输入 x_i、对应位置的 L 层正向语言模型 LSTM 网络的隐藏层参数 $h_{1,i,1}, h_{1,i,1}, \cdots, h_{1,i,L}$、对应位置的 L 层反向语言模型 LSTM 网络的隐藏层参数 $h_{2,i,1}, h_{2,i,1}, \cdots, h_{2,i,L}$ 共同组成。

ELMo 词表示的重要特点是上下文相关，可以很好地对一词多义的问题进行建模，使得上下文的信息得到充分利用。此外，$2L+1$ 组参数使得 ELMo 词表示具有相对较高的维度（大于 1000），而更高的维度可以保留更多的信息。ELMo 词表示对复杂语义的建模更好，在处理更加复杂的自然语言处理任务（例如机器阅读理解）时，ELMo 词表示的表现要优于 word2vec 和 GloVe。

6. BERT

ELMo 词表示使用的神经网络是 LSTM，随着深度学习的发展、硬件技术的提升，训练网络的计算力也大幅提升，像 Transformer 这样的大规模网络在机器翻译任务上取得了很好的效果。Transformer 网络结构在理解文本语义方面比 LSTM 等结构具有更强的竞争力，BERT 模型的主要结构就是堆叠的 Transformer 编码器。

BERT 模型的任务有两个：遮蔽语言模型和预测下一句话任务。

遮蔽语言模型不同于传统的语言模型，传统的语言模型认为词语的生成具有方向性，即当前词只与它前面的词有关，与它后面的词无关，预测当前词语时只能利用前面词的信息。而遮蔽语言模型则不考虑语言生成的方向性，预测一个词语可以同时利用它的上下文信息。实际的训练过程就是随机遮蔽一些词，再训练神经网络将遮蔽的词语预测出来。

预测下一句话任务是一个很巧妙的从无监督语料中提取监督信号的方法。具体的做法是将某段文本一分为二，分成 A、B 两个部分，然后以一定的概率将 B 随机替换成另一段文本 C。那么在训练样本中，A、B 的标签是下一句话，A、C 的标签就不是下一句话。预测下一句话任务，使得 BERT 模型能够很好地表示句子对的信息，这种能力在执行阅读理解、自然语言推理、搜索查询匹配等任务时很重要。

BERT 模型应用于下游任务的方式也是多种多样的，既可以用于提取出特征，也可以用于整个网络的微调。图 1-2 是 BERT 用于下游双句分类任务的示意图，应用了微调方法，在分类任务上使用了整个模型参数，在最上层的 CLS 符号的特征上接一个简单的线性层进行分类。

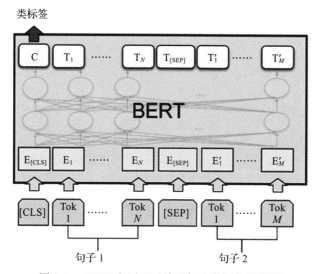

图 1-2　BERT 应用于下游双句分类任务示意图

提取特征的方法更加多样，最常见的就是提取最上层对应位置的符号的特征。微调 BERT 的方法对计算能力有着较高的要求，通常会比使用 BERT 特征的方法有更好的表现。使用 BERT 特征的方法的优点是便捷、轻量，在工业界的搜索、推荐等方向有很多实际应用。

1.2　文本分类

本节介绍文本分类，首先介绍文本分类的研究背景，然后介绍近年来常用的文本分类方法，并结合具体的例子介绍文本分类在工业界的应用价值。

1.2.1　文本分类的研究背景

文本分类是自然语言处理领域的一项基础任务，具体来说，文本分类需要将预先定义的标签类别分配到给定的文本。按照预先定义的标签数量来划分，文本分类分为二分类和多分类，二分类的标签数量是 2，多分类的标签数量大于 2。按照每条文本可以分配的标签数量划分，文本分类分为单标签分类和多标签分类。单标签分类指每条文本只能分配一个标签，而多标签分类的文本可以被分配多个不同的标签。如果无特殊说明，文本分类任务通常默认采用单标签分类。

除了以上两种划分方式外，文本分类任务还有一些细分的子任务。如果标签具有层次体系，此时就是一个分层文本分类任务。例如文本是试卷上的试题，标签是知识点，知识点具有层次信息，通常利用好标签的层次信息可以更好地提升分类效果。在情感分类任务中，如果关注文本中更细粒度的不同方面的情感类别，此时分类任务就是基于方面（Aspect-based）的情感分析任务，例如"这本书包装很精美，但是价格有点贵。"这句话对于"包装"这个方面的情感是正向的，而对于"价格"这个方面的情感是负向的。

文本分类任务不仅在学术界有着重要的研究价值，在工业界也有着广泛的应用。自动判断邮件是否为垃圾邮件、判断电商网站上的商品评论的情感倾向、判断某段新闻属于哪个类别（体育、财经、娱乐等）、判断某段《王者荣耀》游戏资讯中涉及哪些英雄标签、判断某条广告对应了哪种产品品类等，这些都是文本分类的实际应用。研究文本分类，并探索高性能的文本分类算法，有着重要的实际意义和应用价值。

1.2.2　文本分类的方法

文本分类方法可以分为三类：基于规则的方法、传统统计机器学习方法、深度学习方法。

基于规则的方法用预先定义好的匹配规则将文本打上相应的标签。例如新闻内容分类，可以制定关键词匹配规则，如出现"足球""篮球""奥运会"等关键词的新闻内容，会直接打上"体育"标签。这一方法需要领域专家耗费大量的精力制定匹配规则，并且分类系统较难维护，需要通过增加匹配规则来适应新的文本内容。规则匹配方法不具备通用性，因为不同的任务需要制定不同的匹配规则。

传统统计机器学习方法和深度学习方法都属于机器学习方法，这类方法使用事先标注好的内容作为训练数据，从中学习文本和标签之间的内在联系。这类方法具有通用性，适用于各种各样的分类任务，不需要耗费大量的精力来制定匹配规则，但也需要花费时间进行数据标注。

传统统计机器学习方法进行文本分类通常分为两步：第一步，手工制作文本特征，例如通过词袋模型构造文本特征；第二步，将得到的文本特征送入分类器进行训练，常见的分类器有朴素贝叶斯分类器、梯度提升树和随机森林。

这种分两步的分类方法有一些缺点，手工制作文本特征想要取得较好的分类效果，需要经过精细的设计和烦琐的特征工程。特征的设计非常依赖任务领域内的知识，难以拓展到其他领域。此外，由于特征模板是事先定义好的，这一方法难以充分利用大规模的训练数据。

和传统的统计学习方法分两步进行分类不同，深度学习方法通常是端到端的方法，在表示文本特征的同时进行分类。深度学习分类方法既可以学习当前任务文本和标签的内在关联，又具备较强的通用性，可以很方便地从一个文本分类任务迁移到另一个新的文本分类任务。

早期的深度学习方法的重点是构造各种神经网络模型来表示文本特征，例如循环神经网络、卷积神经网络、注意力机制模型等。最新的深度学习方法更加关注利用预训练语言模型提升文本分类的效果，即先在大规模无监督语料上预训练通用语言模型，再在新的任务上微调分类器，从而取得当前最佳的文本分类性能。

1. 朴素贝叶斯分类器

我们考虑单标签分类问题，假设某篇文档为 d，预先定义的类别集合 $C = (c_1, c_2, \cdots, c_m)$，$m$ 是类别数量。那么文档 d 所在的类别用数学公式可以表示为

$$\hat{c} = \arg\max_{c \in C} P(c \mid d) = \arg\max_{c \in C} P(d \mid c) P(c)$$

我们用词袋模型来表示文档 d，$d = (w_1, w_2, \cdots, w_n)$，$n$ 是词表大小，w_i 表示第 i 个单词在文档 d 中出现的次数。假设各个特征是相互独立的，那么可以得到：

$$\hat{c} = \arg\max_{c \in C} P(c) \prod_{i=1}^{n} P(w_i \mid c)$$

为了方便计算，两边取对数，最终分配类别的计算公式为

$$\hat{c} = \arg\max_{c \in C} \log_2 P(c) + \sum_{i=1}^{n} \log_2 P(w_i \mid c)$$

在上式中，$P(c)$ 是先验概率，$P(w_i \mid c)$ 为似然函数。

先验概率的计算公式为 $P(c) = \dfrac{N_c}{N_{\text{ALL}}}$，其中 N_c 是类别为 c 的文档数量，N_{ALL} 是所有文档的数量。

似然函数的计算公式为 $P(w_i \mid c) = \dfrac{\text{count}(w_i, c) + 1}{\sum\limits_{j=1}^{n} \text{count}(w_j, c) + n}$，$\text{count}(w_i, c)$ 表示所有类别为 c 的文档中出现单词 w_i 的次数，分子为 $\text{count}(w_i, c) + 1$ 是为了避免出现似然函数为 0 的情况。

最终，通过计算先验概率和似然函数，我们可以计算出文档 d 分配到的最优类别 $\hat{c}$，这就是朴素贝叶斯分类器的基本原理。朴素贝叶斯分类器既考虑了类别的权重信息，又考虑了要分类文档的词频信息，是一种经典的基于统计机器学习的文本分类方法。

2. 前馈神经网络分类器

前馈神经网络在文本表示中的应用十分普遍，下面介绍一个快速、高效的前馈神经网络分类器 FastText。FastText 分类器与 word2vec 中的 CBOW 模型十分类似，它们都将文本视为词袋，CBOW 模型要根据上下文词语预测中心词，而 FastText 模型要根据已有句子来预测句子的类别。

FastText 的模型结构如图 1-3 所示。值得注意的是，输入的特征是 N-gram 的词袋，在实践中，bigram 的词袋输入的效果一般会优于 unigram，因为 bigram 词袋包含了词语的局部顺序信息。对于包含 N 篇文章的语料，模型要做的事情是最小化下面的负对数似然。

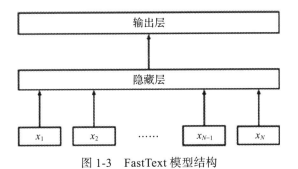

图 1-3　FastText 模型结构

$$-\frac{1}{N}\sum_{n=1}^{N} y_n \log_2 f(\boldsymbol{B}\boldsymbol{A}x_n)$$

式中，x_n 是第 n 篇文章的归一化词袋特征，y_n 是标签，$\boldsymbol{A}$、$\boldsymbol{B}$ 是权重矩阵。训练时可以采用分层 softmax 或者负采样的方法提高效率。由于模型结构比较简单，因此可以在 CPU 上并行训练，该模型的训练效率极高。

3. RNN 分类器

RNN（Recurrent Neural Network，循环神经网络）善于建模序列信息，对于文本分类问题，很自然地会将文本视为一个序列。在众多循环神经网络的变种中，LSTM（长短时记忆网络）是使用最多且十分有效的网络结构。

尽管 LSTM 这样的循环神经网络能够建模文本序列，但是对较长的文本序列，很容易出现梯度消失或者梯度爆炸的问题。为了使 LSTM 网络能够建模长序列，使用时可以结合自注意力机制。

假设句子 S 包含 n 个词语：$S = (w_1, w_2, \cdots, w_n)$。句子 S 经过一层双向 LSTM 网络后的隐层为 $\boldsymbol{H} = (h_1, h_2, \cdots, h_n)$。模型作者设计了两层前馈神经网络来学习句子级别的注意力，注意力矩阵的计算方式如下。

$$A = \text{softmax}\left[W_{s2} \tanh(W_{s1} \boldsymbol{H}^{\mathrm{T}}) \right]$$

其中 W_{s1} 和 W_{s2} 是前馈网络的权重参数。最终，句子的权重矩阵 $\boldsymbol{M}$ 如下。

$$\boldsymbol{M} = \boldsymbol{A}\boldsymbol{H}$$

4. CNN 分类器

CNN（Convolutional Neural Network，卷积神经网络）善于建模局部的关键信息，对于文本分类任务来说，这种关键信息可能是表达情感或者主题的关键词。例如"喜欢""讨厌"这种词能够十分直接地表达情感；关键词"王者荣耀"可能对应游戏主题；关键词"股票"可能对应金融主题。相较于问答、生成等任务，文本分类任务往往不需要对整个句子的语义进行深入分析，某些局部关键信息就足够区分句子的类别了。CNN 在文本分类任务上有较大的发挥空间。

接下来介绍一个经典的 CNN 文本分类模型，模型结构如图 1-4 所示。图中展示的是通道数为 2 的情况，原始序列 S 包含了 n 个词语：$S = (w_1, w_2, \cdots, w_n)$，每个词的初始化维度为 d，图中分别使用了 $2 \times d$、$3 \times d$ 两个维度的卷积核对初始特征进行融合。

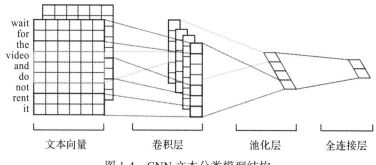

图 1-4 CNN 文本分类模型结构

初步融合后的特征经过池化操作进一步融合，最后经过前馈神经网络分类层得到最终的分类结果。整个网络结构简洁易懂，在实验中也取得了不错的分类效果。

5. 胶囊神经网络分类器

CNN 通过使用连续的卷积层和池化层对图像或文本进行分类。尽管池化操作可以识别显著特征并降低卷积操作的计算复杂性，但也会导致有关空间关系的信息丢失，对目标进行错误分类。

为了克服池化操作的缺点，Geoffrey Hinton 提出了胶囊神经网络。胶囊由一组神经元构成，用向量来代表特定类型实体的不同属性。向量的长度代表实体存在的可能性，向量的方向代表实体的属性。与 CNN 的最大池化（选择一些信息并丢弃其余信息）不同，胶囊网络使用整个网络中的所有可用信息，将底层的每个子胶囊路由到上层的最佳父胶囊，用于分类。

在文本分类中，利用胶囊网络可将一句话或一篇文章表示成向量。Zhao 等人提出了一种基于胶囊网络变体的文本分类模型。该模型由四层组成，分别为 N-gram 卷积层、胶囊层、卷积胶囊层和全连接胶囊层。

Zhao 等人尝试了 3 种策略来稳定动态路由过程，以减轻包含背景信息（例如停用词或与任何文档类别无关的词）的噪声胶囊的干扰。他们还探索了两种胶囊架构，Capsule-A 和 Capsule-B，如图 1-5 所示。Capsule-A 与 Sabour 等人提出的胶囊网络类似。Capsule-B 在 N-gram 卷积层中使用 3 个具有不同窗口大小的过滤器的并行网络，以学习更全面的文本表示形式，结果表明，Capsule-B 在实验中表现更好。

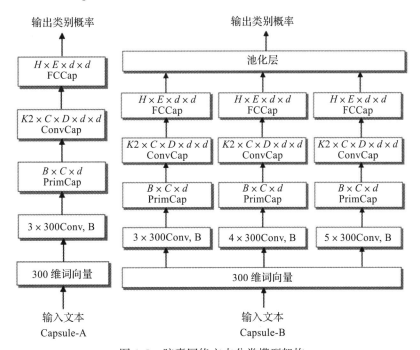

图 1-5　胶囊网络文本分类模型架构

6.记忆增强网络分类器

循环神经网络和自注意力机制相结合，可以显著提升文本分类的准确率。注意力模型在编码过程中存储的隐向量可以视为模型的内部记忆，而记忆增强网络将神经网络与外部记忆结合在一起，模型可以对其进行读写。

Munkhdalai 和 Yu 提出了一种记忆增强的神经网络，称为神经语义编码器（Neural Semantic Encoders，NSE），用于文本分类和机器阅读理解。NSE 配备了可变大小的编码内存，该内存会随着时间的推移而发展，并通过读、组合和写操作保持对输入序列的理解，如图 1-6 所示。

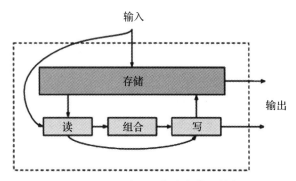

图 1-6 记忆增强网络分类模型结构

7. Transformer 系列分类模型

RNN 的计算瓶颈之一是只能按顺序处理文本，不能够并行处理文本。尽管 CNN 相比 RNN 并没有很强的顺序限制，但与 RNN 相似，捕获句子中单词之间关系的计算成本也会随着句子长度的增加而增加。Transformer 通过自注意力结构对句子中的每个单词进行并行计算，记录注意力得分，模拟每个单词对另一个单词的影响来克服此限制。

与 CNN 和 RNN 相比，这样的设计使得 Transformer 支持更多的并行化，实现了在 GPU 群集上针对大量数据有效训练非常大的模型。

自 2018 年以来，我们已经看到了一系列基于 Transformer 的大规模预训练语言模型（Pre-trained Language Model，PLM）的兴起。与基于 CNN 或 LSTM 的早期上下文词表示模型相比，基于 Transformer 的语言模型使用了更深的网络结构，例如使用了 48 层 Transformer 解码器的 GPT-2 模型。这类模型会在大量文本上进行预训练，根据已知的上下文来预测目标词语。这些预训练语言模型在应用到下游任务时，会使用特定于任务的标签进行微调，在许多下游 NLP（Natural Language Processing，自然语言处理）任务（包括文本分类）中取得了当前最优的结果。尽管预训练语言模型是无监督的，但在下游任务微调时是有监督的学习。

预训练语言模型可以分为两类：自回归语言模型和自编码语言模型。

经典的自回归语言模型 OpenGPT，由 12 层堆叠的 Transformer 解码器组成。它是一种单向模型，可以从左到右（或从右到左）逐个单词地预测文本序列，每个单词的预测取决于先前的预测。通过添加特定于任务的线性分类器并使用特定于任务的标签进行微调，GPT（Generative Pre-Training）模型可以应用于文本分类这样的下游任务。

BERT 是使用最广泛的自编码语言模型之一。BERT 由堆叠的 Transformer 编码器构成，与 OpenGPT 会基于先前的预测来预测单词的方式不同，BERT 是使用遮蔽语言模型任务进行训练的，该任务会随机遮蔽文本序列中的某些词语，利用词语前后的信息来预测目标词。

相比基于 CNN 和 RNN 的神经网络模型，BERT 在机器阅读理解、文本分类、自然语言推理等多个自然语言理解任务上取得了极大的性能提升。BERT 模型出名之后，后续有许多改进 BERT 的工作：RoBERTa 比 BERT 更健壮，使用了更多的训练数据进行训练，并且优化了一些训练细节；ALBERT 使用参数共享等方法大大减少了 BERT 模型的参数，实现了更好的训练效果；DistillBERT 在预训练期间利用知识蒸馏将 BERT 的大小减少了 40%，同时保留其 99% 的原始性能，并使推理速度提升了 60%；SpanBERT 扩展了 BERT，以更好地表示和预测文本范围。

自回归语言模型的优点是每一个词都会被预测到，训练效率高，还可以直接用于文本生成。自编码语言模型的优点是可以把握双向信息，缺点是遮蔽的比例通常只有 15%，每句话只有 15% 的词用于预测，训练效率较低。

已经有研究尝试设计一个新的模型，结合自回归和自编码语言模型的优点，取长补短，XLNet 就是一个典型代表。XLNet 在预训练期间利用排列置换操作，使得目标词的上下文可以同时包含来自左右的词，从而使其成为可感知左右顺序的自回归语言模型。

值得注意的是，排列置换操作是通过使用 Transformer 特殊的注意力遮蔽机制来实现的。此外，XLNet 还引入了双流自注意力机制，以允许进行位置感知的单词预测。双流是指内容流和查询流，内容流可以看到自身，查询流无法看到自身。引入双流自注意力机制的原因是单词分布极大地依赖于单词的位置，例如句子的开头与句子中其他位置的单词分布有很大不同。

除了 XLNet，UniLM（Unified Language Model）也将自回归和自编码语言模型进行结合，这一模型的设计初衷是要同时解决自然语言理解和自然语言生成问题。UniLM 使用 3 种类型的语言模型完成预训练任务：单向、双向和序列到序列。通过使用共享的 Transformer 网络参数并利用特定的自注意力遮蔽机制来控制预测所处的环境，实现统一建模。

据报道，UniLM 2.0 取得了很大的性能提升，在最新的自然语言理解和生成任务上的性能大大优于以前的预训练语言模型，包括 OpenGPT-2、XLNet、BERT 及其变体。

谷歌提出的 T5（Transfer Text-to-Text Transformer）模型使用了一个统一的基于 Transformer 的框架，这一框架将许多的自然语言处理任务统一转换成输入输出为文本到文本的形式。谷歌做了大量的实验，系统性地比较了不同的预训练语言模型的目标函数、模型结构、无监督语料、微调方法在应对不同下游任务时的表现。

8. 图神经网络分类器

尽管自然语言文本的外在结构是顺序性的，但文本蕴含了图结构，例如句法和语义分析树，它们定义了句子中单词之间的句法与语义关系。

最早应用于自然语言处理的图模型是 TextRank，作者将自然语言文本表示成图 $G(V, E)$，V 表示节点集，E 表示边集。节点可以表示各种类型的文本单元，例如字、词、整个句子等；边可以表示任意节点之间的不同类型的关系，例如词法、句法、上下文重叠关系等。

图神经网络是图模型与深度学习的结合，在图神经网络的各种变种中，图卷积神经网络（Graph Convolutional Network，GCN）最为热门。在应用于文本分类任务时，图神经网络模型通常会利用文章或单词之间的关系进行构图，预测文章的类别。

最早应用于文本分类的图卷积神经网络分类模型是 Graph-CNN，首先将文本转换为单词图，然后使用图卷积运算对单词图进行卷积计算。

实验表明，单词图的文本表示具有捕获非连续和长距离语义的优势，而 CNN 模型则具有学习不同级别的语义的优势。另一个类似的用于文本分类的图卷积神经网络模型是文本图卷积网络（Text GCN），该模型基于单词共现和文档单词关系为语料库构建了一个大的文本图，然后使用文本图卷积网络进行训练。单词和文档使用 One-Hot 进行初始化，然后在已知的文档类别标签的监督下，共同学习单词和文档的表示。需要注意的是，该模型假设测试集合是已知的，测试数据也参与了构图。

为大规模文本语料库构建图神经网络的成本很高，目前已有的降低构图成本的方法是降低模型复杂度或改变模型训练策略。

降低模型复杂度的一个例子是 Wu 等人提出的简单图卷积模型，该模型去除了深层卷积图网络的连续层之间的非线性结构，并将结果函数（权重矩阵）简化为单个线性变换。

来看一个改变模型训练策略的示例——文本级 GNN。文本级 GNN 不会在整个文本语料库上构建图，而是通过滑动窗口进行限制，为滑动窗口中的每个文本块生成一个图，从而减少训练期间的内存消耗。图卷积神经网络的批量训练方法 GraphSage 与文本级 GNN 的滑动窗口构图的原理很相似，这种方法还有一个优势是不需要假设测试集已知，就可以处理未知的测试集。

9. 孪生网络分类器

文本匹配任务是文本分类的一个特殊应用，这一任务在现实场景中有着广泛的应用，其中的一个经典应用就是搜索。文本 x 是查询字段，文本 y 是要匹配的内容字段。文本匹配所使用的经典模型是 DSSM（Deep Structured Semantic Model，深度结构语义模型）。

DSSM 的结构如图 1-7 所示，f_1 和 f_2 是一对神经网络模型，它们将输入的 x 和 y 映射到公共低维语义空间中的对应向量中。然后，通过两个向量的余弦距离来测量 x 和 y 的相似度。尽管孪生网络假设 f_1 和 f_2 共享体系结构甚至是参数，但在 DSSM 中，f_1 和 f_2 可以具有不同的体系结构，体系结构取决于 x 和 y。例如，为了计算图像－文本对的相似度，f_1 可以是 CNN，f_2 可以是 RNN 或 MLP（Multilayer Perceptron，多层感知器）。根据（x, y）的定义，这些模型可以应用于各种 NLP 任务，例如文档搜索排序或者机器阅读理解。

通常使用铰链损失函数来优化 DSSM 的参数 θ，公式如下。

$$L(\theta) = \max\left[\gamma + \mathrm{sim}_\theta(x, y^-) - \mathrm{sim}_\theta(x, y^+), 0\right]$$

其中 y^+ 和 y^- 是候选的正例和负例，γ 是边界值。

早期的孪生网络使用 RNN 的结构来表示文本，随着 BERT 在文本匹配领域取得了巨大的成功，后续的研究探索了基于 BERT 模型的孪生网络，例如 SBERT 和 TwinBERT。SBERT 的模型结构如图 1-8 所示，在文本匹配任务中对预训练 BERT 模型进行了优化，该模型使用了孪生 BERT 网络结构来提取在语义上有意义的句子表示，使用余弦相似度对两个句子进行比较。这一方法相较于直接用 BERT 微调的方法，在性能没有明显下降的情况下，使推理速度得到极大的提升，推理时间大大缩短（从 65h 下降到 5s），可以很好地应用于工业界的搜索场景。

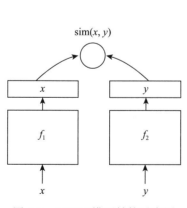

图 1-7　DSSM 模型结构示意图

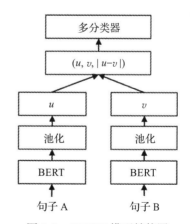

图 1-8　SBERT 模型结构图

1.3　本章小结

本章从文本表示和文本分类两个方面介绍文本内容理解，详细介绍了多种文本表示和文本分类模型。其中，使用最广泛的文本表示模型是 word2vec 和 BERT，感兴趣的读者可以阅读相关论文。近年来，以 BERT 为代表的预训练语言模型在文本分类任务上有较大的优势，尤其是在医疗、游戏等专业领域的文本分类场景中，经过专业领域语料预训练的模型可以取得更高的分类准确率。在实际应用中，读者可以多关注如何利用预训练模型提升文本分类的准确率。

第 2 章 Chapter 2

图像理解

图像理解（Image Understanding，IU）是对图像的语义理解。它是以图像为对象，以知识为核心，研究图像中的目标、目标之间的相互关系、图像所处的场景以及如何应用场景的一门学科。

图像理解讨论的问题是为了完成某一任务需要从图像中获取哪些信息，以及如何利用这些信息获得必要的解释。图像理解的研究涉及获取图像的方法、装置和具体的应用实现。

对图像理解的研究始于 20 世纪 60 年代初，研究初期以计算机视觉为载体。计算机视觉是研究如何用计算机来模拟人类视觉或灵长类动物视觉的一门科学，主要研究内容包括图像获取、图像处理、图像分析、图像识别。图像包括静态图像、动态图像、视频。对于二维图像和立体图像，计算机视觉的输入是数据，输出也是数据，是结构化或半结构化的数据和符号。识别是传统计算机视觉的目的，即得到图像中有什么这一结论。

图像理解属于数字图像处理的研究范畴，属于高层操作，其重点是在图像分析的基础上进一步研究图像中各目标的性质及其相互关系，并得出对图像内容含义的理解以及对原来客观场景的解释，进而指导和规划行为。图像理解所操作的对象是从描述中抽象出来的符号，其处理过程和方法与人类的思维推理有许多相似之处。

图像理解与人工智能密切相关，随着计算机视觉和人工智能学科的发展，相关研究的内容不断拓展、相互覆盖。图像理解既是对计算机视觉研究的延伸和拓展，又是人工智能的研究新领域，近年来已在工业视觉、人机交互、视觉导航、虚拟现实、特定图像分析解释以及生物视觉研究等领域得到了广泛的应用。总之，图像理解的内容相当丰富，涉及面也很广，是一门新兴的综合学科。

图像的类别是最常见、最容易表示的高层语义信息，因此，图像分类是很多视觉任务的基础。当图像中包含多个物体时，图像级标签描述的粒度就不够精细了，且不同物体会影响图像分类的准确率。图像检测任务要求模型返回图像中物体的边界框（bounding box），以及边界框所包含图像块[⊖]的类别。相比简单的分类，图像检测算法可以获得更丰富、更精细的类别信息。相比于高层语义理解，底层语义理解往往关注像素级信息，例如图像语义分割、图像拼接和图像补全等。本书涉及的图像理解，侧重高层语义内容信息的获取和分析，本章主要介绍图像分类、图像检测及其实际应用。

2.1　图像分类

图像分类是图像内容理解中的基础研究领域之一，任务是通过模式识别的方法，为图像提供语义标签，从而将不同内容的图像区分，与已知语义概念进行关联。图像分类通常包括表征和分类两个步骤。

图像在计算机中以像素矩阵的形式存储，计算机无法直接理解线条、平面、形状、物体等语义信息，这种像素点阵和语义之间的差别通常被称为语义鸿沟。图像表征的过程也称为图像特征提取，是将像素矩阵转化为（具有物理意义的）高维向量，从而克服语义之间的差别。图像分类的过程是用分类器找到不同内容图像特征之间的边界，将图像按照内容归类。在深度学习被广泛应用于计算机视觉任务之前，传统算法主要通过人工设计的特征对图像进行表征，之后用机器学习中的分类器对特征进行分类。

传统算法的优点是图像表征过程是无监督的，对不同数据集可以采用相同的特征提取方式，泛化能力较好。在分类过程中，由于分类器的参数较少，因此对训练数据的规模要求不高。传统算法的缺点是人工设计的特征是固定的，没有利用数据集的特性，算法准确率上限不高。深度学习方法用卷积网络提取图像全局特征，网络参数是通过标签样本训练得到的。此外，因为特征提取模块和分类器是同时训练的，所以得到的特征更具有可区分性。深度学习方法的优点是算法的性能上限很高，甚至可以超过人的分类准确率；缺点是需要大量带标注的训练数据。本节将详细介绍这两类图像分类方法。

2.1.1　传统图像分类算法

传统图像分类算法首先检测图像中的关键点，如果计算时考虑所有像素点，不仅会大大增加运算量，还会减弱特征的可区分性，使其趋向于所有像素信息的平均。关键点检测算

⊖　图像块是图像矩阵中由边界框所标示的子矩阵块，用于区别于完整图像。图像块通常包含完整的语义信息，例如一个完整的物体，也可以作为图像分类的输入。

法通过特定准则选择具有明确定义和局部纹理特征比较明显的像素点、边缘、焦点、区块等，通常具有一定的不变性，常用的关键点检测算子包括 Harris 角点检测子、高斯–拉普拉斯算子（Laplacian of Gaussian，LoG）、高斯差分算子（Difference of Gaussian，DoG）等。

随着图像分类技术的发展，研究者发现基于密集采样获取的特征更为有效，即从图像中按固定的步长、尺度选取大量关键点进行局部特征提取。密集采样能更好地保存图像信息，此外，固定步长的密集采样方式能稳定得到关键点。相反，上述检测方法有时得到的关键点数量过少，无法进行后续计算。研究者也证明了密集采样关键点的方法要好于只用关键点检测的方法。

得到关键点之后，需要对每个关键点设计局部图像特征描述子，局部图像特征描述的核心问题是鲁棒性和可区分性。即使是同一个物体，由于光照、角度、尺寸等变化，其在像素矩阵中也会有很大变化，构建描述子时，希望同一个或同一类物体在相同部位的特征尽量接近。可区分性则是用来区分物体不同位置的，这有助于全局特征和分类器的学习。常用的局部特征包括尺度不变特征转换（Scale Invariant Feature Transform，SIFT）、方向梯度直方图（Histogram of Oriented Gradient，HoG）、局部二值模式（Local Binary Pattern，LBP）等，如图 2-1 所示。

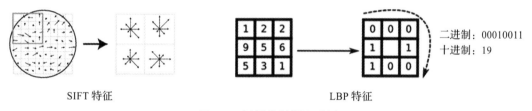

SIFT 特征   LBP 特征

图 2-1 局部特征提取示例

密集提取的底层特征中包含大量的冗余信息与噪声，为提高特征表达的鲁棒性，需要使用一种特征变换算法对底层特征进行编码，从而获得更具可区分性、更加鲁棒的特征表达。这一步对物体识别的性能具有至关重要的作用，因而大量的研究工作都集中在特征编码方法的设计上，重要的特征编码算法包括向量量化编码、稀疏编码、局部线性约束编码、显著性编码等。

很多编码都可以用词袋模型描述，如图 2-2 所示。词袋模型构建一个较小的特征集合（即视觉词袋），从图像关键点处提取的描述子，用词袋中词（向量）的组合来表示，组合系数称为编码。例如，向量量化编码在最近的视觉单词上响应为 1，编码为独热（One-Hot）向量。稀疏编码是对编码进行稀疏约束，即编码系数中只有少量值是非零的。研究者发现，稀疏编码能大大提高特征的可区分性，在深度学习之前，稀疏编码在图像分类领域取得了很好的效果。

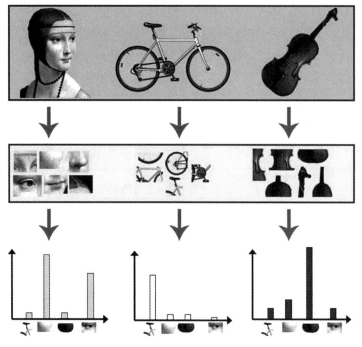

图 2-2 视觉词袋模型示例

对局部特征进行转换编码，进一步增加了特征的可区分性。在进行分类任务之前，还需要将局部特征汇聚为全局特征。这一步获得的图像表征具有一定的特征不变性。更重要的是，全局特征在同一空间表示尺寸各异的图像，从而避免用（局部）特征集表征图像，这样既节省了图像特征的存储空间和计算量，也使得分类器的结构更简洁。

特征汇聚的常用方式是取特征编码集在每一维中的最大值或平均值，实验结果表明，最大值在大部分情况下要优于平均值，因此更为普及。此外，图像具有很强的空间结构约束，金字塔空间匹配先将图像均匀分块，每块图像中的局部特征单独进行特征汇聚，然后将各块汇聚得到的特征进行拼接，最终得到全局图像的表达，如图 2-3 所示。

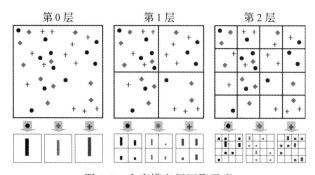

图 2-3 金字塔空间汇聚示意

传统图像分类算法在处理图像分类任务时，首先用特征提取的方法将所有图像都映射为高维向量，然后用分类器进行图像特征到图像类标签的映射。常用的分类器有支持向量机、k-近邻、贝叶斯推理等，其中基于最大化边界的支持向量机在分类任务上有很好的性能。

2.1.2　深度学习图像分类算法

最早的神经网络是 Hubel 和 Wiesel 在猫视觉系统研究工作的基础上设计的，之后发展成为卷积神经网络。卷积神经网络主要包括卷积层和汇聚层，卷积层通过使用固定大小的滤波器与整个图像进行卷积，用来模拟简单细胞。汇聚层则是一种降采样操作，通过取卷积得到的特征图中局部区块的最大值、平均值来达到降采样的目的，并在这个过程中获得一定的不变性，用来模拟复杂细胞。在每层响应之后，通常还会有几个非线性变换，如sigmoid，使得整个网络的表达能力得到增强。在网络的最后通常会增加若干个全连接层和一个分类器，如 softmax 分类器。

神经网络理论在 20 世纪 80 年代被人工智能领域所关注，但受限于硬件的计算能力，早期的网络结构较为简单，例如，自编码器是一种特殊的神经网络结构，并且在数据降维、特征提取等方面得到了广泛的应用。自编码器由编码器和解码器组成，编码器将数据输入变换到隐藏层（hidden layer）表达，解码器用隐藏层重构原始输入。卷积神经网络也在手写数字识别任务中取得了成功，然而，高额的计算开销使得卷积网络很难应用到实际尺寸的目标识别任务中。

近年来深度学习的发展与普及，除了深度学习算法自身架构设计的调优外，还要归功于机器处理能力的大幅提升和大规模标注数据集的产生，其中 ImageNet Large-Scale Visual Recognition Challenge（ILSVRC）比赛及其用到的 ImageNet 数据集受到研究者的广泛关注，可以说 ILSVRC 比赛见证了深度学习算法在图像分类和检测等领域的飞速发展。ImageNet 数据集包含约 1500 万张带标注的图像，包括超过 20 000 类物体，ILSVRC 比赛中通常用其中 1000 类图像进行图像的训练和测试。下面以 ILSVRC 比赛为时间线，介绍基于深度学习的图像分类算法。

在 ILSVRC 2012 中，Hinton 团队提出了名为 AlexNet 的深度神经网络，并首次实现了15.4% 的错误率，比当时的第二名低了 10%。AlexNet 这一令人瞩目的成绩迅速引起计算机视觉领域研究者的关注，直接带动了深度学习和卷积网络的爆发式增长。图 2-4 为 AlexNet 的网络结构，其中上下两个分支是用 GPU 并行处理的示意。

在算法上，AlexNet 对传统卷积网络进行了改进，包括使用 ReLU 激活函数、添加dropout 机制，减小梯度消失、防止过拟合，并加快了训练速度。此外，算法通过图像剪裁、翻转和变换等操作进行数据增强，在网络训练时将随机梯度下降（Stochastic Gradient Descent，SGD）算法改为动量 SGD 算法。

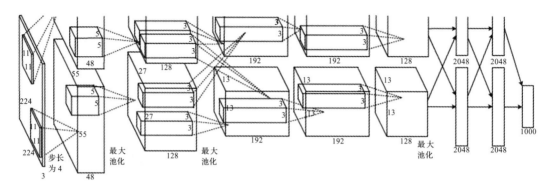

图 2-4 AlexNet 网络结构

　　两年之后，深度学习算法再次有了新的突破，2014 年 Google 的研究者提出的 GoogleNet 以 6.7% 的错误率获得当年 ILSVRC 比赛的冠军，奠定了 Google 在计算机视觉领域的地位。GoogleNet 在模型中引入 Inception 模块，利用非序列化的并行方式提高模型的性能，整个模型共 22 层。除了性能有极大的提升外，模型通过合理的网络设计，其计算开销在深度和宽度增加的情况下保持常数级别增长。此后研究者们又多次优化 Inception 结构，目前第 4 版的 GoogleNet 已将错误率降低到 3.1% 以下。图 2-5 是 Inception 第 4 版的结构。

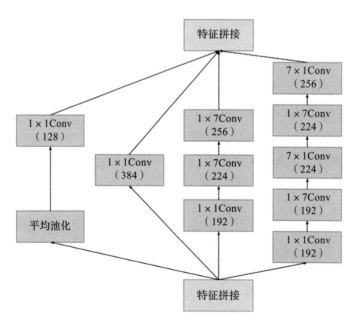

图 2-5 Inception 第 4 版网络结构图

　　2014 年，牛津大学的研究者提出 VGG（Visual Geometry Group）网络结构，并获得 ILSVRC 2014 第二名的成绩，因为拓展性强，所以在计算机视觉领域有着广泛的应用，可以移植到很多深度学习模型中，作为特征提取器。研究者发现，在进行卷积运算时，两个级联的 3×3 卷积核的感受野等价于一个 5×5 的卷积核，类似地，3 个级联 3×3 卷积核等价于一个 7×7 的卷积核，因此，VGG 网络中的卷积全部采用 3×3 的小卷积核，这样可以构建层数更多的网络，获得同样尺寸的特征图。

随着深度学习研究的推进，研究者发现增多卷积层通常可以提升模型的性能，但层数过多，在优化时会出现梯度发散的现象，反而使性能下降。

2015 年，微软亚洲研究院的研究者提出的 ResNet 解决了梯度发散的问题，从而显著提升了网络深度，并以 3.6% 的错误率获得该年 ILSVRC 的冠军。ResNet 提出了残差模块（residual block），残差模块是一种短路连接，将模块的输入与输出直接相加，得到该模块的输出。

在 ILSCRV 2017 上取得冠军的 SENet，包含特征压缩、激发和重配权重的过程。在特征压缩模块中学习上一层特征图中每个通道的权重，根据权重抑制或者提升相应的特征通道，得到下一层的最终输入，算法实现了 2.25% 的错误率。

随着算法在复杂数据集的性能逐渐达到甚至超过人类的分类准确度，研究者开始尝试用深度学习方法解决工业界的实际问题。计算效率成为研究者关注的重点，此后一系列轻量级网络被相继提出，以达到业务场景对性能和速度的要求，例如 EfficientNet、MobileNet、ShuffleNet 和 SqueezeNet 等。此外，2018 年后 ILSCRV 比赛暂停举办，现有数据集上的分类精度很难再有突破，因此研究者开始关注更复杂的视觉任务，例如图像检测、视觉追踪等。图像分类可以作为这些任务的基础，上述深度学习算法也通常被用于获得图像的表征，这使得下游任务可以直接以图像全局特征作为输入，大大减少了后续模型的参数量及训练难度。

2.2 图像检测

图像检测是指在图像中确定目标物体的位置和内容，可以分解成两个子任务：获取物体的边界框和识别边界框内图像区域的语义信息。本节介绍的图像检测包含两个内容：图像匹配和目标检测。

现在人们说到检测，主要是指目标检测，即通过 RPN（Region Proposal Network，区域候选网络）等方法获得某类物体的标记框。事实上，早期研究者通过算法来检测工件、标识牌等，也是返回指定物体的标记框。这类任务通常需要一个模板图像，以像素矩阵的形式给出目标信息，然后在测试图像中找到和模板一致或视觉相似的图像块，这类任务通常被称为图像匹配。因为匹配获得的图像块内容和模板内容相似，所以可以直接将模板的语义信息赋给图像块，而无须再通过分类等方式进行推理。在工业界，图像匹配和目标检测通常具有相同的目的，因此，我们把图像匹配和模板检测统一归为图像检测，同时，对图像检测和目标检测的概念进行区分。

需要指出的是，图像匹配和目标检测任务在识别内容上不完全相同。图像匹配的输入为两幅图像，需要模板和测试图像的某个子图像块在像素层面是相似的，通常用于检测同一个或同一类物体，例如相同的商品、工具等。这种匹配通常只涉及包含光照、尺度和角度方面变化的情况，而没有形变或在外观上的区别。

早期算法采用非监督的方法，例如目标匹配、特征匹配等。随着深度学习的发展，近年来也有通过网络进行匹配的方法。这类任务的重点是寻找像素间的相似性，并希望模型具有较强的泛化能力，即使新输入的模板图像与其他模板有很大的差别，也能在测试图像中被找出。

目标检测更关注语义之间的相似性，通常用于检测相同语义标签的物体，例如检测图中所有的行人和汽车，而不是特定的行人或汽车，因此，目标之间在外观上可以有很大的差别。目标检测只输入一幅测试图像，从中找出和训练数据集物体标签相同的目标，因而需要大量的训练数据，使得特征具有可区分性。同时，目标检测通常无法检测全新类别的物体。本节将详细介绍这两个研究方向相关算法的研究进展。

2.2.1 图像匹配算法

模板匹配通过识别某一特定对象物的图案位于图像的具体位置，进而识别对象物，是图像处理中最基本、最常用的匹配方法。模板匹配具有自身的局限性，主要表现在只能进行平行移动，若原图像中的匹配目标发生旋转或大小变化，则该算法无效。

通常来说，模板就是一幅已知的小图像，而模板匹配就是在一幅大图像中搜寻目标。已知该图中有要找的目标，且该目标同模板有相同的尺寸、方向和图像元素，通过一定的算法可以在图中找到目标，确定其坐标。

模板匹配有一个缺点：当图像和模板中物体的尺寸不一致时，匹配度会大大降低，通常需要对模板图的长和宽分别进行缩放，而这会大大增加计算量。此外，模板匹配不能有效检测发生仿射变换的物体。

特征匹配是另一种常用的图像匹配方法，能有效应对上述情况。特征匹配方法首先对测试图像和模板分别进行关键点的检测，并生成关键点对应的特征描述子，与非密集特征的提取方式相同。提取关键点的特征描述子后，首先对模板和测试图像中的关键点进行匹配，获得两幅图像中关键点的匹配点对。然后对匹配点对进行检测，得到更为准确的关键点对。假设物体没有发生形变，则通过匹配点对的坐标计算出两幅图像的仿射变换矩阵，当关键点对和仿射变换都满足一定条件时，可认为图像中是有模板包含目标的。

从算法机制方面可以看出，特征匹配只需找到两幅图中一致的关键点，不受尺度和角度等因素的影响。当物体发生形变时，关键点的相对位置关系可能有较大的差别，例如模板和测试图像中包含同一个姿态不同的人，那么两幅图像中人体的头、手臂、腿、脚等部件的坐标可能无法通过线性变换完全对齐。

近年来，也有关于可形变的图像匹配方法，旨在检测有限形变下的物体。例如 Tali Dekel 等研究者提出的 Best-Buddies 相似度的概念，可以衡量两个特征描述子集合的相似度。这种度量在特征空间进行最近匹配，两个集合中互为最近邻的关键点被称为 Best-Buddies 配对，而不用空间坐标进行校验。

Itamar Talmi 等人在此基础上提出了可形变多样性相似度（Deformable Diversity Similarity，DDS）。该理论认为，当两个图像块有相同物体时，应该会有很多 Best-Buddies 配对，即两个集合的匹配具有多样性，因此，一个关键点如果是另一个集合中很多点的最近邻，那么这个关键点的重要性会有所下降，这是因为其会影响匹配的多样性。Lior Talker 等研究者又提出并验证了全局的多样性假设，从而减少了 DDS 算法的计算量。

2.2.2　基于 OpenCV 的模板匹配实现

OpenCV 提供了 matchTemplate() 函数来实现模板匹配。以 Python 版本为例，其函数原型如下。

```
result=cv.matchTemplate(image, templ, method[, result[, mask]])
```

❑ image 参数表示待搜索的源图像，必须是 8 位整数或 32 位浮点。

❑ templ 参数表示模板图像，必须不大于源图像并具有相同的数据类型。

❑ method 参数表示计算匹配程度的方法。

❑ result 参数表示匹配结果图像，必须是单通道 32 位浮点。如果源图像的尺寸为 $W \times H$，模板图像的尺寸为 $w \times h$，则匹配结果图像的尺寸为 $(W - w + 1) \times (H - h + 1)$。

❑ mask 参数为可选参数，必须与 templ 具有同样的尺寸。它要么和模板图像具有相同的通道数，要么是单通道图像。

OpenCV 还提供了另一个常用的在图像中寻找最大值或最小值的函数，我们可以借助这个函数方便地在模板匹配运算得到的匹配图上寻找最大值（相关性 / 相关系数匹配）或最小值（平方差匹配）。以 Python 为例，该函数原型如下。

```
minVal, maxVal, minLoc, maxLoc = cv.minMaxLoc( src[, mask] )
```

该函数在给定的矩阵中寻找最大值和最小值，并给出它们的位置。该函数不适用于多通道阵列，如果需要在所有通道中查找最小元素或最大元素，需要先将阵列重新解释为单通道。

❑ src 参数表示输入单通道图像。

- ❑ mask 参数表示用于选择子数组的可选掩码。
- ❑ minVal 参数表示返回的最小值，如果不需要，则使用 NULL。
- ❑ maxVal 参数表示返回的最大值，如果不需要，则使用 NULL。
- ❑ minLoc 参数表示返回的最小位置的指针，如果不需要，则使用 NULL。
- ❑ maxLoc 参数表示返回的最大位置的指针，如果不需要，则使用 NULL。

2.2.3　目标检测算法

目标检测指在图像中定位出模型可识别标签范围内的物体，并给出该图像块的类标签。随着深度学习技术的发展，如今常用的目标检测算法都是基于深度学习的。研究者不断改进和优化网络结构，以获得更好的准确率和更快的计算速度，下面介绍一些经典的网络结构。

早期目标检测算法是两阶段的，即算法对图像处理可分为两个阶段。第一阶段是获得候选框，第二阶段是对候选框中的图像块分类，因此也称为基于区域的方法，其中 R-CNN（Region-Convolutional Neural Network，区域卷积神经网络）是这类算法的开创性工作。算法使用 Selective Search 方法提取 2000～3000 个候选框，思路是用非深度算法对图像进行分割，对分割区域进行不同尺度的合并，每个区域就是一个候选框。然后将检测到的候选框图像处理为统一尺寸，用卷积神经网络提取特征并分类，同时用回归器对候选框的坐标进行精修。

R-CNN 大大提升了目标检测任务的准确率，成为后续一系列经典工作的基础。Fast R-CNN 提出了感兴趣区域池化（ROI pooling）的方法，解决了候选框重复计算的问题，提升检测的性能。Fast R-CNN 在二阶段将整幅图像输入深度网络，一阶段生成的候选框等比例映射到深度网络后几层的特征图上，用感兴趣区域池化将候选框中的特征图统一尺寸，最后用一个模块同时预测精确坐标和类别。

这种方法避免了大量冗余计算，显著提升了检测速度。Faster R-CNN 提出了候选框预测的模块，对整幅图像提取特征图，用指定尺寸锚点（anchor）框在特征图上进行滑动扫描，并输出被分类器判别为正样本的扫描窗坐标作为候选框。Faster R-CNN 全流程都采用神经网络的结构，可采用并行计算来训练和预测，因而效率得到进一步提升。

此外，R-FCN（Region-based Fully Convolutional Network）沿用了 Faster R-CNN 的框架结构，不同的是在 Faster R-CNN 的特征图后再接上一层卷积层，计算出位置敏感得分图，用感兴趣区域池化进行信息采样，融合分类和位置信息。Mask R-CNN 的作者指出，Faster R-CNN 在做下采样和感兴趣区域池化时都对特征图做了取整操作，这种做法对检测任务会有一定的影响，对语义分割这种像素级任务的精度影响则更为严重。Mask R-CNN 对网络中涉及特征图尺寸变化的环节都不使用取整操作，而是通过双线性差值填补非整数位置的像素，从而消除取整时造成的位置偏移，不仅提升了目标检测效果，还使得算法能满足语义分割任务的精度要求。

上述几个方法将候选框预测和图像分类分开考虑,一阶段检测方法则是直接从图像中推理出最终的检测框和类别,也可以进行端到端的训练。YOLO(You Only Look Once)系列算法是一阶段检测方法的代表,此外,还有许多经典的一阶段方法,例如 SSD(Single Shot MultiBox Detector)、FPN(Feature Pyramid Network)等,这些方法也在 YOLO 改进的过程中被吸纳进新版本的结构中,可以说 YOLO 系列算法的演化过程,在一定程度上代表了一阶段检测的发展。下面对 YOLO 系列方法进行介绍。

首先介绍最原始的 YOLO 算法,记为 YOLO 1,算法同样对整幅图像提取特征图,算法的作者认为特征图将原图像进行了网格化,其中每个坐标都对应原图像上的一个区域,如图 2-6 所示。

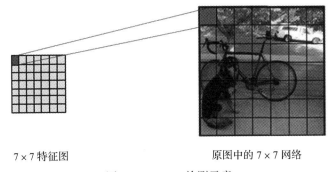

7×7 特征图　　　　　　　　　　　原图中的 7×7 网络

图 2-6　YOLO 检测示意

YOLO 1 对图像中每个网格对应特征图的向量,通过全连接层回归一个候选框坐标(偏移量)和类别,如果某个真实框的中心落在某个网格中,则对该网格回归的候选框坐标进行精细化修正。

在 YOLO 2 中,算法作者加入残差和批量归一化结构,并提高了网络输入的分辨率。在检测网络部分,YOLO 2 采用 Faster R-CNN 中的锚点代替全连接层,并对数据集中的真实检测框进行聚类,得到更合适的锚点。同时,对每个锚点直接预测候选框的坐标信息,以解决引入锚点产生的模型训练收敛不稳定的问题。

YOLO 3 在 YOLO 2 的基础上使用 Darknet-53 残差网络作为计算特征图的骨干网络,在目标预测时采用 FPN 结构,对于计算得到的特征图及其上采样的特征图都输出检测框,通过融合不同尺度特征信息提升预测结果的准确率。

YOLO 4 相比 YOLO 3 在主体结构上没有太大的改进,但是算法作者通过大量尝试引入了新的模块,例如主网络中的 Mish 激活函数、Dropblock 等,中间网络中加入 PANet 结构,预测网络中采用 CIoU 损失和 DIoU 非极大值抑制。

YOLO 5 是 2020 年 6 月发布的检测工具,也是通过对组件的优化来提升性能和速度,值得注意的是，YOLO 5 对超大分辨率的图像进行分块检测，能较好地检测出图像中的小物体。YOLO 5 目前只有开源代码，感兴趣的读者可以关注作者后续发表的文档或论文，以获得更多的模型细节。

2.3 实际应用：通用元素检测框架

元素检测是很多计算机视觉应用的基础，识别图像中的关键元素，有助于理解图像或视频包含的内容。比如篮球比赛的视频中，可以通过记分牌识别并获取当前的比分，根据比分变化了解比赛的进展和趋势。比如根据某些特定目标元素，识别商品、节目、视频的来源等。目前人工生成的视觉场景越来越普及，电子游戏是其中最具代表性的场景。此外，虚拟现实技术的发展使得现实场景与合成场景的融合成为可能。一个典型的例子是远程会议，目前很多研讨会、报告都在线上进行，一些会议主办方会建立一个虚拟场景，参会人以虚拟人的形式在场景中汇报和交流，大大提升了参与感。

这些通过人工合成和植入的目标，如台标、水印或虚拟场景中的各种元素，特点是视觉相似度高、形变小、类别繁多，且和应用场景强相关，无法通过训练统一模型识别所有场景中的元素，更适合采用无监督的图像匹配方法解决。本节提供一种通用的元素目标检测的解决方案，供读者参考。

首先定义通用元素检测的任务——输入一幅测试图像和一幅模板图像，输出模板图像在测试图像中的坐标信息。通过上文分析，选取图像匹配作为基础检测方法，为保证检测的准确率和召回率，采用"检测—过滤"的思路构建算法。

算法分为两阶段。第一阶段，通过检测器将可能的目标候选框都标出来；第二阶段，用过滤器计算每个候选框和模板的相似度，选取合适的阈值筛选候选框。通过分析可知，第一阶段中检测器是"或"的关系，被一个检测器识别就返回，避免单一检测器漏召回的情况，提高召回率。第二阶段的过滤器是"与"的关系，需要所有过滤器都判定匹配才认为该候选框和模板匹配。由于光照、尺度、模糊的影响，有时非目标在某种度量下的相似度会高于目标候选框，因此单个过滤器很难通过阈值将正负结果分开，多个过滤器级联，可以放宽单个过滤器的阈值，提高正负结果之间的可区分性。图 2-7 展示了通用元素检测框架流程。

对于检测阶段，常用的检测器包括模板匹配和特征匹配。对于模板匹配，为了减少因视觉变化引起的漏召回，常用的策略是改变模板的尺寸，进行多尺度的模板匹配。也可以返回匹配分数最高的前 K 个结果，应对场景中包含多个目标或有相似度较高背景的情况。读者可根据实际检测需求添加检测器，例如可形变多样性相似度匹配算法、YOLO 等，以检测具有一定形变的目标。

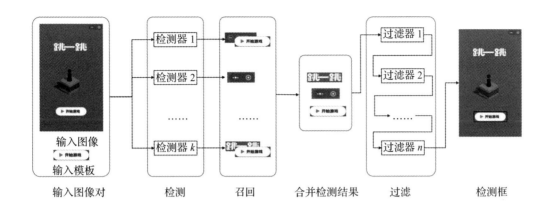

图 2-7　通用元素检测框架流程图

在得到候选框后，可通过策略删去一些重叠的检测框，例如计算候选框之间的重叠度，将重叠度较高的删除，以减少后续的计算量，最终得到不重复的所有候选框。

在过滤阶段，所有的候选框依次通过所有的过滤器，保留所有剩下的结果作为输出。过滤器是一些度量算法，计算候选框包含的图像块和模板的相似度，常用的相似度度量有灰度均值、结构相似性等方法。在实际应用时，不同场景下，正负样本的相似度阈值可能有较大差别，需要根据检测结果调整阈值。

2.4　本章小结

本章简要阐述了图像理解的概念和发展历程，并从图像分类和图像检测两个方面介绍了图像高级语义信息的提取与分析过程，最后列举了图像理解的一个具体应用——通用元素检测框架。

语音理解

语音内容理解是多模态内容理解的重要组成部分，相较于图像、视频和文本，语音内容更抽象，处理方式更复杂。一方面，语音信号通常每秒采样 16 000 次或者更高，需要处理的数据量远高于图像和文本；另一方面，语音信号预处理通常需要结合时频变换的方法，提高了信号处理的门槛，同时在处理过程中往往需要结合文本理解，才能从内容维度理解语音信号，如语音识别、语音合成、同声传译等。本章主要介绍语音内容理解的语音表征和音乐分类研究的最新进展。

3.1 语音表征

语音表征是语音内容理解的基石，优质的语音表征能大大降低语音理解模型的复杂度，同时保证模型的收敛性。

传统的语音表征方法通常从频域特征出发，是目前广泛用于语音内容理解任务的特征。由于语音信号是多个周期信号叠加而成的复杂信号，在时域中，这些不同周期的信号难以分离，导致时域信号的理解非常困难，而将其转换至频域后有利于语音信号分解，进一步简化了语音内容的理解。同时，时域信号的数据量也远大于频域信号，处理时域信号往往比处理频域信号需要更大的计算量。语音识别、语音合成等相关的人声任务常用的频域特征有线性预测分析（Linear Predictive Coding，LPC）特征、梅尔频率倒谱系数（Mel Frequency Cepstral Coefficients，MFCC）特征等，音乐相关的任务常用常数 Q 变换（Constant Q Transform，CQT）特征。

频域特征属于低维特征，在视频转换的过程中会引入一些难以理解的偏差，这就导致频域特征不能完美表征音频内容。于是研究人员开始积极探索可学习的语音表征，作为频域特征的替代方法输入至语音内容理解模型中，进一步增强模型的理解能力。

3.1.1　基于传统方法的语音表征

本节将从时域和频域两个方面入手，详细介绍基于传统方法的语音表征。

1. 时域表征

在早期的研究中，语音的时域信号很少被直接输入模型进行训练，主要原因是时域语音信号的数据量巨大。比如，如果要达到较好语音音质，最好保证每秒 16 000 次及以上的采样频率。如果通过类似视频抽帧的方法则较容易降低语音音质，对于语音合成模型而言会影响合成的效果。随着深度学习的发展以及机器性能的提升，输入语音时域信号导致的计算量过大的问题得到了一定的解决，如通过空洞卷积降低网络计算量，机器性能的提升则允许更大规模的输入数据等。

直接将时域语音信号输入至语音内容理解模型的优点明显，一方面可以进一步降低语音信号对于领域知识（domain knowledge）的依赖，降低准入门槛，促进语音信号处理的发展；另一方面可以减少时频转换带来的信号损失，越来越多的语音理解任务都在积极探索以时域信号作为输入的模型。

2. 频域表征

对时域信号进行分帧加窗并计算其短时傅里叶变换后得到语音的频域信号，这个过程可以视为将高维语音声波分解为低维编码，这个过程既充分利用了语音信号短时不变的特点，又避免了抽帧导致的音质降低问题。同时，频域信号可视为特殊类型的图像，相较于自然场景图像而言，频域信号描述的是时间与频率的关系，可以将图像内容理解的算法稍加改变并迁移至语音内容理解场景。常用的频域特征有 LPC 特征、MFCC 特征和 CQT 特征。

LPC 特征通过近似共振峰来评估语音信号，从语音信号中去除共振峰的影响，并估计残留语音信号的浓度和频率，是一种鲁棒性强的语音特征。LPC 特征有助于在低比特率下对高质量语音执行编码、语音重建、弦乐器的音调分析等任务。

MFCC 特征是一种广泛用于语音任务的人工特征，MFCC 特征模拟人耳对不同频率的语音信号的敏感度，将线性谱映射至基于听觉感知的 Mel 非线性谱中，然后将其转化至倒谱上。MFCC 特征考虑到人耳听觉特性，其表征适用于语音识别、说话人识别、以及语音信息检索等任务。

CQT 特征是一种广泛用于音乐理解的频谱特征。CQT 特征与其他频谱不同的是其横轴频率不是线性的，而是以 log2 作为变换的尺度，根据音乐中谱线频率的不同改变滤波窗长度，最终得到音乐信号在各音符频率处的振幅值，其表征适用于音乐相关信息检索任务、音乐分类等任务。

上述语音表征涉及较多语音信号处理方面的知识，具体的推导过程不做赘述，感兴趣的读者可以寻找相关资料深入了解。

3.1.2 基于深度学习的语音表征

基于传统方法的频域特征广泛应用于语音内容理解任务，在时频转换的过程中难免会损失信息，并以一种难以用于识别的方式表达其他信息。这些偏差对于高频率的细粒度分辨率任务而言是有害的。于是更多人开始探索可学习的音频表征方法，通过更好地对声波的统计结构进行建模来提高语音任务的性能。

该领域的第一个显著贡献是在自动语音识别（Automated Speech Recognition，ASR）中，Jaitly 和 Hinton 从波形中预先训练了受限玻尔兹曼机（Restricted Boltzmann Machine，RBM），将音频信号处理成更高维的音频表征。Palaz 等人训练了一个混合 DNN-HMM(Deep Neural Network-Hidden Markov Model) 模型，用几层卷积替换梅尔滤波器组（Mel-filter bank）。Zeghidour 等人提出了一种优于梅尔滤波器组、可学习的音频前端网络，作为语音、音乐、音频事件检测等语音任务的输入，并在实验中证明了该前端网络的有效性。

这个前端模型被分解成 3 个主要部件：处理输入音频的带通滤波器部件，降低原始输入信号时序分辨率的池化部件，减少动态范围的压缩/标准化部件。首先，利用一维 Gabor 卷积构建可学习的滤波器，让滤波器关注感兴趣的频率范围。然后，对所有输入通道采用一个共享的深度卷积低通滤波器，使每个输入通道都与一个低通滤波器相关联，并将这些低通滤波器参数化，使其具有高斯脉冲响应。

3.2 基于深度学习的音乐分类

音乐分类任务是语音内容理解的一个基础任务，与图像中的分类任务类似，其主体框架如图 3-1 所示。

图 3-1 音乐分类任务框架

输入信号通常可以分为两种，一种是原始音频信号，另一种是通过原始音频信号转换的频谱信号。前端模块（Front-end）类似于计算机视觉任务中的特征提取部分，模型通过分析音乐信息提取特征，这部分是音乐分类的关键步骤。后端模块（Back-end）类似于计算机视觉任务中的分类部分，对前端模块提取出来的特征进行分析，得到音乐属于某一类型的概率。输出结果为音乐类别标签。音乐分类任务通常有单分类和多分类两种情况，音乐多分类任务又称为音乐标签任务。这两种任务中的前端模块和后端模块本质上没有区别，只是在最终的损失函数或者类别取舍上进行区分。

音乐分类不仅在学术界具有重要的价值，在工业界也具有广泛的应用，如音乐流派分类、音乐情感分类以及基于音乐标签的音乐推荐任务等。

3.2.1　基于 CNN 的音乐分类

最基础的音乐标签任务从 CNN 开始，Choi K 在模型训练时将音乐数据切割成统一的时长片段并进行时频转换，在此设计了 STFT（Short Time Fourier Transform，短时傅里叶变换）、MFCC 和梅尔谱图这 3 种不同的频谱，并分别输入网络。随后使用全卷积网络（Fully Convolutional Network，FCN）作为前端模块以提取音乐特征，FCN 能够在减少参数的同时将卷积网络的能力最大化。训练数据集使用出现频率前 50 的音乐标签，在后端模块中构建了 50 个二值分类器，最终评价指标为 AUC-ROC（Area Under Curve-Receiver Operating Characteristic）分数。测试时对整首曲子的所有片段的训练结果取均值，是曲子级别的模型。模型结构如图 3-2 所示，基础模型是一个 4 层的全卷积网络，对比实验分别设计了 3～6 层网络结构，并在数据集 MagnaTagATune 上验证网络能力。

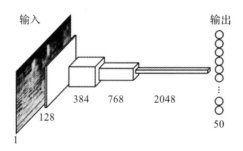

图 3-2　基于 CNN 的音乐标签网络

从实验结果中可以得出两个结论，一个是梅尔谱图的效果比 STFT 和 MFCC 的效果更好；另一个是数据量会影响网络深度，一般而言，数据量越大，达到最好效果的网络越深。

针对频谱输入，STFT 等方法通过滑动窗口对原始音频数据进行时频转换。梅尔频谱相较于时频谱而言，利用梅尔滤波器模拟人耳的听觉系统，而梅尔倒谱则是在梅尔频谱的基础上多了离散余弦变换。理论上，梅尔频谱更接近人类的理解范围，而模型学习到了这种特征。模型复杂度与数据量有较大的关系，通常情况下模型量级越大，其特征提取能力越强，但与之对应的是所需要的训练数据就越多，小数据集在大模型中训练容易导致过拟合。

基础的音乐标签模型利用 FCN 结构就能达到不错的效果，整套网络结构完全照搬计算机视觉任务，先将时序序列转换为二维频谱图，再利用经典网络对其进行特征提取以及后续的分类，没有考虑语音的时序关系，会遗漏部分重要信息。于是 Lee J 等人探讨了分别将二维频谱和一维序列输入网络对模型的影响，其输入分为 3 种情况。

针对原始音频输入的网络，网络输入的不是频谱，而是原始音频数据。根据一维卷积核的大小将其划分为帧级别和样本级别的输入。其中帧级别输入通常情况下会采用较大长度的滤波器，且步长基本与滤波器长度一样，卷积核大小一般与 STFT 一致，如 10～20ms，相当于 160～320 的采样样本数。样本级别的输入则是更小尺度的滑窗。作者将样本级别输入类比于图像中的像素级别输入和 NLP（Natural Languaga Processing，自然语言处理）中的字符级别输入。与帧级别输入相比，样本级别输入的滤波器长度更小，具备更细粒度的特征提取能力，能达到与帧级别输入相当的音乐标注能力。

明确输入后，模型作者依据 VGG 的结构构建了 m^n-DCNN（Dynamic Convolution Neural Network）模型，其中 m 表示滤波器长度和池化长度，n 表示卷积层数。实验结果表明，样本级别输入在更深的网络模型中效果更好。考虑到原始语音信号中保留着较多的信息，频谱是对原始信号处理过的信号，同时样本级别的输入能更细粒度地提取特征，得到这样的实验结果是合理的。由于样本级别输入对应的滤波器长度相较于每秒采样至少 16 000 次的语音数据而言较少，因此通常情况下网络训练过程中收敛的速度比较慢。

Kim 等人对 CNN 模型进行拓展，从 VGG 的网络结构演化至 ResNet + SENet 的模型，并增加了多级特征聚合的方法，取得了不错的分类效果，网络结果如图 3-3 所示。

VGG 网络主要改进了两部分，一个是针对卷积层的改进，另一个是针对特征融合层的改进。在卷积层改进中，图 3-3b 是基础的卷积模块，图 3-3c～e 是在基础卷积模块上进行的改进。

首先，利用 SENet 的结构对图 3-3b 进行改造，序列化操作利用全局池化对时序信息进行聚合，同时减少时序维度，激励操作用两层全连接重新校正不同渠道的尺度，如图 3-3c 所示。由于通道中包含了类别的信息，尺度改变了各个通道的重要程度，对分类任务具有一定增益。

其次，利用 ResNet 的结构对图 3-3b 进行改造，利用跳跃连接思想防止梯度消失，有利于构建更深的模型，如图 3-3d 所示。最后将 SENet 结构和 ResNet 结构结合，如图 3-3e 所示。

在特征融合层的改进中，将最后三层的特征图拼接在一起，相当于多尺度的特征拓展，如图 3-3a 所示。实验结果表明 SE 模块比 Res-n 模块的效果好，更突出通道信息的重要性。

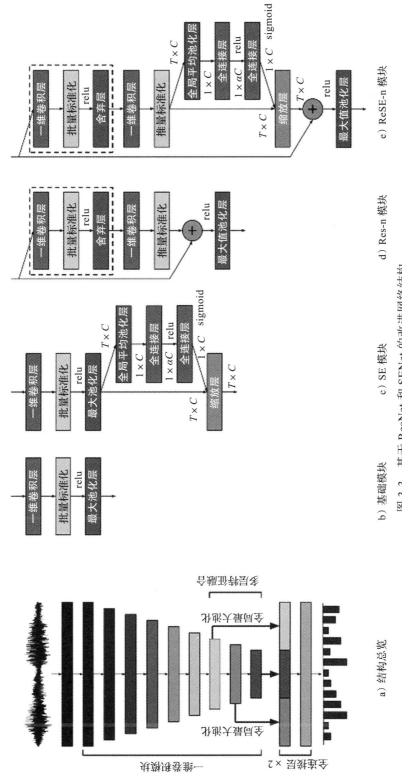

图 3-3　基于 ResNet 和 SENet 的改进网络结构

a) 结构总览

b) 基础模块

c) SE 模块

d) Res-n 模块

e) ReSE-n 模块

3.2.2 基于 RNN 的音乐分类

基于 CNN 结构的特征提取虽然取得了一定的成效，但 CNN 结构通常需要在最后一层对特征图取均值或下采样，无法对时序关系建模。为了解决音频的时序问题，Choi K 等人考虑使用 CRNN 模型对 CNN 进行改进。

CRNN 模型先利用 CNN 提取局部特征，再利用 RNN 编码生成时序特征，这种方法有利于考虑音乐的全局结构，从而正确对整首曲子进行分类。网络结构如图 3-4 所示，实验中与不同的 CNN 模型进行对比。

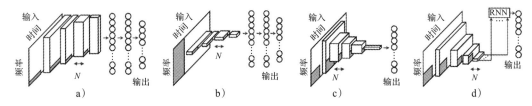

图 3-4 基于 CRNN 结构的音乐标签网络

图 3-4a 是 4 层一维卷积和两层全连接层，再接入一层全连接层，计算每个类别的得分。图 3-4b 的第一层是二维卷积，其卷积核包括了整个频率范围，后面是 4 层一维卷积，目的是降低计算复杂度。图 3-4c 是 5 层 3×3 的全卷积网络，可以实现不同尺度下的时间和频率不变性。图 3-4d 是 4 层 3×3 卷积后跟着 RNN，以学习时序模式。实验结果表明，CRNN模型比普通的 CNN 效果好，进一步验证了时序关系对音乐类别的影响。

3.2.3 基于领域知识的 CNN

上述基于 CNN 或者 CRNN 的网络结构虽然取得了一定的效果，但并没有针对音频信号的领域知识设计网络结构。考虑到同样作为二维的输入，图像和频谱存在较大的差别，主要的不同是图像的二维信息实际上包括了空间的信息，而时频图的横纵坐标分别表示时间和频率。也有很多文献探讨了卷积和音频之间的关系，最后总结出，卷积可以模拟梅尔滤波器组，通过频率的选择对信号进行滤波，但这种频率选择仅在接近频谱图的低层结构中才能实现。

为了探寻音频信号领域知识对卷积的促进作用，Schlüter J 等人在音符提取的研究中提出了一种观点，在频谱中使用矩形过滤器能取得较好的效果。在特殊场景下矩形过滤器却不一定适用，比如探寻时间维度上的变化时，需要使用时间带较宽且频率带较窄的滤波器，只在频率维度上进行池化，以此来保留高时间分辨率。

在二维图像中，输入是 3 个颜色通道，该模型将频谱叠加成 3 通道输入，同时使用对数滤波器组将信号减少至相同的频率范围。这样就可以在卷积中结合高时序信息和高频率信息。图 3-5 是对应的网络结构，卷积核的 $w>h$ 的目的是提取时序特征，同时只对时间轴上的特征图进行最大池化，目的是保留更多的频率信息，同时最大化时间范围。这个结构在音符提取的任务中取得了当前最优的效果，也验证了 $w>h$ 的卷积对提取时间维度的音乐特征具有一定的增益效果。

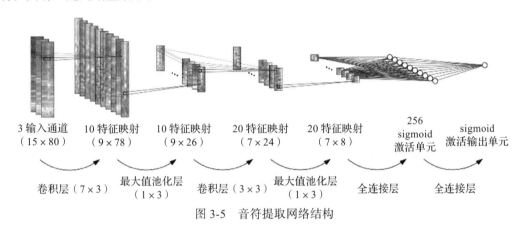

图 3-5　音符提取网络结构

受到上述研究的启发，Pons J 将领域知识放到音乐标签网络结构的设计中考虑，并提出了一种假设：更宽的滤波器学习到更长的时序依赖，而更长的滤波器学习到全部音色特征。为了验证这个假设，他设计了 3 种不同尺寸的卷积。

图 3-6a 是 $m \times n$ 的矩形滤波器，这种形状的滤波器在一定程度上可以视为音高不变的，因为乐器的音色是由音高、音调决定的，在一定频率范围内音调和音高变化不大。图 3-6b 是 $m \times n$ 的卷积，其中 $m = 1$ 表明是一维卷积，在频率范围内只对同一频率进行卷积，并设计了较长的时间范围以保留长时序依赖关系，同时只在频率范围内做池化以保留时间序列信息。图 3-6c 是 $m \times n$ 的卷积，其中 $n = 1$ 表明这也是一维卷积，但与 b 不同的是，保持每次卷积操作在同一时间的不同频率范围内，以学习音乐中的音调和音高特征，同时在时间范围内做池化以保留较宽频率范围信息。为了同图 3-6a 进行比较，设计了 $1 \times n + m \times 1$ 结构的卷积，最终将两种特征图进行拼接，保证同时利用时序和频率信息，如图 3-6d 所示。

实验结果表明，单纯地使用 $1 \times n$ 或 $m \times 1$ 的卷积虽然能学习到对应的时序关系和音色信息，但对于理解音频内容还存在一定的欠缺，组合使用这两种卷积才能实现最优化表征音频特征。

Pons J 在此基础上又设计了端到端的音乐标签网络结构，讨论了输入频谱和原始音频的区别。针对原始音频信号输入采用了样本级别的方法，设计一维小卷积核提取特征。

针对频谱输入，利用二维垂直滤波器卷积，获取短时间内的频率特征以表征音色特征，一维水平滤波器用于卷积学习长时序关系特征，同时考虑到使用滤波器组可以更有效地获取不同的时频模式，设计了滤波器组卷积。

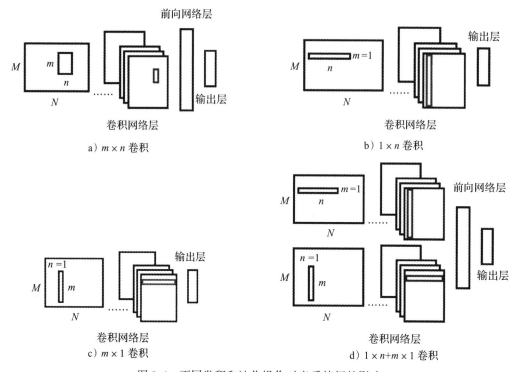

图 3-6 不同卷积和池化操作对音乐特征的影响

实验结果表明,在有足够的训练数据的情况下,无假设的模型效果更好。总而言之,使用领域知识可以在设计模型的时候依赖较强的先验知识,更自然地将语音信号处理和深度学习相结合,对于小样本而言具有较大意义。如果不使用领域知识,通常情况下需要堆叠滤波器来达到特征提取的目的,优点是能减少先验假设,减少网络设计的难度,在数据量和模型深度达到一定程度后,这种方法更有效。缺点是模型并不完全可控,提取出的特征难以解释,同时模型收敛的时间也会相应增加。

在现有的模型中,依赖原有的先验知识,Won M 考虑到谐波结构在人类听觉感知中起到重要的作用,于是利用音频信号的固有谐波结构构建了网络,可使网络捕获谐波关系,同时保留频谱的时域局部性,网络结构如图 3-7a 所示。

在前端模块中,原始音频信息先经过短时傅里叶变换得到频谱,再由谐波滤波器组将其变换为谐波张量,这个滤波器组也称为谐波常数 Q 变换。常数 Q 变化是音乐信号分析中常用的滤波器,根据音乐中的十二平均律划分出每个滤波器的频率范围,组成滤波器组,而谐波常数 Q 变化则是对常数 Q 变化后的频谱进行谐波变化。谐波滤波器组的输出是三维谐波张量,分别表示谐波、频率和时间。由于该结构的重点是谐波滤波器组,因此最后的分类网络选择了一个简单的卷积网络,即在后端模块中设计了一个简单的二维 CNN 结构用于预测类别信息。

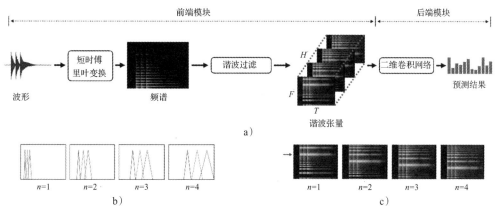

图 3-7　利用谐波结构构建音乐标签网络

针对谐波滤波器组，其计算过程由下述公式组表示。

$$\Lambda(f; f_c, BW) = \left[1 - \frac{2|f - f_c|}{BW}\right]_+$$

上述公式表示三角带通滤波器，f 为频率，f_c 为中心频率，BM 为带宽，$[\ ]_+$ 是整流线性函数。

$$\Lambda_n(f; f_c, \alpha, \beta, Q) = \left[1 - \frac{2|f - n \cdot f_c|}{(n \cdot \alpha f_c + \beta)/Q}\right]_+$$

上述公式表示谐波滤波器，与三角带通滤波器不同的是，谐波滤波器有 n 个谐波中心频率。

谐波滤波器组如图 3-7b 所示，若取 $H = 4$、$F = 3$，表示有 4 个谐波中心频率的 3 个滤波器组。最后的实验结果表明，该网络结构在音乐标签、音频关键点发现、音频事件检测中都取得了当时最优的效果。

3.2.4　基于注意力机制的后端模块算法

先前研究大部分聚焦于前端模块的改进，Won M 在前人的基础上对后端模块进行改进。为了合理利用更深度的时序信息，考虑使用自注意力模块时序进行编码，这样的模型更具有可解释性。模型分别使用了两种频谱图和原始音频作为输入，频谱图的前端模块结构如图 3-8a 所示，同时利用垂直过滤器和水平过滤器提取音乐时序信息和音色信息。针对原始音频前端模块选择了 Sample-CNN 结构。同时选择了 3 种后端结构：一种是 CNN-L（全连接）网络；一种是 CNN-P 网络，如图 3-8b 所示；最后一个是由两层自注意力组成的网络，结构如图 3-8c 所示。

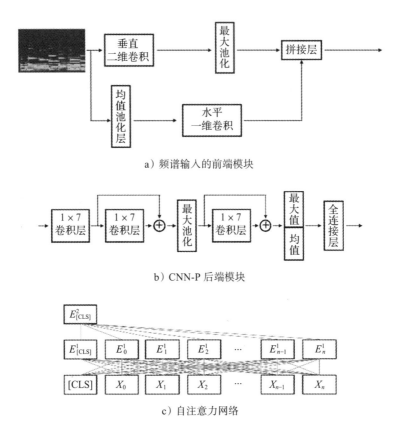

a）频谱输入的前端模块

b）CNN-P 后端模块

c）自注意力网络

图 3-8　基于注意力机制的音乐标签网络

实验结果表明，在频谱输入和原始音频输入的网络中，基于注意力机制的后端模块都能取得较好的效果，虽然并不一定是最优，但该结构增强了特征的可解释性。为了进一步论述模型的可解释性，模型作者展示了注意力热图和标签贡献度热图。图 3-9 是注意力热图，展示的是整个特征图中模型关注的部分。

a）鼓点　　　　　　　　b）女声　　　　　　　　c）安静

图 3-9　基于注意力机制的全局热图

图 3-9a 上半部分是频谱图，下半部分是音频鼓点热图，从热图浅色部分能明显看出鼓点节奏与音乐是一致的。图 3-9b 展示的是女声频谱，女声具有较高的频率，其热图也关注到了频率较高的部分，进一步验证了注意力模块在网络中的关注能力。但注意力网络也有一定的问题，其关注的区域并非都能与标签含义完全对应。如图 3-9c 所示，这是一段安静

音频，但注意力模块重点关注了声音较大的部分，这可以解释为模型更关注信息量比较大的频谱，而信息并不一定与标签内容完全一致。

图 3-10 是标签贡献度热图，解释了不同音频区域与标签的相关程度。在每一个时间步长中设置对应的注意力分数为 1，其他部分设置为 0，这样就可以看到每个时间仓在每个标签下的贡献度。图 3-10 表示的是钢琴和长笛这两个乐器演奏的一段音乐，从热图中可以看出，不同乐器对应的频谱图与贡献度热图中的深色区域一致。

图 3-10　基于注意力机制的标签贡献度热图

音乐标签、音乐分类任务是语音内容理解的基础，结合对当前最优模型的分析与理解和计算机视觉与语音合成的业务经验可知，需要针对不同的任务形态设计不同的网络结构。在训练样本充足的情况下，通过合理的网络结构堆叠足够的卷积就能达到很好的效果。但是，绝大多数情况下样本数据量都达不到需求标准，这时将各种领域知识融合至网络结构和整体架构设计中能给模型带来增益。

3.3　本章小结

本章通过语音表征和基于深度学习的音乐分类介绍了语音理解，一方面从时域和频域两个角度介绍了传统的表征方法；另一方面详细介绍了语音表征在深度学习方向的探索。在业务应用方面，介绍了 4 种应用于音乐分类场景的基于深度学习的方法，带领读者更加深入地了解语音理解领域的发展。

Chapter 4 第 4 章

场景文字检测与识别

随着深度学习的崛起与发展,计算机视觉领域已经得到极大的发展和重塑。作为计算机视觉中的一个重要研究领域,场景文字检测与识别也不可避免地被这股浪潮所影响,进入深度学习时代。

本章介绍场景文字检测和识别在深度学习领域的改变和发展,希望能为这个领域的研究者提供参考。

4.1 场景文字的研究方向

本节介绍多模态场景文字的研究方向,首先对研究问题进行定义和阐述,给出多模态学习的两类结构,然后列举多模态研究的难点,以及未来的研究应用方向。

4.1.1 研究问题

毫无疑问,文字是人类最有影响力的发明。作为人类语言的书写形式,文字使得跨越时间与空间进行可靠、有效的传播或获得信息成为可能。文字是人类文明的基石。

一方面,文字作为沟通和协作的关键工具,在现代社会发挥了非常重要的作用;另一方面,文字所包含的丰富、精确的高级语义信息对于我们理解世界有很大的帮助。文字信息可以在真实世界中得到广泛应用,比如图像搜索、即时翻译、机器人导航和工业自动化。自然环境中的自动文字阅读,即场景文字的检测和识别或照片文本识别,已经成为计算机视觉中流行和重要的研究课题。

4.1.2　研究难点

尽管学术界有多年的研究，在自然环境下检测与识别文字时仍然会遇到挑战，困难主要来自以下三方面。

1. 自然环境中文字的多样性和多变性

自然环境中文字展示出了多样性和多变性。场景文字可以是不同的语言、颜色、字体、大小、方向和形状。场景文字的长宽比和布局也有很大的变化。所有的这些变化给场景文字的检测和识别算法带来了挑战。

2. 图像背景的复杂性和干扰

自然场景的背景实际上是不可预测的。可能存在与文本非常相似的图案，如树叶、交通灯、砖块、窗户和栅栏，或者不相干物体的遮挡，这些都可能带来混淆和误解。

3. 有缺陷的成像条件

在不受控的情况下，图像和视频中的文字质量无法得到保障。在恶劣的成像条件下，文字的分辨率可能很低。

4.1.3　未来趋势

深度学习在计算机视觉等领域展现出的潜能可以解决上述问题。深度学习在 AlexNet 赢得 ILSVRC2012 竞赛的冠军之后，研究者转向深度神经网络以自动进行特征学习，并更加深入地研究相关领域。学术界也正在研究更加有挑战的目标，近年来的进展可以总结如下。

1. 利用深度学习

近年来，所有的方法都是基于深度学习模型构建的。最重要的是，深度学习将研究者从重复设计并测试手工特征的冗杂工作中解放出来，这使得大量工作集中于研究最前沿的算法。具体来说，使用深度学习可以极大简化流程。另外，这些算法极大地改进了之前在标准数据集上的算法性能。基于梯度的训练方法也使得端到端的训练模型成为可能。

2. 面向挑战的算法和数据集

研究者现在正转向更加具体的方向和挑战。针对真实世界的困难场景，新发布的数据集都有其独特的特点。比如，一些数据集包含大量的长文字、模糊文字和弯曲的文字。受这些数据集的推动，近年来发表的算法都是用来处理特定挑战的。一些模型提出检测有方向的文字，其他的目标则是处理模糊、未对焦的场景图像。这些想法经常会结合在一起变为更有泛化能力的算法。

3. 辅助技术的进展

除了专注主任务的数据集和模型，还有很多辅助技术，虽然没有直接解决主任务，但也是极为重要的，比如合成数据和自助抽样法等。

很多专家学者梳理并分析了文字检测和识别任务的相关工作。因为很多工作处于深度学习早期，所以主要聚焦在更传统的基于手工设计特征的方法。本书主要聚焦在从图像中提取文本信息，而不是从视频中提取，对于视频中的场景文字检测与识别，请参考相关文献。

4.2 场景文本算法的现状

场景文本的识别可分为文本检测和识别两部分，其算法也经历了从基于传统机器学习到深度学习的发展过程，本节就相关经典算法进行介绍。

4.2.1 基于传统机器学习的文本检测

大多数文字检测方法要么采用连通区域分析法（Connected Components Analysis，CCA），要么基于分类的滑窗法（Sliding Window，SW）。基于 CCA 的方法首先通过多种方法提取候选区域（比如颜色聚类或稳定区域提取），然后使用手工设计的规则或训练得到的分类器（在手工设计的特征上训练）自动滤除非文字的区域。

在滑窗分类方法中，不同大小的窗口滑过输入图像，每个窗口都分类成文本区域或非文本区域。分类为正的区域进一步使用形态学分析、条件随机场（Conditional Random Field，CRF）和其他基于图的方法组合成文本区域。

4.2.2 基于传统机器学习的文本识别

对于文字识别有两个研究方向，一个研究方向采用基于特征的方法，Shi 和 Yao 等人提出基于字符分割的文本识别算法；Rodriguez、Gordo、Almazan 等人利用标签嵌套算法来匹配字符串和图像；Stokes 算法和字符关键点检测算法可以提取特征以用于分类。另一个研究方向是将识别过程分解为一系列子问题，在此基础上提出各种方法以处理这些子问题，包括字符二值化、文本线分割、字符分割、单字符识别和文字修正。

也有一些工作致力于整合一整套文字检测、识别系统（即端到端系统）。在 Wang 等人的论文中，字符被看作通用目标检测的一种特例，由一个在 HOG 特征上训练的最近邻分类器检测，然后用基于图结构（Pictorial Structure，PS）的模型进行文字聚类。

Neumann 和 Matas 提出了一种决策延迟方法，首先得到每个字符的多个分割结果以及每个字符的上下文。该方法使用最大稳定极值区域（Maximally Stable Extremal Regions，

MSER）检测字符分割结果，并用一种动态规划算法进行文字解码。

深度学习诞生之前的文本检测与识别方法，主要提取底层或中层的手工设计特征，这需要很多复杂的预处理和后处理步骤。受手工设计特征有限的表示能力和流程复杂性的限制，这些方法很难处理错综复杂的情况，如 ICDAR 2015 数据集中的模糊图像。

4.2.3　基于深度学习的文本检测

文本检测近年来的研究大致有两个特点。

❑ 多数方法使用了基于深度学习的模型。

❑ 从多种角度来研究这个复杂的问题。

以深度学习为主导的方法有自动学习特征的优势，使得研究者不用设计并测试大量复杂的手工设计特征。同时，研究者可以投入更多精力来深入研究多样的问题，应对不同的目标，如更快和更简单的流程、不同长宽比的文字、合成数据任务。深度学习的使用完全改变了研究者处理这些任务的方式，扩大了研究者的视野，这是与之前的研究相比最显著的改变。

本节，我们将现有的方法进行层次性的分类，引入一种自上而下的分类形式，如图 4-1 所示，我们将其分类为 3 种系统。

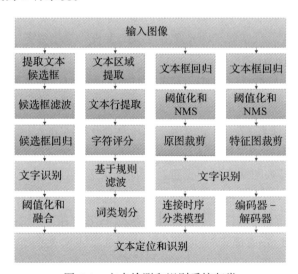

图 4-1　文本检测和识别系统归类

❑ 文本检测系统：检测并定位自然图像中的文本。

❑ 识别系统：将检测到的文本区域图像转变成文字。

❑ 端到端的系统：可以同时进行检测和识别任务。

在每个系统下，我们从不同的角度回顾近年来的方法。

我们通常认为场景文本检测可以归入通用目标检测任务中，通用目标检测方法分为一阶段检测和两阶段检测。事实上，许多场景文本检测算法主要是受通用目标检测器的启发而设计的，我们也鼓励读者参考最近关于目标检测方法的调研。然而，场景文本的检测有其特点和特殊挑战，需要独特的方法和解决方案。因此，许多方法依赖于场景文本的图像特点来解决这些棘手的问题。

场景文本检测算法的发展主要经历了 3 个阶段。

第一阶段：因为基于学习的方法需要多个步骤，所以这些方法效率不高且复杂。

第二阶段：将通用目标检测的思想和方法植入文本检测任务。

第三阶段：研究者设计了针对场景文字图像特点的特殊结构，以解决长文本和不规则文本的挑战。

早期基于深度学习的方法将文本检测任务转化为一个多步骤的算法。研究者将 CNN 用来预测局部分割结果，应用启发式的后处理方法将局部分割结果合并成最终的检测结果。在早期的尝试中，CNN 仅用于将局部图像小块分为文本和非文本两类。使用 MSER 特征来表征这些图像小块，然后通过图像小块的分类结果合并为文本行。

随后，CNN 以全卷积神经网络的形式应用于整个图像。TextFlow 使用 CNN 来检测字符，随后将字符聚类任务转化为最小流问题。Yao 等人使用卷积神经网络来预测输入图像的每个像素是否属于字符、是否在文本区域、文本在每个像素的方向。连接的正响应被认为是检测到的字符或文本区域。对于属于同一文本区域的字符，采用德劳内三角化算法及图划分算法根据预测的方向属性将字符转化为文本行。

类似地，Zhang 等人首先预测了一个显示文本行区域的分割结果。对于每个文本行区域，采用 MSER 提取候选字符，候选字符可以表征文本行的尺寸、方向信息。提取最小边界框作为最终的文本行位置。

He 等人提出了一套检测流程，该过程也包括几个步骤。首先，提取文本块。然后模型裁剪图像并只关注所提取的文本块，再进一步提取文本中心行（Text Center Line，TCL），它被定义为原始文本行的位置概述信息，每个文本行表示一个文本实例的存在。然后将提取的 TCL 分割为几个子 TCL，并将每个分割的 TCL 拼接到原始的图像上。最后，语义分割模型将每个像素分为属于与给定 TCL 相同的文本实例像素和不属于任何 TCL 的像素。

总的来说，在这个阶段，场景文本检测算法仍然有冗长的流程，尽管它们已经用基于学习的模型取代了一些手工提取特征的步骤。其设计方法是自下而上的，并基于关键的元素，如单个字符和文本中心线。

随后，研究人员从快速发展的通用目标检测算法中得到启发。在这个阶段，场景文本检测算法通过区域建议模块和位置回归模块，直接对文本实例进行定位，如图 4-2 所示。

图 4-2 主要由堆叠的卷积层组成，这些层将输入图像编码为特征图。特征图上的每个空间位置对应于输入图像的一个区域。然后将特征图输入分类器来预测文本实例在每个空间位置是否存在，以及如果存在，预测它所在的精确位置。这些方法将复杂的多步骤算法简化为可以端到端训练的卷积神经网络，使训练网络更容易，推理过程更加快速。

受一阶段目标检测器的启发，TextBox 对 SSD 模型进行调整，通过将默认文本框定义为具有不同长宽比的四边形，以适应不同方向和长宽比的文本。EAST（Efficient and Accuracy Scence Text）采用 U 形网络设计，进一步简化了基于锚的检测方法，从而整合不同层次的特征。该算法将输入图像编码为一个多通道特征图，而不是 SSD 模型那样不同空间大小的多层次特征图。每个空间位置的特征用于直接回归文本实例的矩形或四边形边框坐标。

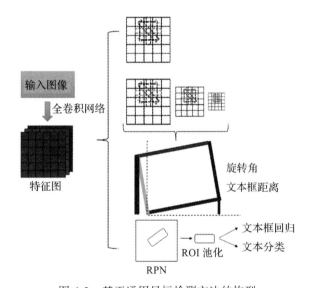

图 4-2　基于通用目标检测方法的构型

具体来说，文本（即文本 / 非文本）和几何图形（如矩形的方向和大小，以及四边形的顶点坐标）信息是可以被模型预测的。EAST 在文本检测领域具有十分简单的步骤和达到实时推理的效率。其他方法采用 R-CNN 的两阶段目标检测框架，算法第二阶段根据感兴趣区域池（Region Of Interest，ROI）获得的特征对定位结果进行校正。

Ma 等人在工作中发现，旋转区域建议网络可以用于生成不同方向的文本候选框，以适应任意方向的文本，而不只是轴向对齐的矩形文本。在模型中，使用了不同大小的感兴趣区域集合的加权结果。预测结果是利用 4 种不同尺寸的文本分类评分得到的。

Zhang 等人提出递归地采用文本候选和文本定位模块，修正文本实例的预测位置。他们提出加入边界框的特征是很好的方法，要比 RPN 更好地实现文本定位功能。Wang 等人提出一种参数化实例变换网络（Instance Transformation Network，ITN），该网络会在骨架网络提取的最后一个特征层上预测合适的仿射变换，以纠正有向的文本实例。他们提出的 ITN 算法，仍旧可以进行端到端的训练。为了适应不规则形状的文本，他们采用了多达 14 个顶点组成的多边形，然后采用 Bi-LSTM 层来修正预测顶点的坐标。

Wang 等人提出使用 RNN 读取基于 RPN 的两阶段目标检测解码器输出的特征，并预测变长边界的多边形。该方法不需要复杂的后处理步骤，可以实现非常快速的预测。

这一阶段的主要贡献是简化了检测模型，提高了效率。然而，由于感受野的限制，单阶段方法在面对弯曲、不定向或长文本时，性能仍然有限，而两阶段方法的算法效率也不高。

文本检测与通用目标检测的主要区别在于文本具有整体同质性但字符本身具有独立性，这与通用目标检测任务不同。根据同质性和独立性，文本实例的任何部分仍然是一个独立的文本实例。人类不需要看到整个文本实例就可以知道它是一段文本内容。这一特性为新的文本检测方法奠定了基础，该方法只用于预测子文本区域，然后将其组合成一个完成的文本实例。

这些方法在本质上，是为了更好地适应前面提到的弯曲文字、长文字和不定向文本问题的挑战。这些方法使用神经网络来预测子区域的局部属性或分割结果，并通过后处理步骤来重建文本实例。与早期的多阶段方法相比，它们更依赖于神经网络，而方法也更加简单。

在像素级方法中，一个端到端的全卷积神经网络可以生成一个稠密的预测图，从而判断原始图像中的每个像素是否属于文本实例。后处理方法根据像素是否属于同一文本实例，将它们组合在一起，基本可以看作实例分割的一种特殊情况。由于文本可以以簇的形式出现，从而使预测的像素相互连接，因此像素级方法的核心是将文本实例彼此分离。

PixelLink 通过添加额外的输出通道来学习相邻像素之间的连接，从而预测两个相邻像素是否属于同一个文本实例。边界学习方法将每个像素分为三类：文本、边界和背景，并假设边界可以很好地分离文本实例。Wang 等人根据像素的颜色一致性和边缘信息对像素进行聚类。融合后的图像子区域称为超像素，这些超像素进一步用于提取字符和预测文本实例。

在分割框架上，Tian 等人提出增加一个损失项，使属于不同文本实例的像素嵌入向量的欧几里得距离最大化和属于同一实例的像素嵌入向量之间的欧几里得距离最小化，以更好地分离相邻文本。Wang 等人提出在不同的尺度下预测文本区域，并逐步放大来检测文本区域，直到与其他文本实例发生冲突，而不同尺度的预测就是上述边界学习的一个重要特点。

子区域级的方法通常以中等粒度进行预测。子区域指的是文本实例的局部区域，有时会重叠一个或多个字符。子区域级方法的代表是文本连接候选网络（Connectionist Text

Proposal Network，CTPN），该模型继承了锚和递归神经网络序列学习的思想，把 RNN 叠加在 CNN 上面，最终特征图中的每个位置都代表了相应锚点区域的特征。

假设文本是水平显示的，那么每一行特征都被送入一个 RNN，并标记为文本 / 非文本，此外，字段大小等特征也能同时被预测。CTPN 是第一个用深度神经网络预测和连接场景文本分割子区域的方法。SegLink 通过分割结果之间的多方向连接，进一步改进了 CTPN 模型。文本检测的结果基于 SSD，其中每个默认框代表一个文本区域。模型会预测文本框之间的连接，以得出相邻的文本框是否属于同一文本实例。Zhan 等人进一步改进了 SegLink 网络，使用图卷积网络来预测文本框之间的连接。

角点定位方法提出检测每个文本实例的 4 个角。由于每个文本实例只有 4 个角，模型预测结果及其相对位置可以指示哪些角应该聚类到同一个文本实例中。Long 等人认为文本可以表示为一系列沿着文本中心线滑动的圆盘，这与文本实例的书写方向一致，如图 4-3 所示。

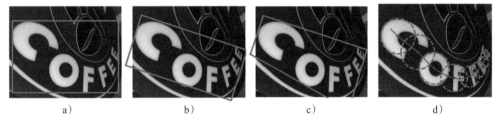

图 4-3　将文本表示为水平矩形（a）、有向矩形（b）、四边形（c）和曲形（d）

通过这种新的表达方式，Long 等人提出了一个新的模型 TextSnake，可以预测局部图像的属性，包括 TCL/ 非 TCL、文本区域 / 非文本区域、半径和圆盘方向。TCL 像素与文本区域像素的交集是文本区域的最终结果。然后使用局部几何图形以有序点的形式提取 TCL，使用 TCL 和半径可以重建文本行。该模型在一些弯曲文本数据集以及更广泛使用的数据集上实现了很好的性能，例如 ICDAR 2015 和 MSRA-TD 500。

值得注意的是，Long 等人提出了一个跨不同数据集的交叉验证测试，该模型只在具有普通的直文本实例的数据集上进行微调，并在弯曲数据集上进行测试。尽管如此，在所有弯曲文本数据集上，TextSnake 实现了 20% 的提升，相比其他方法以 F1 分数为基准。

字符级别表示是另一种有效的检测方法。Baek 等人提出学习字符中心和它们之间的连接，局部文字区域和连接都以高斯热图的形式进行预测。然而，这种方法需要进行逐步迭代的弱监督训练，因为真实数据集很少有字符级的标注。

总体而言，基于子文本组件的检测对于文本实例的形状和长宽比具有更好的灵活性和泛化能力。缺点是用于将分割结果聚合为文本实例的模块或其他后处理步骤时，可能容易受到噪声的影响，并且该步骤的效率高度依赖于代码实现方式，因此在不同平台的效果可能会有所不同。

4.2.4　基于深度学习的文本识别

在深度学习时代，场景文本识别模型使用卷积神经网络将图像编码到特征空间中，主要区别在于文本内容解码模块。目前主流的两种算法是连接时序分类模型（Connectionist Temporal Classification，CTC）和编码器－解码器模型。本节将介绍这些主流的识别方法，框架如图 4-4 所示。

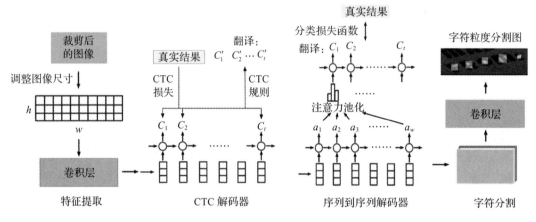

图 4-4　文本识别模型框架

CTC 和编码器－解码器框架最初都是针对一维序列输入数据设计的，适用于直文本和水平文本的识别，卷积神经网络可以将文本编码成有序的特征帧而不丢失重要信息。然而，旋转和弯曲文本的字符分布在二维空间上，在特征空间中有效地表示有向和弯曲文本，以适应 CTC 和编码器－解码器框架是一个挑战，它们的解码需要一维输入。对于旋转文本和弯曲文本，直接将特征压缩成一维特征可能会丢失相关信息，并引入背景噪声，导致识别精度较差。

语音识别通常采用 CTC 解码模块，其数据在时域上是有序的。将 CTC 应用于场景文本识别中，需要将输入的图像视为垂直像素帧序列。神经网络输出每帧的预测，来表征每帧标签的概率分布，然后应用 CTC 规则将每帧预测结果转换为文本。

在训练过程中，损失函数为 CTC 规则生成能产生目标序列的所有可能预测路径的负对数概率之和。CTC 方法使得仅使用单词级标注就可以对其进行端到端训练，而不需要字符级标注。CTC 在 OCR（Optical Character Recognition，光学字符识别）领域的首次应用可以追溯到 Graves 等人的手写识别系统。目前该技术被广泛应用于场景文本识别中。

卷积递归神经网络（Convolutional Recurrent Neural Networks，CRNN）是将递归神经网络叠加在卷积神经网络之上，并使用 CTC 进行训练和推理。DTRN（Deep Text Recurrent Network）是第一个 CRNN 模型，它将一个卷积神经网络模型在输入图像上滑动，生成卷积特征片，然后将其送入递归神经网络。Shi 等人进一步改进了 DTRN，利用卷积神经网络不受输入空间大小限制的特性，采用全卷积方法对输入图像进行整体编码，生成特征片。Gao 等人采用堆叠的卷积层来有效捕获输入序列的上下文依赖关系，而不是采用 RNN 模型，具有计算复杂度低、并行计算容易的特点。Yin 等人通过滑动带有文本行的图像来同时检测和识别字符，这个模型是在带有文本标注的文本行图像上进行端到端学习得到的。

序列到序列学习的编码器—解码器框架最早用于机器翻译。编码器 RNN 读取一个输入序列，并将其最终的潜在状态传递给 RNN 解码器，它在这个过程中产生自动递归的效果。编码器—解码器框架的主要优点是能输出不定长的结果，满足场景文本识别的任务要求。编码器—解码器框架通常和注意力机制相结合，从而同步学习输入序列到输出序列的映射。

Lee 和 Osindero 提出了递归神经网络和注意力建模机制，用于无词汇限制的场景文本识别。该模型首先将输入图像通过递归卷积层提取编码后的图像特征，然后通过带有隐式学习的字符级别语言统计递归神经网络，将其解码为输出字符。基于注意力机制执行软特征选择则可以更好地利用图像特征。

Cheng 等人观察了现有的基于注意力的方法中存在的注意力漂移问题，并提出通过对注意力进行评分，加入位置监督信息来减弱该问题。Bai 等人提出了一个编辑概率（Edit Probability，EP）测度来处理标注的字符串和注意力机制输出序列之间的概率分布不对齐损失。与前面提到的基于注意力的方法不同，这种方法通常采用单帧最大似然损失，EP 尝试从输入图像为条件的概率分布的输出序列中估计生成字符串的概率，同时考虑可能出现的缺失或多余字符的问题。Liu 提出了一种高效的基于注意力的编码器 - 解码器模型，该模型中编码器部分在二值约束下进行训练，以减少模型计算量。

CTC 和编码器—解码器框架都简化了识别框架，使得只使用单词级标注而不是字符级标注来训练场景文本识别器成为可能。与 CTC 相比，解码器—编码器框架的解码器模块是一种隐式语言模型，可以包含更多的语言先验。因为同样的原因，编码器—解码器框架需要更大的训练数据集和更大的词汇表。否则，在阅读训练中看不到单词时，模型可能会退化。相反，CTC 较少依赖于语言模型，具有更好的字符到像素的对齐效果，有潜力在中文和日语上取得更好的效果。这两种方法的主要缺点是假定文本是直的，不能适应不规则文本的识别问题。

4.2.5　基于深度学习的端到端系统

在过去，文本检测和识别通常被看作两个相互独立的子问题，然后从图像上提取文字。最近，诞生了许多端到端文本检测与识别系统（又称文本定位系统），这些设计从可微计算图的思想中获益颇多，如图 4-5 所示。随着时代的进步，这种系统成为可能，并拥有较好的性能。

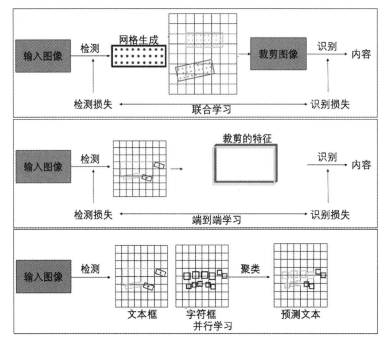

图 4-5　主流端到端框架示意图

1. 两步法

早期的工作是在输入图像中检测单个字符，而最近的系统通常在文本行级别检测和识别文本。其中一些系统首先使用文本检测模型生成文本候选位置，然后使用另一个文本识别模型进行识别。Jaderberg 等人使用边缘框候选区域网络和经过训练的聚合通道特征检测器的组合来生成候选文字的边界框。文本框在被输送到识别模型之前会被过滤和纠正，并结合基于 SSD 的文本检测器和 CRNN 模型对图像中的文本进行识别。

由于在这些方法中，检测到的单词是从图像中裁剪出来的，因此检测和识别是两个独立的步骤。两步法的一个主要缺点是检测模型和识别模型之间的误差传播会导致整体性能不理想。

2. 两阶段模型

最近，端到端可训练网络被提出来解决误差传播的问题，将裁剪特征图而不是图像直接送入识别模块。Bartz 提出了一种利用 STN（Spatial Transformer Network，空间转换网络）循环关注输入图像中的每个单词，然后分别识别它们的解决方案。这种联合网络以弱监督的方式进行训练，不使用文本边界框标签。

Li 等人将 Faster-RCNN 中的目标分类模块替换为基于编码器 – 解码器的文本识别模型，组成了文本定位系统。Liu、Busta 和 He 开发了整体架构非常相似的统一文本检测与识别系统，该系统由一个检测分支和一个识别分支组成。Liu 和 Busta 采用 EAST 和 YOLO 2 模型分别作为检测分支和文本识别分支，这个文本识别分支将特征采样成固定长度的张量，通过双线性采样方式，输入基于 CTC 的字符串识别模块。He 也采用 EAST 生成文本建议区域，并在基于注意力机制的识别分支中引入字符空间信息作为显式监督信息。

Lyu 等人提出了 Mask R-CNN 的修正版本，对于每个感兴趣的区域，将产生字符分割出结果，来判断单个字符是否存在和位置。将这些字符从左到右排序后进行处理并给出最终结果。与前述基于有向性的边框进行 ROI-Pooling 操作的工作相比，Qin 等人提出使用轴向对齐的边框，并使用文字性分割图对裁剪后的特征进行掩模操作。

3. 一阶段方法

除了两阶段方法之外，Xing 等人设计了一种同时预测字符、文本边框以及字符类型分割结果的模型。然后使用文本边框对字符框进行聚类，最终得出文字识别结果。

4.3 场景文本算法辅助技术

除了检测和识别之外，为了提升文字识别的效果，很多方法包括文本纠偏、文本图像合成等辅助技术也受到了众多研究者的关注。

4.3.1 不规则文本识别问题

纠偏模块是不规则文本识别的常用解决方案。Shi 等人提出了 STN 和基于注意力机制的序列识别网络。STN 模块通过全连接神经网络预测文本边界多边形位置，该模型可以进行薄板样条变换，从而将输入的不规则文本图像纠正为规范的形式，也就是直文本风格。这种矫正是一种成功的策略，也是 ICDAR 2019 ArT 不规则文本识别竞赛获胜方案的基础。

基于纠偏模块的文字识别模型也有几个改进版本。Zhan 和 Lu 提出多次改进方案，逐步对文本进行修正。它们还将文本边界多边形替换为多项式函数来表示复杂的形状。Yang 等人提出用类似于 TextSnake 的方法预测局部属性，比如文本中心区域内像素的半径和方向值，方向被定义为底层字符框的方向，而不是文本边框的方向。

基于上述属性重建边界多边形，从而对字符的变形进行矫正，而 Shi、Zhan 等人的方法只能在文本层面进行矫正，会使字符变形。Yang 等人引入一种辅助的密集字符检测任务，以学习适合文字的视觉表征特征，并对各时间步的注意力进行正则化。此外，他们使用坐标图作为第二个输入来加入空间信息。

Cheng 等人认为将文本图像编码为一维序列特征，其包含的信息是不全面的。他们将输入图像编码为 4 个方向的特征序列：水平、反向水平、垂直和反向垂直，然后采用加权机制对 4 个特征序列进行组合。

Liu 等人提出了一种分层注意力机制，该机制包括一个递归的 ROI-Warp 层和一个字符级注意力层。他们采用局部变换对单个字符的形变进行建模，从而提高了模型效率，并且可以处理单一全局变换难以建模的不同类型的形变。Liao 等人将识别任务转换为语义分割，并将每种字符类型视为一个类。该方法对形状不敏感，对不规则文本也有效，但缺乏端到端训练和序列学习机制，容易出现单字符错误，特别是在图像质量较低的情况下。此处，他们首次通过填充和变换测试图像来评估识别方法的鲁棒性。

不规则场景文本识别的另一种解决方案是二维注意力模型，并在工作中得到了验证。不同于序列的编码器—解码器框架，二维注意力模型保持了二维的编码特征，并可以计算所有空间位置的注意力分数，与空间注意力相似。Long 提出首先检测字符，然后根据字符中心线对特征进行插值和采集，形成序列的特征帧。

除了上述技术，Qin 等人表明，简单地将特征图从二维压平到一维特征，并将序列特征输入基于 RNN 的注意力编码器－解器模型就足以产生很好的识别结果，并且模型整体结构简单且效率较高。

除了定制的模型外，Long 合成了一个弯曲文本数据集，显著提高了对真实的弯曲文本数据集的识别性能，而不牺牲直文本数据集的性能。

尽管已经提出了许多优雅而简洁的解决方案，但它们只是基于一个相对较小的数据集进行评估和比较。此外，在这些解决方案使用的训练数据集中，不规则的文本样本所占的比例可以忽略不计。对更大的数据集和更合适的训练数据集的评估可以帮助我们更好地理解这些方法的优劣性。

4.3.2　文本图像合成技术

不局限于直接解决文字任务的检测和识别模型，本节介绍其中起到重要作用的辅助技术。大多数深度学习模型都需要大量数据，只有当有足够的数据可用时，模型的性能才能得到保证。在文本检测和识别领域，这个问题更加迫切，因为大多数人工标记数据集都很小，通常只包含 1000～2000 个数据实例。幸运的是，已经有研究可以产生相对高质量的数据，并被广泛用于预训练模型以获得更好的表现。

Jaderberg 等人提出生成合成数据用于文本识别。他们的方法是将合成文本图像与带有人工标注的数据集中随机裁剪出来的自然图像混合在一起，并进行颜色变换和形状扭曲。结果表明，仅对这些合成数据进行训练就可以达到先进的性能，并且合成数据可以作为所有数据集的扩充数据源。

SynthText 提出了将文本嵌入自然场景图像中进行文本检测训练，而之前的大部分工作只是在一个裁剪的区域贴上文本，这些合成数据仅用于文本识别。在自然图像合适的地方贴上文本是一个很难的问题，因为它需要保持语义连贯。

为了产生更真实的数据，SynthText 使用了深度预测和语义分割技术。语义分割是将像素组合在一起作为文本子区域，每个文本实例打印在一个文本子区域上，而不是多个文本子区域。密集深度特征图进一步用于确定文本实例的方向和扭曲程度，仅在 SynthText 上训练的模型在许多文本检测数据集上都能达到先进的水平。后来在其他工作中，该数据集也被用于训练预训练模型。

此外，Zhan 等人用其他深度学习技术进行文本合成，以产生更真实的样本。他们引入了选择性语义分割任务，这样单词实例只会出现在合适的物体上，比如桌子或墙壁，而不是某人的脸上。他们合成图像中的文字渲染都是与画面相适应的，以适应艺术风格而不显得突兀。

SynthText3D 利用著名的开源游戏引擎 Unreal Engine 4（UE4）和 UnrealCV 合成场景文本图像。由于文本与场景一起渲染，因此可以实现不同的光照、天气和自然遮挡效果。然而，SynthText3D 只是遵循 SynthText 的方法，只使用游戏引擎提供的标准深度图和分割结果图。因此，SynthText3D 依赖于手动选择相机视角，这限制了它的可扩展性。

此外，SynthText3D 的文本区域是通过裁剪从分割结果中提取的最大矩形边界框来生成的，因此被限制在较大且明确区域的中间部分，这是一种不太好的机制，使得位置分布较为单一。

UnrealText 是另一个利用游戏引擎合成场景文本图像的工作。它的特点是在合成过程中与 3D 世界进行深度交互。UnrealText 提出了一种基于光线投射的三维导航算法，能够自动生成不同的摄像机视图。文本区域建议模块是基于碰撞检测的，可以将文本放到整个表面上，从而得以消除位置偏差。UnrealText 系统实现了显著的提速和更好的检测性能。

文本编辑和最近提出的文本编辑任务也是值得一提的，这两个工作都试图替换文本内容，同时保留自然图像中原有的文本风格，例如字符、字体和颜色。文本编辑本身就是有用的应用程序，如用在即时翻译和手机摄像功能中。虽然我们还没有看到任何相关的实验结果，但它在增加已有的场景文本图像数据集方面有很大的潜力。

4.3.3 半监督技术

字符级标注无疑会使结果更加准确，但是大多数现有数据集不提供字符级标注。由于字符很小，而且彼此接近，因此字符级标注的成本更高，也更不方便。在半监督字符检测任务方面已经有了一些研究，基本思想是初始化一个字符检测器并应用规则或阈值来选择最可靠的预测结果。这些可靠的预测结果被用作额外的监督来源，以完善字符检测器。这些方法的目标都是用字符级标注来增强现有数据集。

WordSup 首先在 5000 个合成数据集上训练初始化字符检测器。对于每幅图像，WordSup

生成候选字符，然后用文本框进行过滤。对于每个单词框中的字符，计算以下分数以选择最可能的字符。

$$s = w \cdot \frac{\mathrm{area}(B_{\mathrm{chars}})}{\mathrm{area}(B_{\mathrm{word}})} + (1-w) \cdot \left(1 - \frac{\lambda_2}{\lambda_1}\right)$$

B_{chars} 是所选字符框的并集；B_{word} 是封闭字的边界框。它们是根据所选字符框的中心坐标计算协方差矩阵计算得到的。直观地说，第一个度量是所选字符覆盖单词框的完整程度，第二个度量是所选字符是否位于一条直线上，这是大多数数据集中单词实例的主要特征。

WeText 从一个小数据集开始在字符级别上进行标注。它遵循两种范式来自我迭代：半监督学习和弱监督学习。在半监督学习中，检测到候选字符被高阈值过滤；在弱监督学习中，手工标注的字的框被用来抑制外部的假阳性。以任何一种方式检测到的新实例都被添加到初始的小数据集中，并对模型进行重新迭代训练。Baek、Xing 等人利用字符级标注对候选字符进行过滤。对于每个单词实例，如果在单词边框内检测到的字符边框的数量等于标注的字符边框数量，则字符的边框被认为是正确的。

为了提高端到端识别模型对弯曲文本的识别性能，Qin 等人提出使用现成的直文本识别模型对大量未标记图像进行标注。这些图像被称为部分标记图像，即使这个不完美的模型可能会省略一些单词。这些部分注释的直文本仍能大大提高不规则文本的识别性能。另一个类似的努力是 Sun 等人提出的大数据集，其中每张图像只标注一个主导文本。他们还设计了一种算法来利用这些部分标注的数据，并且证明了标注这些数据能有效节约成本。

4.4 数据集和评估标准

前沿算法在现有数据集上已经取得了非常好的性能，研究人员可以把精力放在解决更具有挑战性的问题上。新的数据集针对现实世界的不同挑战已经被标注出来，有利于未来的检测和识别方法的发展。本节简要介绍现有的数据集和相应的评估标准。

4.4.1 基准数据集

我们调研了目前最先进的方法和广泛使用的数据集，收集了现有的数据集，统计结果如表 4-1 所示。

表 4-1 场景文本检测和识别的公共数据集

数据集（年）	图像数量（训练 / 验证 / 测试）	方向	语言	特征	检测	识别
SVT（2010）	100/0/250	水平	英文	—	√	√
ICDAR（2003）	258/0/251	水平	英文	—	√	√

（续）

数据集（年）	图像数量（训练/验证/测试）	方向	语言	特征	检测	识别
ICDAR（2013）	229/0/233	水平	英文	描边标注	√	√
CUTE（2014）	0/0/80	弯曲	英文	—	√	√
ICDAR（2015）	1000/0/500	多向	英文	模糊，小	√	√
RCTW（2017）	8034/0/4229	多向	中文	—	√	√
Total-Text（2017）	1255/0/300	弯曲	英文，中文	多边形标签	√	√
CTW（2017）	25 000/0/6000	多向	中文	详细属性	√	√
COCO-Text（2017）	43 686/10 000/10 000	多向	英文	—	√	√
ICDAR MLT（2017）	7200/1800/9000	多向	9 种语言	—	√	√
ICDAR MLT（2019）	10 000/0/10 000	多向	10 种语言	—	√	√
ArT（2019）	5603/0/4563	弯曲	英文，中文	—	√	√
LSVT（2019）	20 157/4968/4841	多向	中文	400KB 弱标注	√	√
MSRA-TD 500（2012）	300/0/200	多向	英文，中文	长文本	√	√
HUST-TR 400（2014）	400/0/0	多向	英文，中文	长文本	√	—
CTW1500（2017）	1000/0/500	弯曲	英文		√	
SVHN（2010）	73 257/0/26 032	水平	数字	电话号码	—	√
IIIT 5K-Word（2012）	2000/0/3000	水平	英文		—	√
SVTP（2013）	0/0/639	多向	英文	透视文字	—	√

　　表 4-1 中，HUST-TR 400 是 MSRA-TD 500 的补充训练数据集。ICDAR（2013）指的是 ICDAR 2013 注意力场景文本竞赛。ICDAR（2015）指的是 ICDAR 2015 偶然场景文本竞赛。最后两列表示数据集能否为检测和识别任务提供标注。

　　ICDAR 2015 偶然场景文本图像侧重于较小的，且方向比较随机的图像。这些图像采集于 Google 眼镜，图像质量一般。图像中很大一部分文字非常小、模糊、有遮挡或多方向，使这个数据集非常具有挑战性。ICDAR MLT 2017 和 ICDAR MLT 2019 数据集分别包含 9 种和 10 种语言文字，是目前仅有的多语言数据集。Total-Text 有很大比例的弯曲文本，而以往的数据集只包含少数弯曲文本。这些图片主要取自街道广告牌，并以顶点数量可变的多边形形式标注。

　　野外中文文本（Chinese Text in the Wild，CTW）数据集含 32 285 张高分辨率街景图像，在字符级别上进行标注，包括其底层字符类型、边框以及是否是艺术字等详细属性。该数据集是迄今为止最大的，也是唯一一包含详细字符标注的数据集。它只提供中文文本的标注，并且忽略其他文字例如英文标注。

　　LSVT 由两种数据集组成，一种是完全用文字边框和文字内容标记的，另一种虽然大得多，但只使用占主导地位的文本实例部分文本内容进行标注。数据集作者建议对这部分标注的数据进行研究，可以有效节省成本。IIIT 5K-Word 是目前最大的场景文本识别数据集，包含数字和自然场景图像。在字体、颜色、大小和其他噪声方面的差异使它成为迄今为止最具挑战性的一个数据库。

4.4.2 文本检测评估标准

我们通常使用精确率（Precision）、召回率（Recall）和 F1 分数（F1-score）作为算法性能比较的指标。要计算这些性能指标，首先应该将预测的文本实例结果与手工标注文本进行匹配。精确率是与手工标注匹配的预测文本实例的比例；召回率表示在预测结果中和手工标注能对应的结果所占的比例；F1 分数同时考虑到精确率和召回率。

文本检测主要有两种不同的标准，基于 IOU 的 PASCAL Eval 和基于重叠面积的 DetEval。它们在匹配预测文本实例和手工标注实例的准则上存在差异。我们使用这些符号来定义相关标准：手工标注的文字框面积、预测的文字框的面积、预测框和手工标注框的重叠面积以及两者并集的面积。

DetEval 对两个精度都施加了限制，即准确率和召回率。只有当两者都大于各自的阈值时，它们才会被认为匹配在一起。PASCAL 的基本思想是，如果交并值大于指定的阈值，则将预测框与手工标注框匹配在一起。

大多数工作遵循两种评估标准中的一种，我们只讨论与上述两种标准不同的协议。

❑ ICDAR-2003/2005：与匹配分数的计算方法类似，定义为两个文本框相交面积与包含两个文本框的最小边界矩形面积之比。

❑ ICDAR-2011/2013：ICDAR 2003/2005 评估方案的一个主要缺点是只支持一对一的匹配，没有考虑一对多、多对多和多对一匹配，这低估了模型实际性能。ICDAR-2011/2013 采用 Wolf 和 Jolion 提出的方法，对一对一匹配加 1 分，对其他两种匹配赋值小于 1，通常设为 0.8 分。

MSRA-TD 500 提出了一种针对旋转文本框的新评估协议，其中预测文本框和水平文本框都围绕其中心进行水平旋转。只有当标准得分高于阈值，且原始边界框的旋转小于预定义值时，才算匹配到。Tightness-IoU 考虑到场景文本识别对检测结果中的缺失部分和冗余部分敏感，缺失部分会导致识别结果中的字符丢失，冗余区域会导致识别结果中出现未预期的字符，因而提出测度标准将缺失区域的比例与冗余区域的比例进行缩小来惩罚 TIoU 分数。

现有评估协议的主要缺点是只考虑在测试集上，对任意选择的置信阈值获得最佳得分。Qin 等人使用通用目标检测中广泛采用的平均精度（Average Precision，AP）度量来评价他们的方法。F1 分数仅为精确 – 召回曲线上的单点，AP 值考虑了整个精确 – 召回曲线。AP 是一个更全面的指标，我们建议该领域的研究人员使用 AP 而不是单独使用 F1 分数。

4.4.3　文本识别评估标准

在场景文本识别中，直接将预测的文本字符串与手工标注真实值进行比较。性能评估可以是字符级别的识别率（即识别多少字符），也可以是单词级别（预测的单词是否与手工标注完全相同），ICDAR 还引入了基于编辑距离的性能评估测度。

在端到端评价中，首先以类似于文本检测的方式进行匹配，然后比较文本内容。端到端系统最广泛使用的数据集是 ICDAR 2013 和 ICDAR 2015。对这两个数据集的评估是在两种不同的超参设置下进行的，即文字识别设置和端到端文字识别设置。

在文本识别任务下，性能评估只关注出现在预先指定的词汇表中的文本，而其他文本实例则被忽略。相反，在场景图像中出现的所有文本实例都包含在端到端任务下。该数据集有 3 个词汇表，分别是强文本、弱文本和泛型文本词汇表。注意，在端到端任务下，这些词汇表仍然可以作为先验信息而使用。

当前的评估场景文本识别方法可能是有问题的。根据 Baek 等人的说法，大多数研究人员在使用同一数据集时实际上使用的是不同的子集，这导致了性能上的差异。Long 和 Yao 进一步指出，在被广泛采用的基准数据集中，有一半存在不完善的标注，如忽略大小写敏感性和标点，并为这些数据集提供新的标注。尽管大多数论文声称训练了模型以区分大小写的方式进行识别，并且包括标点符号识别，但在评估过程中可能是将输出限制为只有数字和不区分大小字符的形式。

4.5　文本检测和识别的应用、现状与未来

文本检测和识别的应用场景十分丰富，也发挥了十分重要的作用。本节将简要介绍文本检测和识别的应用，并总结研究的现状，展望技术未来发展的前景。

4.5.1　应用

文本是人类文明的视觉和物质载体，通过对文本的检测和识别，可以使图像和文本内容的理解进一步联系起来。在我们的日常生活中，有许多跨越不同行业的特定应用场景。本节我们列举并分析了目前最重要的，或者将产生重大影响的产品，它们提高了我们的生产力和生活质量。

自动数据输入除了对现有文件进行电子存档外，还可以提高我们在自动数据输入方面的生产力。有些行业的数据录入比较耗时，比如快递行业需要客户手写快递订单，金融和保险行业需要手写信息表。应用 OCR 技术可以加速数据输入的过程，同时保护客户隐私。一些公司已经在使用这些技术，比如 SF-Express。另一个潜在的应用是笔记，比如 NEBO，

这是一款在 iPad 等平板电脑上运行的笔记软件，当用户写下笔记时，它可以进行即时抄写。

自动身份认证是 OCR 可以充分发挥作用的另一个领域。在互联网金融、海关等领域，用户 / 乘客需要提供身份证、护照等身份信息。证件的自动识别和分析需要 OCR 来读取和提取文本内容，OCR 可以自动加快这类过程。有些公司已经开始致力于基于人脸和身份证的身份识别，例如 MEGVII（Face ++）。

增强计算机视觉作为视频理解场景的基本要素，光学字符识别可以在很多方面辅助计算机视觉。在自动驾驶车辆的场景中，交通标识板承载重要的信息，如地理位置、当前交通状况、导航等。关于自动驾驶的文本检测和识别任务已经有了一些研究。迄今为止最大的数据集 CTW 也特别强调了交通标志。

另一个例子是即时翻译，其中 OCR 与翻译模型相结合，当人们阅读用外语书写的文件时，这个功能是非常有用和省时的。谷歌的翻译应用程序可以进行即时翻译。一个类似的应用程序是配备了 OCR 的翻译文本转换语音软件，它可以帮助那些有视觉障碍的人。

智能内容分析 OCR 还可帮助工业界进行更智能的分析，主要用于视频分享网站和电子商务等平台。文本可以从图片和字幕中提取，也可以从实时评论字幕（一种用户添加的浮动评论中提取。一方面，这些提取出来的文本可以用于自动内容标记和推荐系统，进一步用于进行用户情绪分析，例如，视频的哪个部分最吸引用户；另一方面，网站管理员可以对不适当和非法的内容进行监督和过滤。

4.5.2　现状

在过去的几年里，我们见证了文本检测和识别算法的重大发展，这主要是由于深度学习的繁荣。深度学习模型已经取代了手工特征设计。随着模型能力的提高，不定向的文本检测和弯曲文本检测等挑战引起了研究者的关注，并取得了长足的进展。

除了用于实现各种图像的通用解决方案，这些算法还可以训练和适应更具体的场景，例如银行卡、身份证和驾照。一些公司已经提供了特定场景，包括百度公司、腾讯公司和 MEGVII 公司。

4.5.3　挑战与未来趋势

本节列举并讨论场景文本检测与识别中存在的问题，分析下一步有价值的研究方向。

世界上有 1000 多种语言，然而目前大多数算法和数据集主要集中在英语文本上。英语有一个相当小的字母表，其他语言，如汉语和日语有一个大得多的符号集。基于神经网络的识别器可能会遇到这种大的符号集。此外，由于有些语言有更复杂的外观，因此它们对图像质量等条件更敏感。

研究人员首先应该验证目前的算法能在多大程度上推广到其他语言的文本，并进一步推广到混合文本。多种语言的统一检测与识别系统具有重要的学术价值和应用前景。一个可行的解决方案是探索可以捕获不同语言文本实例的通用模式的组合，并使用由文本合成引擎生成的不同语言的文本样本来训练检测和识别模型。

尽管目前的文本识别器已经被证明能够很好地推广到不同场景的文本数据集上，即使只使用合成数据，最近的研究表明，模型鲁棒性是一个不可以被忽略的问题。实际上，在文本检测模型中也观察到了这种模型预测的不稳定性。这种现象背后的原因还不清楚。有一种推测认为，模型的鲁棒性与深度神经网络的内部运行机制有关。

除了 TextSnake 模型，很少有检测算法考虑跨数据集的泛化能力，即在一个数据集上进行训练，在另一个数据集上进行测试。泛化能力很重要，因为一些应用场景需要适应不同的环境。例如，自动驾驶汽车上的即时翻译和 OCR 应该能够在不同情况下稳定地运行，包括面对不同尺寸或者模糊的文本、不同的语言。

现有的评估指标来源于通用的目标检测指标。基于 IoU 评分或像素级精度和召回率的匹配，忽略了缺失和多余背景可能影响后续识别过程性能的问题。对于每个文本实例，像素级精度和召回率都是很好的度量标准。然而，一旦与手工标注匹配，它们的分数会被赋为 1.0，因此不会反映在最终的分数中。一个替代方法是简单地总结 DetEval 下的实例检测得分，而不是先将它们赋值为 1.0。

虽然在合成数据集上训练识别器已经成为一种惯例，而且结果也很好，但检测器仍然严重依赖真实数据集。合成各种真实的图像来训练检测器仍然是一个挑战。合成数据的潜在好处还没有被充分发掘，比如泛化能力。使用 3D 引擎和模型可以模拟不同的环境，如光照和遮挡，因此值得进一步发展。

基于深度学习的方法的另一个缺点是效率低。当前大多数系统在没有 GPU 或移动设备的计算机上无法实时运行。模型压缩和轻量级模型在其他任务中被证明是有效的，研究如何为与文本相关的任务定制相关加速机制也是有价值的。

大多数被广泛采用的数据集都很小（约 1000 张图像）。此外，大多数数据集只使用边框和文本进行标记。对不同属性的详细注释，如艺术字、遮挡文字等，可以引导研究人员有针对性地进行研究。最后，具有实际挑战的数据集在推进研究进展方面也很重要，比如产品上密集分布的文本。另一个相关的问题是大多数数据集没有验证集。由于对测试集的过拟合，当前报告的评估结果实际上存在向上的偏差。建议研究人员应该关注大数据集，如 ICDAR MLT 2017、ICDAR MLT 2019、ICDAR ArT 2019 和 COCO-Text。

4.6 本章小结

本节首先介绍了场景文字研究方向的问题和难点。然后从传统机器学习和深度学习两个方面介绍了场景文字的算法现状。接着介绍了众多研究者的关注辅助技术，包括文本纠偏、文本图像合成等为了提升文字识别效果的相关探索，同时介绍了现有的数据集和相应的评估标准。最后介绍了场景文字研究应用落地、研究现状和未来发展前景。

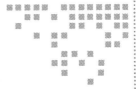

第 5 章 *Chapter 5*

视频理解

视频理解是通过计算机视觉、自然语言处理等领域的技术，对视频内容进行存储、转换和识别等操作，以获得视频类别标签、事件标签、精彩片段定位等信息。视频理解不仅是机器人从外部世界获取信息的重要方式，更有助于人类探究自身获取视觉信息的机制。

视频在计算机中通常以三维矩阵的方式进行存储，而视频理解任务是获得视频的语义信息，矩阵和语义之间有巨大的鸿沟。为此，人们需要对视频中目标、场景、事件等信息进行高层语义抽象，从而使计算机能很好地完成下游任务。

为完成视频理解中的具体任务，我们首先需要对视频进行表征，即将视频从原始存储形式转换到语义空间（通常是高维向量空间）。合理选择视频的属性特征是视频理解的关键步骤，也是后续各类应用研究的关键。简洁有效的视频表征不仅有利于视频的压缩存储，还有利于视频的高效查找和管理。

对应图像分类任务，视频内容分类是视频内容理解中最基本的任务，其中一个重要方向是动作识别，即对视频中的动作进行分类。视频时序动作定位类似于图像目标检测，在时间上定位符合某种要求的时间点。同时，视频具有比图像更复杂的结构信息，视频帧之间、片段之间可能包含逻辑关联，视频结构化分析也是近几年视频理解的研究热点。

与多模态内容理解相关的研究，例如视频问答、视频语音对齐等，也可以归为视频理解的范畴，相关内容会在第 6 章进行介绍。此外，还有与多模态内容理解相关的任务，例如视频问答、视频语音对齐等，也可以归为视频理解的范畴，由于涉及其他模态的信息，因此相关内容也将在第 6 章进行介绍。

本章首先介绍视频表征方案，然后分别介绍视频理解的 4 个任务：视频表征、视频动作识别、视频时序动作定位、视频结构化分析。

5.1 视频表征

与图像特征提取类似,视频表征也是视频理解任务的基础。同时,由于视频可以看作图像在时间维度的拓展,因此视频表征可以是单帧图像特征的组合,也可以从具有时序关联的帧序列中直接提取。本节将系统阐述视频表征的研究方向及其关联,并介绍近年来视频表征的研究进展和方法。

5.1.1 研究目标与意义

视频存储结构和视频理解任务之间存在巨大的语义鸿沟,而且原始视频数据存在大量的冗余信息,直接对视频数据进行处理,不仅会产生极大的运算量,任务的效果也不好。视频表征需要从像素级的数据中检测出可能代表视频特征的关键信息,并构建合理的数据结构来表示它们。既能有效完成任务,又能避免不必要的计算和噪声的干扰。一种好的表征方式能够大大提升视频理解的准确性、时效性和鲁棒性。

早期的计算机视觉通过光流、三维特征点检测、直方图等算法对视频进行表征,主要获取时域或空域中局部有较明显变化区域的信息,这类算法的优点是数据无关,能直接处理视频数据;缺点是由于没有用到任何视频信息,通常是低语义的表征,因此执行下游任务的成功率较低,此外,在具体的任务上,还可能会造成分类准确率低、时序定位不准等问题。

随着深度学习的发展,通过卷积网络能够得到很好的视觉表征,大大提高了各种视频理解任务的准确率。深度卷积网络通过卷积、激活单元、池化等操作,能够将像素信息逐层抽象,并获得具有高级语义信息的高维向量。

目前,基于深度学习的视频表征已经替代了传统特征提取方法,由于卷积神经网络能充分挖掘数据中的信息,获得具有高级语义信息的特征向量,因此视频表征能力很大程度上取决于网络结构和训练数据。一些数据集提供了完整的标签信息,我们可以通过端对端的网络,提取视频特征并完成分类任务。网络以视频或片段作为输入,预测一个视频的类别标签。

事实上,构建一个有标注的数据集需要花费巨大的成本,研究者也在尝试不通过标注数据进行网络模型训练。我们根据是否使用人工标注的数据,将视频表征研究分为有监督视频表征和无监督视频表征。

无监督算法无须为视频添加标注信息,而是通过视频及其帧图像本身提取可用于学习的信息,构造损失函数,进行模型的优化。无监督算法的一个显而易见的优势是能节省大量的标注成本,除此之外,有监督算法学到的视频表征,往往希望有很强的类标签信息,而视频结构等重要信息,反而不被关注。例如假设一类视频是足球比赛,监督学习模型可能更倾向于提取绿色场地的信息，作为该类视频的特征，而忽略了更重要的人体姿态和动作信息。相反，无监督表征更关注于视频的细节和局部信息。

为了训练模型，无监督算法也需要构建合适的损失函数，只是构建损失函数时不需要用到类别等需要人为标注的标签信息。需要注意的是，自监督学习是一种特殊的无监督方法，通常是利用数据特性，自动构建损失函数中的标签信息，同样不需要人工标注。除自监督学习外，还可以用特征之间的距离设计损失函数，限制特征的总体分布情况。

本节主要介绍无监督视频表征研究中的算法，对于有监督视频表征，大部分算法以动作识别作为下游任务，通过端对端方式同时学习表征和分类器，其模型结构与识别任务紧密相关。

5.1.2　研究进展

本节首先简单介绍传统的特征提取方法，然后介绍深度学习在计算机视觉任务中取得突破性进展之后，目前常用的无监督视频表征方法，包括自监督学习方法和基于度量学习的无监督表征方法。

1. 传统的特征提取算法

在深度学习方法进入动作识别领域之前，改进密集轨迹（improved Dense Trajectories，iDT）法是鲁棒性和准确率最高的特征提取算法。密集轨迹（Dense Trajectories，DT）算法的基本思路是利用光流场来获取视频序列中的一些轨迹，再根据轨迹提取灰度图像梯度直方图（Histogram of Oriented Gradients，HOG）、光流直方图（Histograms of Oriented optical Flow，HOF）、光流图像梯度直方图（Motion Boundary Histograms，MBH）和光流场的轨迹形状描述子（Trajectory）4 种特征。DT 算法流程如图 5-1 所示。

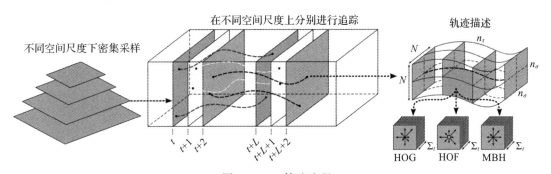

图 5-1　DT 算法流程

iDT 算法对于 DT 算法的改进在于利用了前后两帧视频之间的光流以及关键点进行匹配，从而减弱甚至消除相机运动带来的影响，利用费雪向量（Fisher Vector，FV）对特征进行编码，再基于编码结果训练 SVM 分类器。

2. 基于自监督学习的视频表征方法

自监督学习算法根据无监督数据的特性作为任务的监督信息，构造辅助任务，并以此设计损失函数，指导模型参数的更新。这类算法往往利用了视频的时空特性，形成模型的输出真值，从而通过模型实际输出预测值的损失进行迭代优化。

早期研究者在研究图像表征时，利用像素块之间的空间关联，来构建辅助任务。例如 Doersch 等人选取图像中的 9 个区域，选择中心区域和任意图像组合构成样本对，通过模型预测样本对的位置关系，如图 5-2 所示。

这个方法要求模型具有提取图像位置信息的能力，Doersch 等人认为这个网络获得的表征向量具有更多的结构化信息。Noroozi 等人用类似的方法构建了一个更有挑战性的拼图任务，同样选取 9 个像素块，将像素块打乱并输入到网络中，用网络预测图像块组的顺序。

$$X = (,); Y = 3$$

图 5-2　用像素块位置构建监督信息

相比于前一种算法，拼图任务更关注图像的整体情况。Pathak 等人提出一种图像恢复的算法，将某个区域的图像块从原图中"抠出"，将局部被删除后的图像进行编码和解码，让解码端的输出与被抠出的图像块尽量接近，这样编码特征需要同时具备整体和细节信息。

相比于图像，视频通常具有明确的时序特性，即视频中的物体会发生与时间强相关的变化，时序信息可以作为很好的标签，来训练网络模型。自监督视频表征通常利用网络预测视频帧或特征信息，例如 Srivastava 等人用长短时记忆（Long Short Time Memory，LSTM）模型将视频序列表示为固定长度的特征向量，并用特征完成重构视频帧和预测未来帧的任务。

Han 等人用两种方式得到帧序列的特征表示，一种是通过网络直接提取特征；另一种是通过时序模型，用已有帧的特征预测未来若干时刻的特征。用两种表示的差值作为损失函数，来自监督的学习视频帧的表征。

此外，Long 等人通过训练模型找到不同视频帧相同物体的匹配点；Vondrick 等人利用模型生成视频帧，并用判别网络判断视频的真实性（是真实的还是合成的视频）和视频的运动信息。

以上方法均是将视频或特征进行预测的偏差作为损失，进行模型优化，从而得到具有结构特点的视频表征。

此外，可以利用视频时序信息构建类似图像中的拼图任务，训练模型识别时序关联的能力。早期工作将时序关联定义为简单的分类问题，例如 Misra 等人抽取视频帧，并按正确或错误的顺序排列，通过网络判断得到二分类输出。Fernando 等人同时输入多个视频帧序列到模型，训练模型找出其中顺序错误的输入。

随着深度学习的发展，得益于网络表征能力的增强，研究者也提出了更复杂的辅助任务，Lee 等人对视频帧进行采样，得到 4 张图像的输入组，然后随机打乱图像的顺序，通过网络预测输入图像的正确顺序。为保证模型不受低级信息的干扰，算法通过采样方法进行样本增强，例如对图像进行随机剪裁，随机从红、绿、蓝中选择某一个通道等。

事实上，由于主体网络提取的是单张图像的特征，因此在卷积时并没有考虑时序的特征。为了解决这个问题，Xu 等人以视频片段为单位，用提取视频特征的网络得到每个视频片段的表征，然后预测多个片段之间的前后顺序。

Kim 等研究者同样以视频片段为输入，但采样时将视频分为时域和空域两种。时序采样得到的片段集具有相同的尺寸，网络模型需要预测时序片段集的正确顺序。空域采样的片段集具有相同的帧数，其中每帧的长和宽分别是原视频帧图像长和宽的 1/2，网络模型需要预测出片段集的正确位置（左上、右上、左下和右下）。而且在训练的时候，模型并不知道输入集是通过时序还是空域采样得到的，这样视频表征能同时具有时域和空间的信息。

自监督学习能根据视频信息自动构建标签数据，无须人工标注就能获得较好的视频表征，学习得到的视频表征可以用于检索、匹配和多模态对齐等任务。

3. 基于度量学习的视频表征方法

基于度量学习的视频表征方法，是在通过模型学习视频表征的同时，对表征特征加以限制，使得视频的特征在表征空间中呈现不同的分布，反映视频结构的特点。自监督学习算法中用基本网络提取特征之后，通常使用特征融合（例如特征拼接）的方式进行辅助任务的推理。而度量学习则考虑特征之间的距离信息，来构建损失函数。这类方法大都基于一个基本假设——同一个视频帧（序列）的特征之间的距离小于不同视频帧（序列）的特征之间的距离；同一视频中，帧（序列）间隔越小，其特征越接近。下面介绍近年来一些具有代表性的算法。

Jayaraman 等研究者提出了一种稳定特征表示方法，认为相邻视频帧特征之间的距离应该是近似连续变化的，视频帧的特征应该是稳定的，即视频帧特征在特征空间中构成一个流型。

Sermanet 等人对视频帧进行采样后构建三元组 (I_a, I_+, I_-)，其视频帧 I_a 和 I_+ 间隔较近，而 I_a 和 I_- 间隔较远，假设三帧的表征分别为 f_a、f_+、f_-，可以想象，f_a 和 f_+ 的距离小于 f_a 和 f_- 的距离。构造损失函数，使得模型对视频（帧）的表征满足该条件，这种损失函数被称为 triplet loss。

Wang 等人同样采用 triplet loss 的方式进行无监督表征学习，不同之处在于三元组的选择。他们首先用无监督目标追踪的方法获得目标在每帧中的边界框（bounding box），然后从同一个视频中选取两帧中包含物体的图像块作为 I_a 和 I_+，再从另一个视频中选取该视频中的物体图像块作为 I_-。算法使得相同物体的特征尽量接近，而不同物体特征则远离。

上述算法虽然采用了视频的时序信息，但主要是对图像进行表征学习。Zhuang 等研究者将目前常用的视频特征提取模型与度量学习相结合，训练可以提取静态图像或视频片段的模型。算法采用已有的 2D 或 3D 视频特征网络作为特征模型的骨架，去掉这些网络用于分类的全连接层，完成图像或视频域到特征域的映射。根据该方法，每个视频可以多次抽帧，生成帧序列并映射到表征空间，而视频的特征定义如下，其中 f 表示从同一个视频中抽取的固定数量的帧序列，e 表示关于每个帧序列的表征向量。值得注意的是，f 中也可以只包含一帧，此时模型同样可以对图像进行表征。

$$e = \frac{E_\rho[\theta(f)]}{\| E_\rho[\theta(f)] \|_2}$$

其中 $E_\rho[\theta(f)]$ 表示视频通过不同方式采样得到帧序列的特征的平均值，即模型用单位超球面上的一个点表示一个视频，可以看作视频在表征空间的中心点。由于视频特征是通过帧序列特征平均和归一化得到的，因此视频特征和帧序列特征之间是可以直接计算相似度的，作者采用 softmax 方法计算任意特征 e 和视频 v_i 的特征 e_i 的分数，公式如下。

$$\frac{\exp(e_i^{\mathrm{T}} e \mid \tau)}{\sum_{e_j \in E} \exp(e_i^{\mathrm{T}} e \mid \tau)}$$

其中 $E = \{e_1, e_2, \cdots, e_N\}$ 表示所有视频特征的集合，表示一个对相似度缩放的超参数，当每个视频的中心点距离都比较远，且当前特征与第 i 个视频中心较近时，得分较高。为使得模型输出的特征具有结构化的特性，可以自然地想到，从同一个视频中抽取帧序列的特征，应该尽量聚集在该视频附近，为此构建损失函数，对视频 v_i 有如下计算。

$$(v_i, E) = -\log_2 P(i \mid e, E) + \lambda \| \theta \|_2^2$$

通过损失函数调整视频和帧序列特征的关系，从而使视频集在特征空间中呈现出多个簇的形式。此外，算法还采用了区域性聚合的损失函数，使得视频特征的 k-近邻集合与采用 k-均值聚类的近邻集合尽量接近，该损失函数同样保证特征空间具有类似聚类算法的结果。

和自监督学习不同，度量学习因为无须借助某个任务场景，而是更直接地对特征采取限制，所以学习特征的效果也更明显。Zhuang 等人的实验表明，用该算法学习得到的特征，通过简单的迁移学习，即直接对特征训练分类器，在动作识别任务中取得的效果超过了自监督学习的方法。

5.2　视频动作识别

动作识别是视频理解中的常见任务，目前的有监督视频表征方法通常采用视频类标签作为监督信息。此外，对于无监督表征算法，往往也需要将其迁移到动作识别任务框架中，以此评价无监督模型输出特征的性能。本节主要介绍动作识别，首先对研究目标和意义进行阐述，然后列举动作识别研究的主要难点，最后对目前的研究进展进行综述。

5.2.1　研究目标与意义

因为动作识别的主要目标是判断一段视频中人的行为的类别，所以也可以叫作人类行为识别。虽然在传统意义上这个问题是针对视频中人的动作，但基于这个问题发展出来的算法，并不局限于识别人的动作，也可以用于其他类型视频的分类。目前，动作识别在很多领域都有广泛的应用，比如智能视频监控、安防、人机交互、基于内容的视频检索和智能图像压缩等。

5.2.2　研究难点

动作识别的难点如下。

- ❑ 鲁棒的特征：如何从视频中提取能够准确描述视频判断的鲁棒特征。
- ❑ 特征编码与融合：一方面是多种视频特征如何进行编码与融合以增强其内容的表达能力；另一方面是在时序上，视频有别于图像的一个重要特性就是时序信息，静态图像可能无法进行动作定义，通过时序上的变化可以获取视频整体的描述。如何进行时序上特征的编码与融合即成为一个难点。
- ❑ 模型规模与算法速度：视频相比于图像有更大的数据量，考虑到实际应用，尽可能轻量的模型以及高效的算法成了模型实用性的关键。

5.2.3　研究进展

目前视频动作识别方法一般采用的数据集是已经分割的视频，简化了问题，每一段视频都包含一段明确的动作，事件较短且有确定的类别信息，本节主要介绍深度学习中常用的双流特征法和3D卷积法。

1. 双流特征法

双流（Two-Stream）特征法由 Simonyan 等人提出，基本原理是同时提取视频序列的时域和空域特征。该方法是在视频序列中计算每相邻两帧的密集光流以表达时域特征，而空域特征则是由原始图像帧来表达，并同时采用 CNN 模型进行训练，两个分支的 CNN 网络分别通过 softmax 函数对动作的类别进行判断，最后通过一个类分数评价函数进行结果的融合判断，并输出最终的分类结果，网络结构如图 5-3 所示，其中时域与空域特征的两个分支采用相同的 CNN 网络结构。

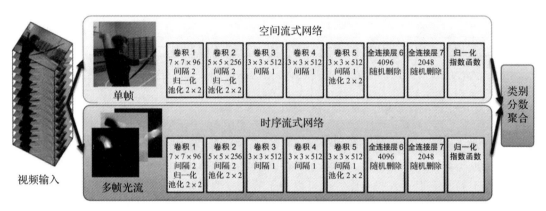

图 5-3　双流网络结构

在此之后，很多双流特征的改进方法也不断被提出，其中 Wang 等人提出的 TSN（Temporal Segment Network）模型在业界有较高的认可度。TSN 模型与传统双流网络模型不同，采用稀疏采样的策略提取整个视频的信息避免相邻帧提取的信息冗余。具体是将原视频分成三段，每段都随机、均匀采样一个视频片段，并采用双流网络得到视频片段分类得分，之后综合所有片段的得分，通过 softmax 层输出最后的分类信息。在论文中，Wang 等人还尝试了多种视频特征的组合，最后实验证明 RGB 光流与 Warped 光流的特征组合的准确率最高。

Feichtenhofer 等人采用不同形式的双流结构提出了 SlowFast 网络模型，如图 5-4 所示，其中的双流结构主要由一个慢分支和一个快分支组成，慢分支用于提取视频的空间语义信息，而快分支用于提取视频的时间动态信息。在思路上与传统的双流网络类似，两个分支都使用 3D ResNet 模型，在进行视频抽帧后进行 3D 卷积操作，慢分支使用一个较大的时间跨度对原视频进行采样抽帧，而快分支则使用一个非常小的时间跨度。为保持网络的轻量化，快分支的卷积宽度被设置为慢分支的 1/8，因此快分支的计算量大致为总网络模型计算量的 20%。另外，模型在两个分支之间也建立了从快分支到慢分支的侧向连接，最后进行全局平均池化并将两个分支结果组合在一起，送入一个全连接分类层，输出动作的类别信息。

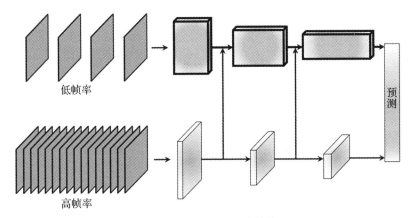

图 5-4　SlowFast 网络结构

2. 3D 卷积法

2D 卷积在 ImageNet 图像分类领域取得成功后，很多研究者开始思考如何把 ImageNet 的成功迁移到视频领域，于是很自然地联想到将 2D 卷积拓展成 3D 卷积进行特征提取。Tran 等人提出的 C3D 则是一个采用 3D 卷积和 3D 池化直接处理视频的典型模型。

如图 5-5 所示，3D 卷积与 2D 卷积在多通道图像中的应用是不同的，2D 卷积输出的是二维特征图，多通道的时序信息被完全压缩，而 3D 卷积的输出仍然是三维的特征图，能够保留包含时序的多通道信息。该模型的结构较为简单，如图 5-6 所示，主要由 8 个 3D 卷积层、5 个池化层与 2 个全连接层组成，原始 C3D 模型的视频动作识别精度虽然比双流方法低，但速度和运算效率要远高于其他方法。

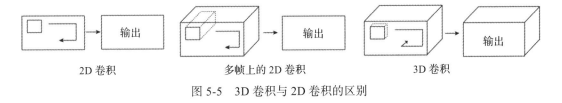

图 5-5　3D 卷积与 2D 卷积的区别

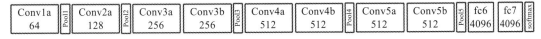

图 5-6　C3D 网络结构

C3D 网络模型只提取原始视频的 RGB 信息，虽然 3D 卷积能够提取一定的时序特征，但与双流法相比，特征的显著性仍然较低，因此在一些公开数据集测试中精度也较低。

Carreira 等人则结合 3D 卷积和双流法各自的特点提出了 I3D 网络模型，网络结构如图 5-7 所示，分别在 RGB 和光流两个分支上采用 3D 卷积进行特征提取，其中 3D 卷积的基础网络由在 Inception-v1 的 2D Inception 网络模组上进行时间维度扩展后的 3D Inception

网络模组构成。另外，在训练方面，I3D 网络的 RGB 和光流特征分支是分开训练的，在测试时则是将两个分支的输出结果进行平均处理。

通过上述方法，我们可以提取较好的视频表征信息，并通过这些特征进行分类，得到视频的标签。需要注意的是，本节算法处理的目标通常是较短的视频片段，视频只包含单一动作。而开放性的视频数据，在时长、内容和复杂度等方面都有很大的变化，可能包含多个不同动作的片段，用上述方法直接对视频进行分类则显得过于粗糙。

后来，研究者提出了更细粒度的视频理解任务，如时序动作定位和视频结构化分析，希望对视频的数据结构有更深入的理解。在这些研究中，通常以视频片段作为处理单元，用监督或无监督方法提取视频特征。

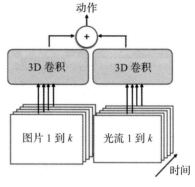

图 5-7 I3D 网络结构

5.3 视频时序动作定位

本节主要介绍时序动作定位，首先对研究目标和意义进行阐述，然后列举动作识别研究的主要难点，最后对目前的研究进展进行综述。

5.3.1 研究目标与意义

时序动作定位相比动作识别更加贴近实际应用，动作识别的主要目标是对分割好的视频片段进行分类。然而，大部分视频都是未分割的长视频。时序动作定位的主要目标是给定一段未分割的长视频，对视频中的一段或多段动作片段进行定位以及分类，包括确定其开始时间、结束时间以及动作类别。同样，该动作片段也不局限于识别人的动作，也可以用于其他类型的事件或行为片段的检测。时序动作定位能够应用于很多实际场景，例如体育或游戏视频的精彩片段智能剪辑、短视频智能生成等。

5.3.2 研究难点

时序动作定位的难点如下。

❑ 视频中动作片段的边界往往不够明确，也无法在数据标注的时候明确给出某个动作片段的开始时间和结束时间（精确帧序列号）。

❑ 在动作识别中很多情况下可以只使用关键帧静态信息而无须结合时序信息，但在时序动作定位中必须结合时序信息。

❑ 视频中动作片段存在类内差异过大的问题，同一类动作可能在图像画面中的表现有
极大差异，同时在时间维度上的跨度也可能非常大。

5.3.3　研究进展

时序动作定位是对一段未剪辑长视频中的多个动作（事件）时间段进行标记（即找到开
始时间和结束时间），并对动作（事件）进行分类。动作识别与时序动作定位之间的关系，
类似于物体识别与物体检测之间的关系。在物体识别领域发展的网络模型可以用于物体检
测的框架，动作识别的相关模型也同样可以应用于时序动作定位的算法框架。

目前主流的算法一般可以分成两部分：视频特征提取模块和时序定位模块，其中视频
特征提取模块采用的方法与动作识别中的方法一致；时序定位模块的实现方法有两类，一
类是直接回归动作时序点与类别的一步法，另一类是时序动作提名与动作分类结合的两步
法。两步法中根据时序动作提名方法的不同又可以分成基于候选区域和基于时序曲线的方
法。本节主要介绍候选区域法、时序曲线法及直接回归法这 3 种目前主流的时序动作定位
方法。

1. 候选区域法

目前时序动作定位领域中的很多方法都采用了目标检测中 R-CNN 的 RPN 网络思路。
Shou 等人提出的 SCNN（Spatial Convolutional Neural Network）方法是在原始视频上生成
多个不同时序长度的滑动窗口。滑动窗口时序长度的选取范围从 16 帧到 512 帧，滑动窗口
之间存在 75% 的重叠，在不同时序长度的窗口内都均匀采样 16 帧图像以构造固定维度的
片段。每个片段通过 C3D 网络提取视频特征并建立 3 个子网络。

3 个子网络分别是动作与背景的二分类网络、多分类网络和定位网络，其中多分类网络
用于输出该片段属于每个动作的概率值，网络的输出是类别概率。在训练时引入重叠率相
关的损失函数，使得网络能够较好地预测片段的动作类别以及重叠度。这里的重叠度也可
以理解为预测的置信度。前两个子网络并不用于测试而是用于初始化定位网络。在后处理
阶段，该方法会保留类别预测概率大于 0.7 的片段，并采用非极大值抑制输出置信度较高的
片段作为时序动作定位的结果。

与 SCNN 方法不同，Gao 等人提出的 TURN 方法是首先将原始视频直接分割成多个互
不重叠且时序长度相同的单元，这里的单元一般包含 16 或 32 帧图像，每个视频单元都通
过视频特征提取网络提取特征并在时间维度上生成单元特征向量，如图 5-8 所示，采用的
视频特征提取网络可以是 C3D 或双流模型等。

此后，该方法以每个单元特征为中心，在单元特征向量上生成多个时序长度的候选窗
口形成特征片段，其中不同时序长度的候选窗口由不同数量的单元特征组成，每个特征片
段在时间维度上又由三部分组成，中间一段是"内容"片段，两边的是"背景"片段。

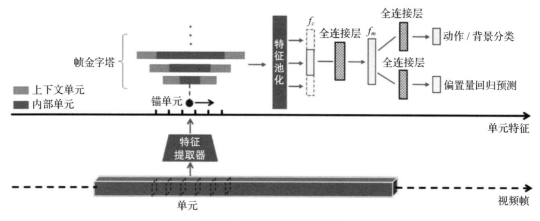

图 5-8　TURN 方法流程图

每个特征片段都通过特征池化的方式形成固定尺寸的特征向量，并在两个不同的分支上输出结果，其一是多分类的概率预测，其二是动作时序边界偏置量的回归预测。

SCNN 和 TRUN 方法在候选区域生成上采用的都是类似穷举的方式，尽可能多地生成不同尺度的区域以保证覆盖动作的实际片段。Xu 等人提出的 R-C3D 方法则充分借鉴了 Faster R-CNN 的思路。首先直接输入时序长度为 L 的原始视频，然后通过 C3D 网络提取视频特征，建立候选区域生成子网络。该网络通过卷积与池化将视频特征转化成时序长度为 $L/8$ 的特征向量，并输出多个可能的时序片段也即候选区域，类似于 RPN 网络在二维特征图上生成可能的包围框。

R-C3D 方法还建立了分类子网络，首先采用非极大值抑制（Non Maximum Suppression, NMS）去除重叠率高且置信度低的片段，在保留的片段内对 C3D 特征图进行 3D ROI 池化。建立两个输出分支，一个是多分类的概率预测，另一个是动作时序边界偏置量的回归预测。R-C3D 方法与前两种方法的主要区别是候选区域的生成采用了一个独立的 3D 卷积子网络来完成，效率和精度更高。

Chao 等人分析了当前时序动作定位方法存在的难点，为克服这几个难点提出了 TAL-Net 方法。这些难点主要有 3 个，一是需要检测的动作或事件的时序长度差异较大，短至几秒长至几分钟，简单地特征池化无法满足要求；二是需要处理动作片段与背景关系，准确判断动作的起始点与结束点；三是处理多流（Multi-stream）特征间的融合。TAL-Net 方法的整体框架如图 5-9 所示，与 R-C3D 方法类似，是针对当前的 3 个难点进行了改进。

由于候选区域生成过程直接采用类似 RPN 的方法需要尺度差异非常大的锚点（Anchor），TAL-Net 方法采用空洞卷积代替传统卷积，并保证时序长度差异较大的片段中特征感受野变化较小。

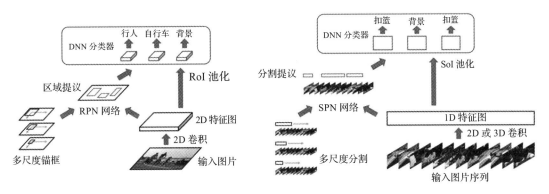

图 5-9　TAL-Net 方法的框架（右）与目标检测中 Faster R-CNN 方法（左）对比

针对背景特征的难点，TAL-Net 方法扩大了空洞卷积的感受野在时间维度上的长度，即将动作片段以及前后段背景特征都包含在一起进行计算。在特征融合方面，TAL-Net 方法采用 Late Fusion 方法进行处理，如果在视频特征提取过程中采用了双流方法，则每个分支会单独预测输出片段的分类结果和时序定位结果，最后将两个分支的结果进行融合，输出最终的结果。

2. 时序曲线法

当前基于候选区域的时序动作定位方法在一些方面存在固有的缺陷，需要依靠固定尺寸的滑窗或锚点，无法获取更加精确的时序边界。为了解决这一问题，Lin 等人提出了边界敏感网络（Boundary Sensitive Network，BSN）方法。BSN 方法主要通过输出预测动作的时序曲线，确定时序动作片段的边界，从而进行动作提名。

BSN 方法首先将原始视频分割成多个不重叠的单元，并提取双流特征将两个分支的特征拼接在一起，输出到时序评估模块。时序评估模块采用 3 层时序卷积层对视频特征进行处理，预测每个时序位置动作开始、结束、进行中的概率，从而生成视频对应的时序曲线，包含动作开始点概率曲线、动作结束点概率曲线和动作进行中概率曲线。

在动作开始点与结束点概率曲线中可以选取概率大于一定阈值的点作为候选点，并将候选开始点与候选结束点两两结合，保留满足条件的时序长度作为候选时序区间。BSN 方法根据每个候选时序区间可以生成对应的特征描述，其中在开始点与结束点附近会提取背景相关的特征描述并拼接在一起，然后通过多分类网络来输出候选时序区间属于每个动作类别的概率。最后，对结果进行非极大值抑制，采用 Soft-NMS 算法，通过降低置信度的方式来抑制重叠结果。

传统的基于滑窗或锚点和候选区域法存在语义信息丰富性不足的问题，且多个不同的模块无法进行联合优化。针对这些缺点，Lin 等人提出了 BMN（Boundary Matching Network）方法，能够同时生成动作时序区间置信度图，提高动作时序定位的精度。

　　BMN 方法的流程如图 5-10 所示，主要包含 4 个模块。特征提取模块和 BSN 相同，采用双流法进行特征提取；基础模块包含两个一维卷积，用于处理输入的视频特征序列，并输出被后续两个模块所共享的时序特征序列；时序评估模块则包含两个一维卷积，分别输出动作开始点概率曲线和动作结束点概率曲线；提名评估模块则由一个边界匹配层、一个 3D 卷积和两个 2D 卷积组成，输出候选边界区域置信度图，其中边界匹配层的计算可以理解为时序特征序列根据某个候选边界区域的线性插值过程。

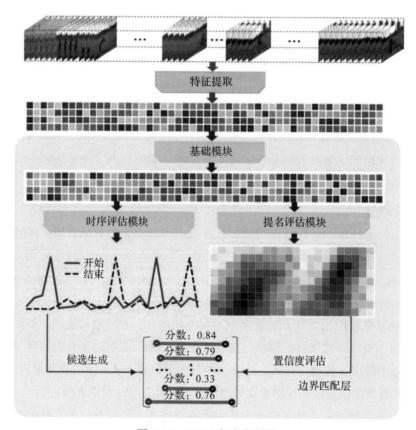

图 5-10　BMN 方法流程图

　　在网络生成了时序边界概率曲线后，BMN 方法采用与 BSN 相同的方式生成候选边界区域并根据二维置信度图进行结果排序。BMN 方法仍然采用了 Soft-NMS 方法去除冗余的时序动作边界预测结构。

3. 直接回归法

　　无论是基于候选区域还是时序曲线，都需要先进行时序动作提名并根据其结果进行动作分类，而直接回归法则是对输入视频同时进行时序动作提名和分类。Lin 等人提出的 SSAD（Single Shot temporal Action Detection）方法可以直接根据视频特征序列输出时序动作定位结果。该方法首先将原始视频分成互不重叠的等长单元并采用 C3D 和双流法提取视频特征，在时序上组合成视频特征序列。考虑到时间尺度的问题，SSAD 网络仍然使用锚点机制在视频特征的每个时序位置上都关联多个不同时间尺度的锚点窗口，并通过一个预测层直接回归锚点窗口对应的坐标偏移量、动作类别分类结果以及置信度。

SSAD 方法在多层时间尺度的视频特征序列上进行计算，可以回归出不同时间尺度的锚点窗口，即时序动作定位窗口。在后处理阶段，该方法同样采用非极大值抑制的方式去除冗余并输出最终的时序动作结果。

SSAD 方法在回归时序动作定位结果的同时，仍然需要预先设定锚点以保证能够覆盖不同时间尺度的情况。Shou 等人提出的 CDC（Convolutional De Convolutional network）模型则通过全卷积的方式，无须任何锚点输出时序动作定位结果，模型网络结构如图 5-11 所示。

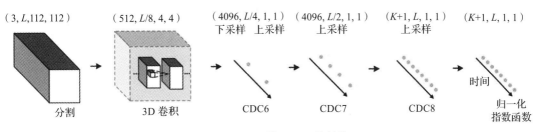

图 5-11 CDC 模型的网络结构

CDC 方法直接将时序长度为 L 的原视频输入模型，采用 C3D 网络进行视频特征提取，之后通过卷积与反卷积结合，在特征维度上进行下采样，同时在时序长度上进行上采样，最后输出每个视频时序位置属于每个动作类别的概率值，并结合时序动作的连续特性进行定位。

CDC 方法可以做到完全端到端的模型训练，并且对视频的每个图像帧可以进行动作类别预测，网络结构简单且时效性较好。

5.4 视频结构化分析

视频、图片等可视化的数据蕴含着相当丰富的结构化语义信息。视频的内容可根据不同的结构被分类为粗粒度的视频梗概、细粒度的主要构成元素、一系列不同属性，甚至可以是不同模态的数据。

视频结构化分析不仅有助于我们更好地理解视频，还能够提升视频语义信息理解的表现，并基于此发展一系列更好的方法。本节介绍不同的视频结构的划分方法，以及基于视频结构化的视频理解算法。

5.4.1　研究目标与意义

现有的基于单一层次视频理解算法虽然能够在一定程度上对视频进行解析，但往往忽略了视频内部深层次的语义结构，无法进一步挖掘视频的信息。近年来，随着一些结构化的视频理解数据集的发布，使得利用视频内部语义信息的结构化分析成为可能，从而提升视频理解算法的表现。

5.4.2　研究难点

基于视频结构化的视频理解算法的研究难点如下。

❑ 视频结构中往往含有平行以及垂直隶属的关系，视频理解算法需要充分利用不同层次的内在结构对视频片段进行分类。

❑ 如何融合一些数据集中结构化和不同模态的视频标注信息也是一个挑战。

❑ 现有基于结构化的视频理解算法有限，如何迁移一些的视觉理解算法到视频算法上也是一个挑战。

5.4.3　基于视频结构化的数据集

结构化后的视频理解数据集能够提供额外的结构化信息，有助于提升视频理解算法的准确度。根据不同的应用场景以及出发点，视频结构的划分方式也有一定的区别，使用的视频理解算法也会有所不同。本节介绍基于不同结构的视频理解数据集。

单一的视频可视化信息是一种非结构化的数据，在面对具体的复杂问题时难以被计算机所理解。为了能够查找以及调用有具体意义的视频或者视频片段，我们必须对视频做结构化划分。

对视频中人的行为进行识别就是一种常见的视频划分方法。根据视频中人的不同行为进行分类或者划分为不同的片段，计算机根据视频的分类标签进行调用。然而随着任务日趋复杂，在单一层面的视频分类已经无法满足日益丰富的各类需求。于是学者们也相应地提出了不同的视频结构划分方法。基于这些视频结构划分方法，也产生了新的视频理解算法，能让我们更好地理解视频内容。

数据集在计算机视觉中非常重要，如今已经诞生了许多供视频理解的数据集。这些数据集大致可以分为三类，下面分别进行介绍。

第一类为视频分类数据集，这类数据集只含有视频类别标签，包括早先体量有限的KTH（瑞典皇家理工大学数据集）、Weizmann（魏茨曼数据集）、UCFSports（佛罗里达中央大学体育数据集）、Olympic（奥林匹克数据集）以及后来增加了视频数并适用于深度学习的 UCF101（佛罗里达中央大学 101 数据集）、HMDB51（大规模人体运动 51 数据集）、

Sports1M（百万运动数据集）和 Kinetics（动力学数据集）。除了视频类别，这类数据集无法提供更精细的视频标注。

不同于第一类数据集，第二类数据集提供了未修剪视频中不同类别的视频边界，也因此可以用来对不同内容进行时序定位。这类数据集包括 THUMOS15（多类别动作分类 15 数据集）、ActivityNet（动作网络数据集）、Charades（查拉德数据集）、HACS（人体动作剪辑分割数据集）、AVA（原子化视觉动作数据集）。由于这类数据集主要用于视频类别的时序定位，因此它们并没有更加精细的视频结构。

第三类便是本节重点介绍的具有更加精细的视频标注的数据集，这类数据集有更加详细的视频标注，并且这些标注存储在一个使元素相互关联的结构之中。基于这些精细化的标注以及系统性的结构，我们能够更好地理解视频内容。

5.4.4　视频结构的划分方法

第三类数据集基于不同的出发点，采用不同的视频结构划分方法，含有平行不同方面的视频信息或者垂直分层的结构，本节将具体阐述这些视频划分方法。

THUMOS14（多类别动作分类 14 数据集）是一种非常直观的垂直结构的视频理解结构。它将视觉内容描述成不同粒度的标签，我们可以利用这种丰富的结构在标签空间中执行多标签图像和视频分类以及未裁剪视频中的动作检测。而标签在不同交互层上的相互关联可以更进一步激活算法潜力。图 5-12 展示了一个视频结构的范例，该图像示例具有多个级别的视觉概念，从高级别的运动场到棒球和低级别的人，用不同级别的属性来表示视觉内容。

图 5-12 中棒球场景的图像可以描述为粗糙的户外图像、具有更具体的概念（例如运动场），或者具有更细粒度的标签（如击球手的盒子）以及草、人等物体。在图 5-13 中，彩色节点对应图像关联的标签，红色边缘编码标签关系。而算法可以利用标签关系，使用结构化推理神经网络从图像中共同预测分层视觉标签。

Huang 等人提出了一种新型的结构化电影内容理解数据集 MovieNet。这个数据集含有超过 1000 段电影，并且每段电影伴有丰富的内容，例如预告片、图片、图标等不同模态的数据。不仅如此，数据集作者还标注了多达 110 万个有边界框的角色标注、42 000 个场景边界、2500 个场景描述、65 000 个地点与动作以及 92 000 个电影风格。丰富的模态、标注使 MovieNet 成为目前最大的电影理解数据集。

MovieNet 含有 7 个算法能力检测（类别分类、电影风格分类、角色分析、场景分割、动作检测、地点识别、剧情理解），用于评价内容理解算法在不同层面的表现。

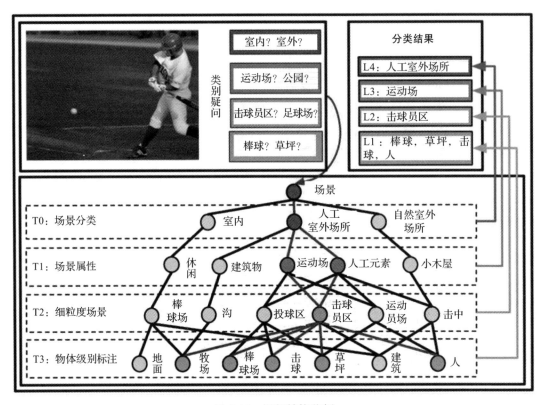

图 5-12 视频结构范例

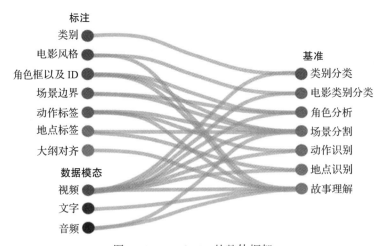

图 5-13 MovieNet 的整体框架

Shao 等人提出了一种新型的结构化体育动作视频数据集 FineGym（细粒度体育动作数据集）。FineGym 提供了三级语义层次动作、子动作的结构，并在时间上划分注释。时间维度（由两个条形表示）分为两个级别：动作和子动作，用来判断集合类别或精确地描述元素类别。动作实例的真实元素类别便是使用手动构建的决策树获得的。FineGym 包含 10 个事件类别，其中 6 个为男性事件，4 个为女性事件。

FineGym 选择其中的 4 个女性事件来提供更细粒度的注释。每个元素类别中实例数量在 1～1648 之间，反映了它们的重尾分布。在定义的 530 个元素类别中，有 354 个至少存在一个实例。FineGym 目前含有 303 项比赛，约 708 小时的视频。此外，FineGym 有一些特性，可将其与现有数据集区分开，这些属性如下。

1. 高质量

FineGym 中的视频都来自官方录制的顶级体育赛事，拥有非常标准的动作实例。此外，超过 95% 的视频具有高分辨率（720P 和 1080P），动作实例之间的细微差别可以很好地保留，并为注释留出了空间。数据集作者邀请训练有素的注释团队，使用详尽的文档进行标注，因此 FineGym 的注释在各个方面都能保持一致性和整洁性。

2. 丰富性和多样性

FineGym 在语义和时间上包含多个不同的粒度，当我们沿着语义层次结构向下移动时，类别的数量显著增加，而时间粒度中捕获的动态变化也更为全面，这为时序分析奠定了良好的基础。此外，FineGym 中视频的视角和姿势也丰富多样，涵盖了许多罕见的姿势。

3. 以动作为核心的实例

FineGym 中的所有实例都具有相对一致的背景，凸显了动作不同而造成的语义不同，来自两个不同类别的实例可能在最细的语义粒度上只具有细微的差异。我们认为 FineGym 是具有挑战性的数据集之一，它更多地关注动作本身。

4. 标注时使用决策树元素分类

使用根据属性查询的决策树对元素类别进行标注，而树的根到其叶节点的路径也会比仅使用元素标签提供更多的信息。

类似于 FineGym，Shao 等人还提出了一种新型动作分析数据集 TAPOS（时域奥林匹克动作解析数据集）。TAPOS 包含 21 个动作类，共 16 294 段奥林匹克体育动作的视频。这些实例的平均时间为 9.4s。每个类别中实例的数量是不同的，其中最大类别为跳高，有超过 1600 个实例；最小类别为平衡木，有 200 个实例。

奥林匹克体育动作通常都是连续的，并且有清晰的背景，非常适合作为动作理解的视频集。TAPOS 中的样本能够覆盖完整的动作实例，且镜头没有变化。这两个特征使 TAPOS 成为关注动作本身的任务的数据集，因为明确避免了潜在的干扰因素，TAPOS 将连续的动作分解成丰富的子动作，和主动作构成了层次结构。

TAPOS 中，每类主动作的时长以及子动作数量是不同的。实例的差异（包括持续时间、实例中子动作的数量以及子动作的位置）反映了动作内部结构的多样性，从而促进对动作理解进行更复杂的研究。

5.4.5 研究进展

1. 基于 BINN（Bidirectional Inference Neural Network，双向推理神经网络）的结构化视频理解

Nauata 针对数据集 THUMOS14 提出了一种使用 BINN 和结构化 SINN（Structured Inference Neural Network，推理神经网络）在标签空间中执行基于图的推理，并在视频上实现动作的分类。这个模型将具有分层标签关系的图像进行联合分类，这么做的目的是利用标签关系和分层视觉来提升分类表现。

图 5-14 展示了该算法的流程图，给定输入的视频或图像，先用卷积神经网络提取特征，然后通过全连接层获得视觉激活特征。

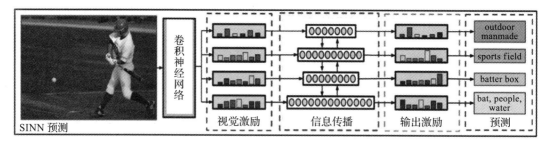

图 5-14 针对数据集 THUMOS14 的算法流程图

在此之后，通过结构化的双向推理神经网络在标签关系图中传播激活信息，最终根据双向推理网络的输出获得标签预测。

以下公式展示了双向推理网络的运作过程。

$$\vec{a}^{\ell} = \vec{V}^{\ell-1,\ell} \cdot \vec{a}^{\ell-1} + \vec{H}^{\ell} \cdot x^{\ell} + \vec{b}^{\ell}$$
$$\bar{a}^{\ell} = \bar{V}^{\ell+1,\ell} \cdot \bar{a}^{\ell+1} + \bar{H}^{\ell} \cdot x^{\ell} + \bar{b}^{\ell}$$
$$a^{\ell} = \vec{U}^{\ell} \cdot \vec{a}^{\ell} + \bar{U}^{\ell} \cdot \bar{a}^{\ell} + b^{a,\ell}$$

式中 a 代表视觉激活层中获得的激励，ℓ 代表层数，→与←代表信息的流动方向，V、H、U、b 为需要学习的矩阵参数。通过这个双向推理网络，不同层之间的激励可以相互流动，并且在各层输出一个激励，用于判断每一层的类别。

有的时候我们对场景和标签有一定的先验知识，例如我们知道办公室是室内场景，而海滩是室外场景，并且室内和室外是互斥的，检测到室内场景的标签应该增加办公室标签出现的可能性，并降低海滩标签出现的可能性。此外，标签之间可能是互不影响的，例如

摩托车和鞋盒。我们可以将这些我们所知晓的先验知识融入 BINN，从而获得结构化推理神经网络 SINN。

我们引入符号 V_p、V_n、H_p 和 H_n 来明确捕获概念层之间和内部的结构化标签关系，其中下标 p 和 n 分别表示正相关和负相关。如果知道元素之间没有关联性，它们便设为 0。由此我们可以定义 SINN 如下。

$$\vec{a}^\ell = \gamma(\vec{V}_p^{\ell-1,\ell} \cdot \vec{a}^{\ell-1}) + \gamma(\vec{H}_p^\ell \cdot x^\ell)$$
$$- \gamma(\vec{V}_n^{\ell-1,\ell} \cdot \vec{a}^{\ell-1}) - \gamma(\vec{H}_n^\ell \cdot x^\ell) + \vec{b}^\ell$$
$$\bar{a}^\ell = \gamma(\bar{V}_p^{\ell+1,\ell} \cdot \bar{a}^{\ell+1}) + \gamma(\bar{H}_p^\ell \cdot x^\ell)$$
$$- \gamma(\bar{V}_n^{\ell+1,\ell} \cdot \bar{a}^{\ell+1}) - \gamma(\bar{H}_n^\ell \cdot x^\ell) + \bar{b}^\ell$$
$$a^\ell = \vec{U}^\ell \cdot \vec{a}^\ell + \bar{U}^\ell \cdot \bar{a}^\ell + b^{a,\ell}$$

这里 γ 代表 LeLU（线性整流函数），可以看到正相关的参数矩阵 V_p、H_p 给予正向激励，而负相关的矩阵 V_n、H_n 给予负向激励。对于视频，此类方式还可以结合 LSTM 学习视频的时序特征，融合后获得如下公式。

$$y_t^\ell = \sigma(M^a \cdot a_t^\ell + M^h \cdot h_t^\ell + b^{a,h})$$

这里 h_t^ℓ 代表 LSTM 中的隐状态，M^a、M^h 和 $b^{a,h}$ 为需要学习的参数，σ 是一个 sigmoid（乙状函数）激励。y_t^ℓ 变为判断视频标签的激励，后可接入 softmax 函数进行训练。

2. 基于变换器的视频解析

Shaoden 等人在提出视频结构化数据集 TAPOS 的同时，还提出了利用该数据集做动作检测的算法。该框架称被为 TransParser（变换解析器），以两个堆叠的变换器为核心，每帧动作实例被视为 query（查询），而在一个存储库中存储的过渡结果被用作 key（键）和 value（值）。

TransParser 不但在时间动作分析方面的性能优秀，其结构也使它能够以无监督的方式发现相同动作类内以及不同子动作类间的语义相似性。研究 TransParser，我们还可以获得其他动作的内部信息（比如哪个子动作是类别中最具区分度的动作）和交互信息（比如哪个子动作能经常出现在不同的动作类别中）。

图 5-15 展示了 TransParser 的算法流程图。给定连续的视频帧，我们首先抽取帧级特征，然后通过 TransParser 的核心模块——两个堆叠的软模式增强单元，放大特征。这两个软模式增强单元用来维护一个模式挖掘器。我们使用两个损失函数来训练网络，一个是局部损失函数，用于促进同一动作的一致性以及不同动作之间的不一致性；另一个是全局损失函数，用于预测动作标签。

在整个优化过程中，模式挖掘器会自动学习不同子动作的表征，最终挖掘出片段到底属于哪个子动作。在推理过程中，可以将最后一个软模式增强单元上计算出的注意力权重加到时域动作解析结果上。软模式增强单元可用如下公式来表达。

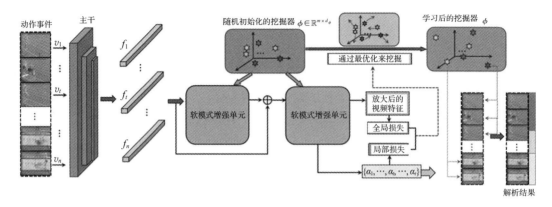

图 5-15 TransParser 的算法流程图

$$\alpha_t = \text{softmax}[(f_t \cdot W_Q) \cdot (\phi \cdot W_K)^{\text{T}}]$$
$$r_t = \alpha_t \cdot (\phi \cdot W_V)$$

其中 $\phi = [\phi_1, \cdots, \phi_m]$ 为模式挖掘器涵盖 m 种子动作的模式的注意力权重；f_t 表示第 t 帧的特征；W_Q，W_K，W_V 是需要学习的参数矩阵；α_t 为 f_t 的注意力响应。最终网络可被一个局部损失函数和一个整体损失函数来训练，其中局部损失函数如下。

$$\mathcal{L}_{\text{local}} = \frac{\mathcal{L}_{\text{sim}} + \lambda}{\mathcal{L}_{\text{dissim}}}$$

$$\mathcal{L}_{\text{sim}} = \text{avg}\left(\sum_{t_1, t_2 \in S_i \forall i} \left\| \alpha'_{t_1} - \alpha'_{t_2} \right\|_2 \right)$$

$$\mathcal{L}_{\text{dissim}} = \text{avg}\left(\sum_{t_1 \in S_i, t_2 \in S_j, i \neq j} \left\| \alpha'_{t_1} - \alpha'_{t_2} \right\|_2 \right)$$

这里 $\alpha'_t = \text{FFN}(f_t + r_t)$，FFN 是一个正向网络函数，$S_i$ 为第 i 个动作类别。我们可以看到，局部损失函数倾向于使相同的动作保持一致性。而全局损失函数如下。

$$\mathcal{L}_{\text{global}} = \text{NLL}\left(\frac{1}{n} \sum_{t=1}^{n} (W \cdot f'_t), l_A \right)$$

这里 W 为分类器的参数，l_A 为标签。全局损失函数用来学习具体的动作标签。该算法借鉴了注意力思想，用来保证相同子动作在视频中的一致性，从而提高视频动作分类的表现。

3. 基于多面信息结构的内容理解

除去视频片段的结构化，还有些内容是通过多模态数据进行结构化的。Huang 等人提出了一种利用多模态结构的地点识别算法，虽然该算法是针对图像数据集的，但其阐述了结构化数据集的解析方式，并且将该算法迁移到视频数据时，只需要将图像特征提取网络换成视频特征提取的网络。

尽管已有很多工作对地点识别进行了研究，但要全方面地对地点进行理解，还有很长的路要走。我们不只需要使用图像对地点进行分类，还需要更丰富的信息。算法作者建立了一个名为 Placepedia（地点百科）的大规模多模态数据集，这个数据集包含了来自 24 万个不同地点的超过 3500 万张照片。

除了照片外，数据集中的每个地点还带有大量不同模态的信息，例如人口以及特色、城市、国家等在内的多个级别的标签。该数据集还具有大量且丰富的注释，供各类研究使用。

图 5-16 展示了数据集中一个范例，可以看到，除了城市照片，数据集中还包含城市描述、人口、面积、时区、经纬度等信息。这些多模态的信息可被用于地点识别。这个数据集共收集了 361 524 个场景及 24 333 个行政区域。

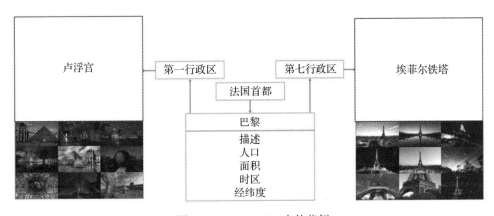

图 5-16　Placepedia 中的范例

为了融合多模态信息，Huang 等人提出了一种新的算法 PlaceNet（地点网络）。图 5-17 展示了 PlaceNet 的结构。图 5-17a 展示了只用图像模态进行分类任务的网络。PlaceNet 最后一个卷积层以下的结构为残差网络。最后的 5 个分支为卷积、池化、全连接层，输出分别对应地点、类别、功能、国家和城市。

4. 基于检索描述的内容理解

随着互联网上的视频越来越多，通过描述文本找到对应的视频也是一种重要的内容理解。Yang 等人通过衡量视频、文本的特征相似度，提出了一种通过学习文本语言结构和视频时序表征的树增强多模态编码来匹配文本与视频的方法，并命名为 TCE（跨模态树增强编码）。文本信息通过 RNN 进行特征提取，然后将特征输入一个树结构的 TreeLSTM 进行文本特征解析。

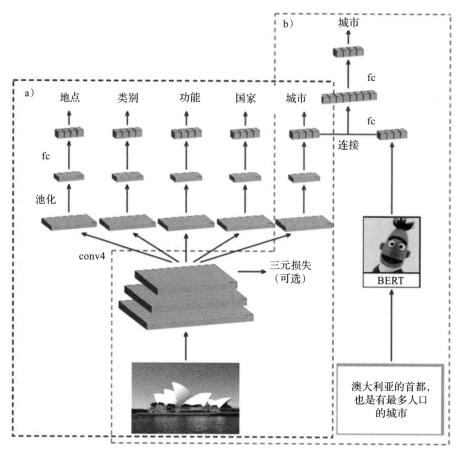

图 5-17 PlaceNet 的结构

TreeLSTM 的解析过程可用如下公式来表达。

$$\begin{bmatrix} i \\ f_l \\ f_r \\ o \\ g \end{bmatrix} = \begin{bmatrix} \sigma \\ \sigma \\ \sigma \\ \sigma \\ \tanh \end{bmatrix} \left(W^p \begin{bmatrix} h_i \\ h_{i+1} \end{bmatrix} + b^p \right),$$

$$c_p = f_l \odot c_i + f_r \odot c_{i+1} + i \odot g$$

$$h_p = o \odot \tanh(c_p)$$

式中 (h_i, c_i) 和 (h_{i+1}, c_{i+1}) 为输入的相邻树的子节点，c 代表单元状态，h 代表隐状态，W^p、b^p 为需要学习的参数，σ 为 sigmoid 函数。可以看到，父节点结合了两个相邻的子节点的信息，描述了更多的复杂语义。之后，算法作者设定了一个注意力机制来决定这些输出节点的重要性，公式如下。

$$\beta_i = \text{Softmax}[u_{ta}^{\text{T}} \sigma(W_{ta} e_i + b_{ta}) / \sqrt{d_{ta}}], \quad \overline{q} = \sum_{i=1}^{N} \beta_i e_i$$

式中 e_i 为 i 个节点的特征，β_i 便是其需要学习的权重，W_{ta}、b_{ta}、u_{ta} 为需要学习的参数，σ 为 ReLU 函数。输出的 $\overline{q}$ 为最后的特征表达。

同样地，我们也需要将视频转化为我们所需要的特征模式，算法使用了自注意力机制，将卷积神经网络提取的特征经过循环神经网络处理并赋予不同的注意力权重。注意力权重的获取过程可用如下公式表达。

$$\hat{V}^i = \text{Softmax}\left(\frac{1}{\sqrt{d_i}} (W_Q^i V)^{\text{T}} W_K^i V \right) W_V^i V$$

$$\hat{V} = \text{Norm}\{V + W^p [\text{Concat}(\hat{V}^1, \hat{V}^2, \cdots, \hat{V}^Z)]\}$$

式中 $V = \{h_t'\}_{t=1}^{M}$ 是循环神经网络输出的特征的集合，W_Q、W_K、W_V 为 query、key、value 的学习参数，$\hat{V}^i$ 为获得注意力权重的帧特征，W^p 为另一个将最终连接的特征投影到另一空间的学习参数，类似于文本特征，公式如下。

$$\eta_t = \text{Softmax}\left[u_{va}^{\text{T}} \sigma(W_{va} \hat{v}_t + b_{va}) / \sqrt{d_{va}} \right], \quad \overline{v} = \sum_{t=1}^{M} \eta_t \hat{v}_t$$

$\hat{V} = \{\hat{v}_t\}_{t=1}^{M}$、$W_{va}$、$b_{va}$、$u_{va}$ 为需要学习的参数，η_t 为最终的归一化重要性参数。最后文本的特征与视频的特征将会进行如下余弦相似度测量。

$$s(Q, V) = \frac{f^t(\overline{q})^{\text{T}} f^v(\overline{v})}{\left\| f^t(\overline{q}) \right\|_2 \left\| f^v(\overline{v}) \right\|_2}$$

f^t、f^v 为处理文本特征与视频特征的多层感知机函数。之后根据相似度的排序，获得相匹配的视频与文本。

基于视频结构化的视频理解算法的目标是对结构化标注过的视频数据集进行视频片段的分类、解析。这类算法不只对视频进行动作、属性、场景、物体的识别，还会对要识别的对象在时序上进行定位。

与传统的视频理解算法不同，这类算法必须利用数据集中特殊结构的视频标注，从而达到进一步理解视频的目的。基于结构化的视频解析算法需要有结构化的视频数据集为前提，这类算法直到近年来才被展开研究，并且数量有限，本节介绍的结构化理解图像算法，虽然并非针对视频，但思想很容易从图像迁移到视频上。

5.5　本章小结

本章对视频理解领域进行介绍，解析了该领域主要研究方向之间的关系，对于视频数据，需要对视频（帧或片段）进行表征，即提取视频在高维空间中的特征向量。

本章详细介绍了无监督视频表征方法，而有监督的视频表征方法通常是分类任务的前处理过程。我们进而介绍了经典的视频分类算法和对应的特征提取模型，实际应用中，视频的结构信息更为复杂。

本章重点介绍了动作识别和时序动作定位的研究目标和主要方法，帮助读者对实际视频数据处理的步骤有所了解。

近年来，研究者发现已有方法对视频结构的解释性不足，并构建了用于视频结构化分析的数据集，得益于这些数据集，研究者可以更细粒度地验证算法的有效性。

第 6 章 *Chapter 6*

多模态学习与内容理解

如何将不同领域的知识和信息相结合，以促进对数据的理解和利用，这个问题很早就被研究者提出并关注了。近年来，人们通过对视觉、语音、文本等领域的深入研究，在多模态内容理解方面提出了新的解决思路和方法，这使得多模态学习再次成为机器学习和模式识别的研究热点。本章将介绍关于多模态学习的研究方向和进展，并通过几个示例来介绍多模态学习的框架设计方法。

6.1 多模态内容理解的研究方向

本节介绍多模态的研究方向，首先对问题进行定义和阐述，然后列举多模态研究的主要意义，最后介绍目前主要的应用方向。

6.1.1 研究问题

模态是对象存在的一种表述方式，不同的感官或传感器有不同的表达。以猫为例，猫的图像、汉语中的"猫"、英文中的 cat、一段特殊猫叫的录音，甚至特定的气味，均可以表示"猫"这个概念。在人机交互领域，模态特指人和计算机在信息交流中的渠道。

模态之间存在着广泛的关联，例如我们小时候练习的"看图说话"是将图片信息转化为文字信息的表达形式，人在交流时，语音和文本信息是"共生"的。随着信息技术的发展，从以前广播、报纸等以单一模态为主的方式，到如今的短视频、直播流信息，我们接收的信息也更加丰富。

多模态学习在许多领域都有广泛的应用，包括内容理解、人体动作识别、人机交互、自动驾驶、医学诊断等，其中内容理解又包括很多子领域，如语言翻译、图像配文、视觉问答等。

同一个概念在不同模态下的表现形式存在很大差异，这种差异称为多模态的异质性，异质性使得模态之间很难统一，这也是多模态研究的根本问题。以模态间的异质性为基础，多模态研究可以概括为两类。

第一类研究是模态之间的推理，包括不同模态数据之间的转换、表示和对齐等，通常是一种模态作为模型输入，另一种作为模型输出，如图 6-1a 所示。例如在翻译问题中，输入的是一种语言（模态），输出的是另一种语言；在图像配文中，输入的是图像，输出的是文本；在零样本图像分类中，输入的是待分类的图像，输出的是最相似的语言描述。

第二类研究是模态的协同，包括多模态的融合、联合表征等，通常是多种模态同时作为输入，以任务作为输出，如图 6-1b 所示。例如在内容质量评分场景，输入的是文本和图像，输出的是内容得分（的分布）；在内容分类中，输入的是文本、图像和其他用户信息，输出的是内容所属的类别。

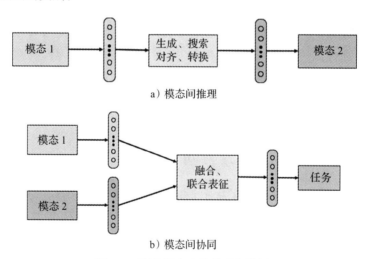

图 6-1　图像模态中的推理与协同

6.1.2　研究意义与挑战

多模态学习的意义如下。

❑ 通过同一概念在不同模态中的表达，提升人们对概念的理解，从而获得更为准确的抽象表示。

❑ 通过模态之间的互补与融合，学习各模态数据的差异化信息，提升数据对任务的有效性，进而提高任务处理的性能。

❑ 研究数据之间的关联，提升数据的转换能力，对数据进行补全，丰富数据的多样性。

多模态研究目前面临的挑战主要集中在以下方面。

❑ 多模态数据的表征：构建统一或有约束的空间，建立不同模态（特征）之间的关系，难度在于对数据的抽象化表示。

❑ 模态转换：构建模型实现数据从一种模态到另一种模态的转换，难点在于模态数据（而非特征）的生成。

❑ 模态对齐：对不同模态中的样本进行全方位统一，例如，现有一个视频和相关的一段文字描述，需要让两者在时序上达到同步，难度在于各模态数据的子元素之间的统一。

❑ 多模态融合：利用多模态数据完成指定任务的推理，难度在于同时利用多种信息对相同目标进行预测。

❑ 协同学习：利用资源丰富（比如数据量大）的模态知识来辅助建立资源稀缺（比如较小数据）的模态模型，难度在于解决模态间的非对称性。

6.1.3 研究方向与应用

与计算机视觉或自然语言处理等领域相比，多模态研究的应用更为丰富，Mogadala 等人盘点了现有的典型应用。

第一类应用是由自然语言处理任务扩展形成的，具体内容如下。

❑ 视觉描述生成：基于无语言信息的图片和视频生成可供人阅读的文本信息。

❑ 视觉讲述：为序列图片或视频生成序列化的文字描述，相比视觉描述生成，视觉讲述对模态对齐有更高的要求。

❑ 视觉问题回答：针对给定图片和文字形式的问题，给出文本形式的回答。

❑ 视觉对话：基于视觉内容进行对话。

❑ 视觉参照表达：给定图片和文本描述，找出图片中被描述的对象。

❑ 视觉蕴含：给定图片和文字描述，判断图片中的信息是否能推理出对应的文字信息。

❑ 多模态机器翻译：将图片中的源语言翻译成目标语言的文本。

第二类应用是由计算机视觉任务扩展形成的，具体内容如下。

❑ 视觉生成：通过文字生成图片，例如在风格转换问题中，用文字而不是标签作为生成器的条件。

❑ 视觉推理：对视觉场景进行复杂的推理和计算，如判断物体的位置关系，不像传统的分类、检测或分割问题那样，仅输出标签等信息。

第三类应用是从多模态任务扩展的，具体内容如下。

- 视觉－语言导航：根据文本输入和图像信息，作出合理的导航判断。主要用在自动驾驶或机器人寻路中，其对信息的加工和处理的本质是对多模态内容的理解。
- 内容创作：从视频、音频、弹幕等多模态信息中提取看点和标签，辅助创作素材管理和内容生成。
- 内容审核：针对图像、文本、语音等多模态信息，判别是否涉黄、违禁、广告检测、假新闻、谣言等，主要应用在信息流产品智能 AI 审核，降低企业运营成本。

6.2　多模态表征

6.2.1　因果表征

深度学习通过大数据和大模型学习到的表征本质是一种数据的编码和压缩，不具备机器用于逻辑推理等高阶任务的语义。因果模型提供了一套基于统计的因果推断和思考的计算方法，我们很自然地想到将因果推断的优点结合到机器学习中，但是因果模型通常处理的是结构化的数据，不能处理图像等高维的原始数据。因果表征学习是连接因果科学与机器学习的桥梁，它将表征学习和因果模型进行融合，将图像这样的原始数据转化为可用于因果模型的结构化变量。通过因果表征学习，深度学习能像人类一样具备一定的推理、判断，构建更强大的 AI。

1. 因果模型

因果推理最理想的方法是通过随机实现来完成，但在现实生活中，一方面这种数据无法得到，另一方面涉及伦理问题。为了解决观察数据因果推理中的问题，我们将因果模型分为潜在结果模型和结构因果模型。

（1）潜在结果模型

衡量一个变量的因果影响时，我们需要比较样本在两种情况下的结果。显然不可能同时看到两个潜在结果，而且总是缺少其中一个潜在结果。潜在结果框架旨在估计此类潜在结果的计算效果。

潜在结果模型基于 3 个关键假设：样本－策略值稳定性假设、策略分配与策略产生潜在结果相互独立（策略的分配也不会影响潜在结果的分布）、正向假设（对于任何个体，任何策略都可能被分配到）。这 3 个关键假设保证观测结果与实际的潜在结果是无偏的。基于这 3 个假设，包含七类因果推理方法，分别为权重分配方法、分层推理方法、基于匹配的方法、基于树的方法、基于表征的方法、基于多任务学习的方法和基于元学习的方法。

- 权重分配方法：由于选择性偏差导致实验组和对照组的样本分布不同，样本权重更新通过给每一个样本分配不同的权重，在平衡得分的条件下，策略分配与样本的其他变量是独立的。这样生成的样本集合中，实验组和对照组的分布是类似的。

❑ 分层推理方法：将观测数据分成同质的子块来调整实验组和对照组因差异产生的偏差，是一种常见的混杂调整方法。理论上每个子块中实验组和对照组数据的协变量相似，同一子块中的样本可以视为随机对照实验数据的抽样。可以通过随机对照实验的方法计算每个子块内的策略效果。通过合并这些子块的 CATE（Conditional Average Treatment Effect，条件平均处理效应），得到对整个观测数据的策略效果。

❑ 基于匹配的方法：在减少选择偏差的基础上估计反事实结果，直接用观测结果来评估策略效果。这个方法的核心思想简洁易懂，针对每一个样本，匹配一些合适的近邻来估计反事实结果，核心是对样本间距离的衡量，距离需要考虑混杂的影响。

❑ 基于树的方法：与传统方法的不同点在于，不是为了预测一个新的样本的目标变量，而是学习树的结构，基于树的结构将样本进行分块，同一个叶节点的样本为近邻群体，本质是基于树模型的匹配方法，通过评估各个子块的策略效果，加权平均来评估 ATE（Average Treatment Effect，平均处理效应）。

❑ 基于表征的方法：反事实情况下的数据分布通常不同于事实的数据分布，表示学习的核心思想是通过预测模型使观测数据预测反事实结果更加准确。预测模型的核心是领域学习问题，领域学习问题的关键是表征学习。通过表征学习加强表示空间中不同策略组分布之间的相似性，减小不同策略组分布的偏差。

❑ 基于多任务学习的方法：通过机器学习方法估计反事实结果，底层逻辑是因为实验组和对照组存在共同的特征，可以通过多任务学习的共享层实现，实验组和对照组各自的特征通过多任务学习特定层实现。

❑ 基于元学习的方法：元学习的核心思想也是使得反事实结果更加精确，实现方式分为两步，首先控制混杂学习到策略结果估计器，然后基于得到的策略估计结果之间的差异，使得 CATE 估计更精确。

（2）结构因果模型

结构因果模型包括因果图和结构方程。结构因果模型描述了一个系统的因果机制，其中一组变量和它们之间的因果关系由一组联立结构方程来建模。

因果图使用有向无环图来描述因果关系，将变量作为节点。如果变量 X 是另一个变量 Y 的子节点，那么变量 Y 是变量 X 的直接原因。如果变量 X 是变量 Y 的后代，那么变量 Y 是变量 X 的一个潜在原因。因果图的常见情况分别为链式、叉式和对撞。复杂的因果图基本可以拆解为基本结构的组合，因此可以通过一张定性的因果图去了解不同变量之间的独立关系，以及在什么条件下能够改变当前的独立状态。

链式结构如图 6-2 所示，3 个节点 X、Y、Z 由两条边连接。如果变量 X 和 Y 之间只有一条单向路径 Z 截断了这条路径，那么在 Z 的条件下，X 和 Y 是独立的。

叉式结构有 X、Y、Z 三个节点，有两个箭头从中间变量 X 射出的结构被称为分叉结构。如果变量 X 是变量 Y 和 Z 的共同原因，并且 Y 和 Z 之间只有一条路径，则 Y 和 Z 在 X 的条件下独立，如图 6-3 所示。

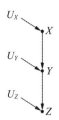

图 6-2　链式结构的因果图

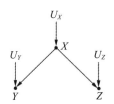

图 6-3　叉式结构的因果图

对撞结构有 X、Y、Z 三个节点，X 和 Y 同时射出并指向 Z，X 和 Y 独立，但是 X 和 Y 可能在 Z 条件下互相依赖关系，如图 6-4 所示。

贝叶斯网络是一种基于有向无环图的概率图模型。贝叶斯网络只能表示相关关系，不能直接表示因果关系。通过增加变量之间条件独立的先验信息，可以提高模型的学习效率，减小模型的体积。即使存在缺失或未知变量值，仍可利用边缘概率推断。结构因果模型吸取了贝叶斯网络的优势，同时结合结构方程模型来表示因果关系，如图 6-5 所示。在结构方程模型中，使用函数式方程表示某个变量。如对于两个变量 A 和 B 之间的因果关系，可以使用 $B := f(A)$ 来表示，其中符号 ":=" 表示因果关系，即 A 是 B 的一个原因。

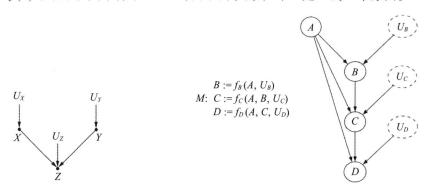

图 6-4　对撞结构的因果图　　　　图 6-5　结构因果模型

在实际应用中，B 通常有多个原因，原因可能是未知的，或者已知但无法测量的，此时可以用 U 表示无法观测或未知的变量。对应的结构方程为 $B := f(A, U)$。结构因果模型是因果图的一种数学表达，使用多个结构方程组来表示一个完整的因果图，结构因果模型 M 中有 3 个结构方程，分别代表了变量 B、C、D 的因果关系。

2. 因果表征学习

在因果表征学习中，通常假设数据是由因果相关、满足一定条件的结构因果模型的因果隐变量通过非线性的映射产生的。因果表征学习研究方法主要包括在独立同分布、时间序列、分布迁移三种情况下，如何寻找因果隐变量和它们之间的因果关系。

（1）独立同分布

挖掘含有隐变量的因果结构的经典办法是基于条件独立性，假设所有的观察变量不能影响隐变量。典型的基于条件独立约束的算法如 FCI（Fast Causal Inference）算法，借助 d-分离学习变量间的因果关系，通过 V-结构和定位准则推断变量间的因果方向，FCI 算法输出观测变量间的因果关系，无法挖掘隐变量间因果结构。

为了识别和学习线性系统下隐变量间的因果关系，有一系列的研究适用于隐变量下新的 d-分离准则，例如泛化独立噪声条件（Generalized Independent Noise，GIN）算法。GIN 算法刻画潜在隐变量间的分离准则，通过检验一些 GIN 条件是否成立，能够帮助找出因果隐变量是否存在、所在位置，以及这些隐变量之间的因果关系。

（2）时间序列

格兰杰因果关系检验是寻找时序变量之间因果关系的传统方法。该方法的核心是未来的事件不会对当前和过去产生因果影响，只有过去的事才可能对当前和未来产生影响。该方法的限制在于输入必须使用结构化数据。如果观测到的时序变量（如频中每帧的像素）之间并不存在直接的因果关系，而是由具有时序因果关系的因果隐变量或干扰因素生成的，我们需要因果表征学习，从时间序列中挖掘因果隐变量，识别时序因果关系。

（3）分布迁移

在实际任务中，数据分布是变化的，可能随时间变化或者随域变化。迁移学习主要解决分布发生变化的问题。传统的方法侧重学习不同域之间相同的部分，并利用这些不变的部分进行新域的迁移预测。研究发现数据分布的变化有助于因果发现提供更多的信息，更有利于进行因果学习。因果表征学习提供了另外一个思路，通过识别不同域之间有区别的因果隐变量，并使用这些隐变量对数据进行迁移转换，将其投射到同一域中进行训练，实现数据分布不同情况下的迁移学习。

因果表征学习在迁移任务上的研究有很多。以图片识别任务的迁移学习为例，无监督领域自适应在现实任务中非常常见。在没有进一步假设的情况下，特征和标签的联合分布在目标域中是不可识别的。为了解决这个问题，Kong 等人提出了一个领域自适应框架 iMSDA，如图 6-6 所示，其中灰色节点为可观测变量。

图 6-6 中标签 x 和 y 是由因果隐变量 Z_c（领域之间不变内容信息）和 Z_s（领域之间变化的风格信息）通过非线性映射生成的。在不同领域生成函数是不变的，变化的部分是 Z_s 的分布。

为了使因果隐变量 Z_s 可识别，我们假设 Z_s 在指定领域标识 u

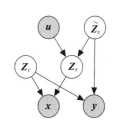

图 6-6　领域自适应框架 iMSDA

的条件下是独立的。学习并识别 Z_s 和其生成过程，就可以将其他领域的图片转化到目标领域，最终在目标领域上解决迁移学习的问题。

6.2.2 联合表征

联合表征是一种将每种单模态特征投影到一个共享语义子空间中，以便于融合多模态特征的表征方法。实际上，它是对多模态特征进行融合，得到一种能够同时表征多种模态信息的特征。该方法在许多多模态理解任务中，如事件检测、视频分类、视觉问答和情感分析中，都有广泛应用。如图 6-7 所示，多模态联合表征最简单的方法是将单个模态的数据特征进行串联。

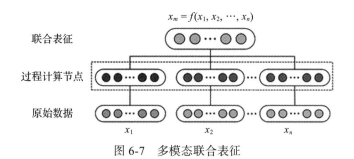

图 6-7　多模态联合表征

目前在该领域已经发展了包含神经网络、概率图模型和序列模型等在内的联合表征方法。神经网络作为广泛应用于单模态数据特征提取的方法，也越来越多地用于视频、音频和文本等多模态领域。

采用神经网络构建多模态表征时，每种模态数据分别经过多个单独的神经网络层，然后经过一个或多个隐藏层将模态特征映射到联合空间，得到联合特征，最后将联合特征经过多个隐藏层，或直接作用于最终预测。因此，这种采用神经网络模型的多模态联合表征方法可以通过端到端的方式训练。在该方法中，多模态联合表征学习与多模态融合之间并没有明确的界限。

基于神经网络的联合表征方法存在 3 个缺点：神经网络的训练需要依赖大量数据；神经网络模型无法自动处理缺失数据；深度神经网络训练难度较大，很难收敛。

基于概率图模型的联合表征方法中最具代表性的是深度玻尔兹曼机（Deep Boltzmann Machines，DBM）。与神经网络类似，该模型是通过堆叠受限玻尔兹曼机（Restricted Boltzmann Machine，RBM）形成的。如图 6-8 所示，在图文联合表征中，我们可以通过 DBM 学习到多模态的联合概率分布。在应用阶段，根据图像与文本间的联合概率分布，输入图像利用条件概率 P（文本 | 图片），生成文本特征，可以得到图片相应的文本描述。而输入文本利用条件概率 P（图片 | 文本），可以生成图片特征，通过检索最靠近该特征向量的两

个图片实例，可以得到符合文本描述的图片。DBM 的优势在于不需要有监督数据进行训练。此外，DBM 也可以很好地处理缺失数据。DBM 的缺点在于需要消耗巨大的计算成本。

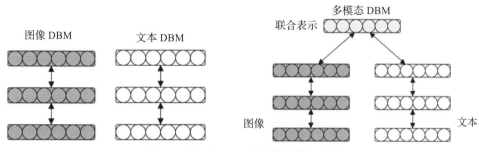

图 6-8　基于 DBM 的多模态联合表征

基于序列模型的多模态联合表征主要用于可变长度的序列场景，例如语句、视频或音频流。序列模态特征表示主要采用的是循环神经网络及其变体，如长短期记忆网络。早期的研究工作主要是将循环神经网络构造多模态特征表示用在语音识别上。

目前该类表征方法已经在机器翻译、情感识别、行为分析等方面有广泛应用。在机器翻译应用中，多模态循环翻译网络模型可以通过模态之间的翻译来学习鲁棒的多模态联合表征。

6.3　多模态内容理解框架

多模态内容理解可以分为两类：模态间推理和模态间协同，本节将详细介绍多模态内容理解的框架、涉及的技术和常见的应用。

6.3.1　模态间推理

根据模态之间的关联性，可以实现从一种模态到另一种模态的转换，我们称这个过程为模态间推理。同一概念在不同模态下的表示具有很大差异，即模态的异质性。为了克服异质性，需要为不同模态数据建立形式上统一的抽象表示。在机器学习和模式识别中，通常采用高维向量来表示数据的特征，得益于研究者的大量工作，现有的工具诸如神经网络、概率图模型等，可以很好地从原始数据中抽取有效的信息作为特征，包括全局特征、局部特征和时序特征等。

特征是对原始数据进行初步概括，不同模型提取的特征向量所在的空间存在很大的差异，例如卷积神经网络抽取的图像特征向量和递归神经网络抽取的文本特征向量。抽取的特征所表达的含义并不相同，需要从模态间获取特征空间关联性，并对不同特征空间从语义层面进行约束或统一，即特征空间对齐。此外，在工程实现中还要求特征在形式上也有统一的表示，即特征向量维度、数据形式等方面的一致性。如利用注意力机制对所有特征进行统一编码，或者将所有模态都用缓存机制的形式表示。

统一的表示和空间约束使得一个样本能在不同模态特征空间下进行表达，为了根据源模态的输入数据生成目标模态的数据，我们还需要利用解码器从特征中重建目标模态的数据，即构建数据生成的过程。

本节给出一个通用的推理框架，如图 6-9 所示，下面对框架进行总体介绍。

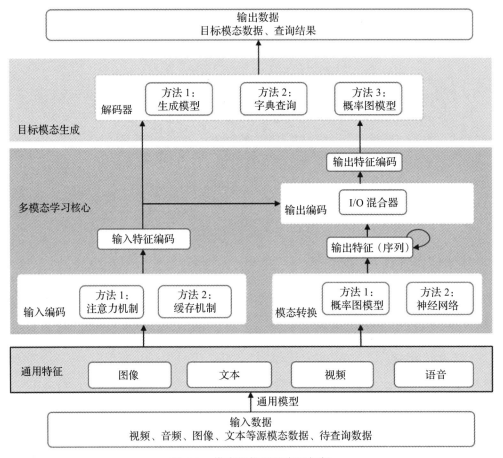

图 6-9　模态间推理的实现框架

下面结合图 6-9 介绍模态间推理的主要步骤。

1）输入不同模态的数据，并进行抽象表示，以提取合适的通用特征。例如在跨模态检索任务中，可以提取图像或文本的全局特征进行匹配，而对于视频和文本描述任务，则需要提取子元素（如视频片段、词）等具有局部信息的特征。

2）接下来需要进行模态间的关联和转换，其中神经网络是常见的模态转换方法。神经网络具有强大的非线性表征能力，能更好地拟合数据的分布，实现不同空间的转换。

　　3）不同模态特征的表示和转换是多模态学习的核心步骤。Kodirov 等人利用自编码模型减少不同空间的差异性。Lampert 等人将概率图模型作为生成式模型，该模型具有较强的数据刻画能力，同时有很好的可解释性，它也常常被人们作为模态转换的模型。若模态转换涉及数据的局部信息，如翻译任务，则可通过编码器编码的方式统一输入和输出。

　　4）经过前述步骤，可以得到源模态数据在目标模态的特征（编码），再通过解码器处理就可以生成目标模态的数据，解码过程也是生成数据的过程。检索匹配是最简单的生成方式，构建完备的目标模态数据集合并获得输出的特征后，可在该集合中找到最适合的数据作为输出，这与查单词（翻译）的过程是类似的。对于一些任务，如视觉描述、段落翻译等，很难构建完备的集合来满足检索的需求，通常采用生成模型来获得最终的输出。

　　文本翻译、视觉讲述、跨模态的检索、零样本任务等常见多模态学习任务，都可以用多模态推理框架进行描述。

　　在文本翻译任务中，源语言数据作为输入模态数据，目标语言数据作为输出，多模态推理框架对输入的句子逐个词抽取特征，并利用时序信息进行编码。在模态转换时，需对当前时刻的输入进行转换得到输出特征，并根据上一时刻的输出特征和输入特征编码，得到当前时刻的输出特征编码，再根据该时刻输入和输出特征的编码，解码出当前时刻的输出词，经过时序迭代，最终将输入句子翻译为输出句子。

　　在视觉讲述任务中，将图像作为输入，将文本描述（句子）作为输出，其过程与翻译类似，只是本任务将源语言的句子换成图像。人们通常用图像中（感兴趣区域）的物体作为句子中的单词，从而将图像表示为一个文本序列。

　　在跨模态检索任务中，如以文本搜索图片，对文本提取全局特征，然后进行文本和图片特征空间的统一，目的是找到合适的距离度量方法，从而计算视觉和语义特征的距离，通过距离计算找到最相似的图片作为输出。这里计算相似度是为了获得图像标签，本质上是为了得到输出模态的特征，而通过特征和图片一一对应的关系来返回图片，这就是用字典查询生成目标模态数据的过程。

　　在零样本图像分类任务中，输入的是图像，输出的是该类图像的标签（对应的文字描述），本质上也是视觉特征和文本特征的匹配，其过程和跨模态检索类似。

6.3.2　模态间协同

　　将多个模态数据协同作为输入，输出指定任务结果的过程，称为模态间协同。拥有多个模态时，模态间的差异性会带来额外的信息，从而提高完成任务的成功率。例如，观看篮球比赛时，会因为错过细节信息而对局势产生误判，有时候甚至跟不上篮球的位置，如果引入解说的音频信息，则会极大帮助我们了解球赛局势。相比视频信息，语音中的关键词汇、音调等信息更容易被捕捉。利用模态之间的关联性，使得信息的有效性大大提升，从而能更有效地完成任务,这也是多模态信息融合研究的主要内容。

模态融合的主要目标是构建一个公共空间,在新空间中联合表示各模态特征。多模态信息融合通常可分为前期融合、后期融合和混合融合 3 种方式。前期融合是指将从模态数据抽取的底层特征进行融合,这是多模态研究者最初的研究动机。前期融合更倾向于针对底层特征探索模态之间的关联。

后期融合又称为基于分数的融合,即各模态单独完成对任务的预测,之后将这些预测值进行融合,从而得到更合理的分数。由于后期融合更倾向于对高层结果的处理,因此对任务通常有更好的效果。相比前期融合,后期融合的方式往往取决于任务本身的特点,有时也需要通过监督信息来学习。混合融合则兼具前两者的优势,可同时使用底层和上层的特征进行融合。

综合前期融合和后期融合的需求与特点,多模态信息融合的实现参考框架如图 6-10 所示。需要注意的是,框架应尽可能包含多模态协同用到的模块和技术,对于特定任务而言,不是所有模块都是必要的,应根据具体任务来选择。

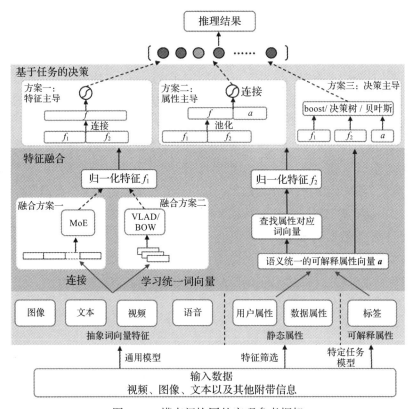

图 6-10 模态间协同的实现参考框架

相比模态推理,模态协同的输入数据更为全面,因为一些模态即使不够完备,也能起到辅助推理的作用。通过构建属性向量，如 One-Hot 特征，对属性模态进行数学表示，可以作为多模态融合模型的输入。

提取各模态的特征之后，可采用前期融合的方式，对特征进行初步的统一表示。前期融合试图挖掘模态之间的相关性，因此可以是无监督的，即不用对任务输出进行损失回传。例如用词袋等方法构建特征集，用自编码的方法统一特征空间。可以将属性向量统一拼接成 One-Hot 向量，作为可解释的特征单元。

6.3.3　模态间推理：零样本图像分类

本节将介绍作者团队在零样本学习中的相关工作，并以此作为用模态间推理框架解决实际算法问题的示例。

近年来，深度学习在计算机视觉和自然语言处理领域的许多任务中都取得了成功，然而深度神经网络的训练需要大量带标签的数据集。获取这些数据集通常需要相关领域的专家来标注，因此成本很高。在零样本图像分类任务中引入类别的语义表征作为辅助信息，可以实现对未参与模型训练的图像分类，从而完成图像的自动标注，减少人工标注数据的成本。

零样本图像分类主要包括两个模态的信息——图像数据和物体的语义表征。以 ImageNet 数据集为例，该数据集包含 21 481 类物体，每类物体包括若干张图像和一条对该类物体的文本描述信息。其中 1000 类物体的图像标签是已知的，即知道这些图像和其所属类别的文本描述的对应关系，其他类别的标签未知。

用已知的 1000 类物体的图像和文字描述，训练相似度量函数，使得同一类图像和文字描述尽量接近。测试时，用训练好的模型计算其他类图像和文字描述的相似度，选择拥有与该图像最相近的文本描述的类作为图像的类标签。零样本图像分类问题的处理流程和跨模态检索类似，区别是零样本学习中的训练和测试样本分布有较大的差异。

在零样本图像分类中，对视觉图像采用 ResNet 提取 2048 维的视觉特征。对类别的语义表征，不同数据集采用的方法也不相同。前面提到的 ImageNet，由于数据量较大，因此对每一类的文本描述，用 Word2Vec 的方法提取文本的语义特征。这样做的优点是除了分类需要的类标签外，几乎不需要标注额外的数据，大大降低了人工成本；缺点是语言描述往往是不清晰、不完备的，会造成语义特征的混淆。

对于数据量较小的数据集，如 Animal With Attribute（AWA）数据集，可采用属性向量作为类别的语义表征，属性向量中的每一维都表示一个具体属性，例如"是否有条纹""是否是水生"等。相比文本生成的特征，属性表征更加明确。当然，无论采用哪种表征方法，零样本分类都涉及两个模态空间的转换，这也是解决该问题的核心。

在获得视觉特征和语义表征之后，通过空间投影的方式实现一种模态到另一模态的转换，然后计算模态之间的相似度，找到图像最合适的类别。零样本学习面临的最大问题是，训练和测试数据的分布差异很大，通过简单的线性或非线性的方式将一个空间的特征投向另一空间，会造成域偏移。域偏移可以理解为过拟合的一种表现方式，即在训练集中，同一类样本通过投影能实现较好地对应，但测试样本用同样的方式投影会与目标之间有较大误差，影响后续相似度计算的准确率。

针对域偏移问题，Kodirov 等人提出了语义自编码的方法，通过编码器让视觉特征投影到语义空间，同时要求对应的解码器从语义特征恢复为视觉特征。基于语义自编码的多模态推理过程如图 6-11 所示。

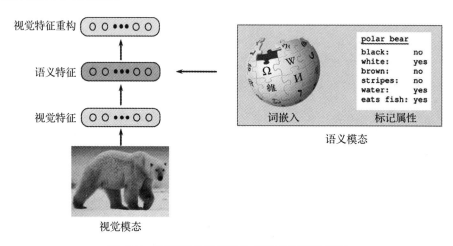

图 6-11 基于语义自编码的多模态推理示意图

在进行语义自编码时，语义表征本身具有关联性，如果直接对特征和语义空间进行转换，可能会造成模糊，这种模糊会增加投影的难度。引入正交的隐空间作为中间变量，可以减少属性之间的相关性。基于正交表示的多模态推理示意图如图 6-12 所示。

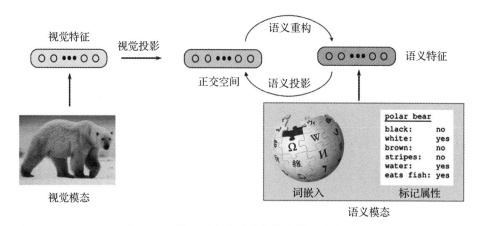

图 6-12 基于正交表示的多模态推理示意图

　　首先，用自编码的方式来统一语义空间和正交空间，目的是找到语义空间中语义表征（即类中心）在正交空间中的位置，同时减少语义表征自身的相关性。其次，采用线性投影的方法将视觉空间的特征投影到正交空间的语义中心，即视觉投影。在零样本图像分类任务中，正交空间可以增加类别之间的区分性，从而提高分类的准确率。通过视觉投影，我们将视觉模态和语义模态经过语义重构和语义投影统一在一个正交空间中，可以通过计算空间距离（如欧氏距离、余弦距离等）来度量两个模态之间样本的相似度。

　　在测试阶段，对于新的物体的图像，通过特征提取和视觉投影到公共空间，搜索与其相似度最小的语义特征并返回对应的语义模态数据，即完成了对该图像的分类。

6.3.4　模态间协同：虚假新闻识别

　　对于模态间协同框架，本节介绍作者团队在虚假新闻检测方面的实战经验。

　　如今，我们从互联网上获取的信息越来越多。2018 年顶级国际期刊《科学》指出，在2016 年美国总统大选期间，选民平均每人每天要接触 4 篇假新闻；假新闻会传播至 1500 个选民，且传播速度是真实新闻的 6～20 倍。利用人工智能的方式对新闻真实性进行自动测评，对限制谣言传播有很大益处。以互联网为载体，新闻样本通常包括文本、图片、短视频等内容，同时还有新闻样本和用户的属性特征，下面介绍一种利用多模态数据增强虚假新闻检测能力的方法。

　　基于多模态的虚假新闻识别可以看作一个二分类问题，即对于内容虚构的新闻，模型输出标签 0；对于内容真实的新闻，模型输出标签 1。多模态信息融合通常包含各模态数据特征提取、特征融合、决策 3 个模块，其中特征提取是针对图像、文本等数据的，用于模型提取样本的全局特征，以便后续融合。

　　在特征融合部分，对各模态特征进行统一。决策则是训练以任务输出为目标（如分类标签）的模型。由于神经网络具有强大的特征抽象功能，因此特征融合和决策（分类器训练）通常可以同时进行，即网络以不同模态特征作为输入，以任务结果作为输出。

　　公开数据集[⊖]中，每条样本包括 9 种数据，文本、图像 ID、新闻类型、关注数、被关注数、发微博总数、所在位置、用户描述。此外，每条样本有唯一的 ID，训练时每条 ID 有二值标签，0 表示虚假新闻，1 表示真实新闻。其中文本不为空，图像 ID 可能为空或多个，其他属性可能缺失。提取特征时，将上述数据分为 4 种类型，下面分别介绍不同类型数据的提取方式。

1. 文本数据

　　文本数据是新闻内容理解的主要模态，我们采用 BERT 工具，用中文语料库对应的预

　　⊖　数据集地址为 https://www.biendata.com/competition/falsenews_3/data/。

训练模型和词库对每条文本提取句子表示作为全局特征，最终每条文本被映射为 768 维向量。

2. 图像数据

与文本类似，图像数据也包含了内容相关的语义数据，我们采用 AlexNet 结构和其在 ImageNet-1000 中的预训练模型对图像特征进行提取。

3. 静态属性

静态属性包括两个子类，第一类是新闻类型和用户所在位置，这些属性是有限的离散值，因此我们根据值域的范围，将其映射为 One-Hot 向量，然后首尾相连。

需要注意的是，测试数据的属性可能出现新的属性取值，则对应的向量是 0。例如训练集中城市属性是「北京，上海，广州」，对应的 One-Hot 特征是 [1 0 0]，[0 1 0]，[0 0 1]，测试时城市属性出现了深圳、杭州，则这些新属性均为 [0 0 0]。这样做是因为训练时网络只会响应已有信息，无法对未知信息作出判断。如果离散属性之间有相关性，例如城市之间的相关性用距离度量，则可以用先验信息进行修正，这样深圳的特征可能是 [0 0.1 0.9]，杭州的特征可能是 [0 0.8 0.2]。

第二类属性包括 3 个属性：用户关注数、被关注数和发微博总数，这些属性的值域在理论上是无限的，且数值具有一定的意义。这里我们先对数据进行聚类，具体做法是将 3 个属性看作三维向量，用 k-均值的方法聚成 N 类，然后将每条样本映射到对应的类别，最后将 N 个类别编号映射为 One-Hot 特征。这样做的好处是能够将属性统一编码为 One-Hot 特征，同时也能将过大或过小的数据归入相近的类别。

4. 用户描述

该属性较为特殊，是用户的属性描述，数据本质上是文本信息，我们采用与文本数据相同的处理方式提取 768 维的句向量。在融合时，单独当作一个模态考虑。

对各类型数据进行特征提取后，需要用多模态学习的方法将这些特征关联起来。我们采用可分特征层融合和分数层融合的方式构建模型。分数层通常会对各模态数据进行训练模型，然后将分类预测的概率向量作为输入，再训练统一的分类器。新闻中的模态并不是完全等同的，新闻内容直接由文本描述，图片也与新闻内容有较大相关性，这两种模态可以直接训练分类器。而其他属性则是对用户和新闻的描述，和新闻内容不一定有直接关系，这些模态不适合训练分类器，因此我们主要探究特征层面的融合。

我们首先采用 Krishnamurthy 提出的两种特征融合方法，对 4 种模态特征分别进行多层全连接计算，得到相同尺寸的向量，然后执行向量拼接或逐元素点乘操作。图 6-13 是以 3 种模态（文本特征、图像特征和用户描述特征）为例的特征层融合示意图。

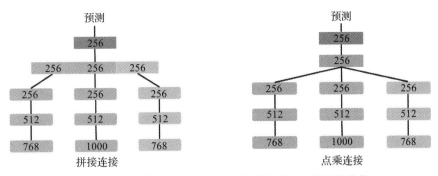

图 6-13　3 种模态的特征层融合方式及其对应的网络结构

分析这两种网络结构可知，拼接连接能够完整保留各通道的信息，点乘连接可以看作计算各通道的相关性，当各通道在某一维的响应都较大时才有值，如果其中一个模态在 256维向量中的某一维数值较小，则融合后的整体在这一维的数值会很小。我们在此基础上提出了一种新的融合结构，记为混合连接，同时保留各模态的独立信息和相互之间的关联信息，其结构如图 6-14 所示。

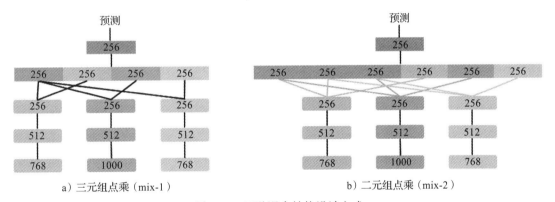

a）三元组点乘（mix-1）　　　　　　b）二元组点乘（mix-2）

图 6-14　两种混合结构设计方式

混合连接保留了所有信息，可以避免某一个模态的 256 维向量在某一维数值较小，造成其他模态信息的丢失情况。同时，混合结构可以避免梯度消失的情况。当模态数大于 2时，相关项可以有不同的表示，因此混合连接也有多种方式，我们提出两种混合连接方式，分别如图 6-14a 和图 6-14b 所示。

mix-1 结构的优点在于连接后维度随模态数量线性增长。缺点是当模态数很多时，相关项数值的数量级会有明显的变化，如果我们采用 Batch Normalization 方法将特征图控制在0～1 之间，则相关项很可能接近 0，进而退化为拼接连接；如果特征图的值大于 1，则相关项的数量级可能会大大增加。

由于 mix-2 中的相关项是由各模态两两点乘得到的，因此可以避免相关项乘积过小的情况，而且考虑了任意两模态之间的相关性。mix-2 连接后的长度与模态数的平方成正比，当模态较多时会出现特征过长的情况。这两种方法各有优缺点，可根据实际情况进行结构设计。

需要注意的是，这里使用的特征层融合在网络训练时也是基于任务的，按照本文的划分，应在输入后期融合。对于二分类任务，我们采用了简单的端对端训练方式，没有涉及无监督的前期融合模块。

6.4　大规模预训练技术

现在谈到内容理解，大规模预训练模型是必须介绍的重点。预训练模型首先在文本理解领域被提出并广泛应用，预训练模型一经提出，快速在文本分类、情感分类、文本推断、阅读理解、文本生成等各个任务中表现出了强大的内容理解能力以及可扩展性。

6.4.1　文本预训练

文本预训练模型也称为语言模型，通过自然语言学习，对一种语言进行建模。这种语言建模有助于计算机理解人类文本，更好地解决自然语言处理问题。

1. Transformer 之前的文本预训练模型

最早的文本预训练模型应用可以追溯到词向量的应用。当大家开始使用深度模型来处理文本理解的问题时，面临的第一个问题是如何将字符串形式的文本转化为适合深度网络的词向量。

为了更好地适配深度模型对文本语义的理解，高质量的词向量应该满足语义相似原则，即语义相近的词向量会相互接近，而接近语义不同的词向量则会相互远离。很显然，使用更大规模的语料库训练得到的词向量更能满足语义相似原则，但实际问题中可以使用的有监督数据并没有那么大规模。这便产生了最早的大规模预训练需求的雏形，即开发者先以大规模无监督数据进行词向量的训练，然后在预训练词向量的基础上进行有监督训练。

Word2Vec 和 GloVe 是两种常用的词向量预训练方法。大规模预训练模型最大的优势就是利用足够大规模的无标注数据进行训练，从而得到一个能够在实际任务场景中发挥作用的模型。由于大多数任务场景下工程师没有能力训练足够大的预训练词向量模型，因此更多时候业界会选择由互联网大公司提供的预训练语言模型。

Word2Vec 和 GloVe 等预训练模型为深度模型提供了一个科学的底层输入来表示文本特征，但是直接对文本进行预训练只能得到一个静态的文本词向量表示。然而很多词语表达的语意往往会根据上下文语境而发生变化，比如"bank"在"The bank wired her the money."中表达"银行"的意思，而在"The children clambered up the steep bank."中表达"河岸"的意思。为了更好地表示在灵活的上下文下文本的含义,基于双向 LSTM 的预训练语言模型 ELMo 诞生了。ELMo 带来了第一个应用广泛的深度预训练模型,在自然语言处理任务中,取得了比 Word2Vec 和 GloVe 更好的效果。

2. 基于 Transformer 的文本预训练模型

Transformer 模型结构最早由谷歌于 2017 年提出,论文名字为"Attention Is All You Need"。Transformer 结构的本质就是多层多头自注意力机制。而同样如这篇论文标题所说,Transformer 出现后快速替代了其他模型结构成为了最通用的文本处理模型,更进一步在图像理解、音频理解以及多模态内容理解的领域成为主流的模型。

在 Transformer 模型结构和 ELMo 的深度预训练思想的影响下,谷歌于 2018 年提出了 BERT 这一经典的预训练文本理解模型。虽然在 BERT 之后出现了非常多针对各种场景的优化和变体,BERT 预训练模型依然是各种语言下最泛用的文本理解模型。

BERT 模型的预训练任务和基于 LSTM 的预训练模型 ELMo 的预训练任务不同,ELMo 的预训练任务是基于双向语言模型的文本句子重建,而 BERT 则是基于 Transformer 能够直接将任意距离的词进行直接关联的能力,设计了遮蔽语言模型。

具体来说,给定一句用于预训练的自然语言,随机遮蔽一些百分比的输入词,然后利用没有被遮蔽的上下文提取被遮蔽词位置的特征,从而预测被遮蔽的词。和传统的语言模型相比,遮蔽语言模型只预测被随机遮蔽的词,并不会重建整个输入句子。遮蔽语言模型主要能够提取词级别的文本上下文特征。而为了提取句级别的特征,更好地判断一个句子与另一个句子之间的关系,BERT 设计了预测下一句的预训练任务。具体来说,预训练任务输入为两个句子 A 和 B,有可能 B 是紧随 A 的实际下一句,也有可能 B 是语料库中的一个随机句子。BERT 模型需要正确预测 AB 两句的关系。

华盛顿大学和 Facebook 提出的 RoBERTa 采用了和 BERT 相同的网络结构,但是对预训练方案进行了优化。RoBERTa 在预训练时采用了更大规模的预训练数据和更大的批量规模,同时采用了动态遮蔽方法,去掉了下一句预测的任务。

由于 Transformer 自注意力机制的计算特点,计算资源的消耗与一次性输出的文本长度的平方成正比,因此文本长度不能做到无限制扩大。在传统的 BERT 模型中,通过设计固定位置编码的范围,将最大文本的长度限制为 512。

为了提高预训练模型理解长文本的能力,突破传统 BERT 在文本长度上的限制,谷歌提出了 Transformer-XL。Transformer-XL 将长文本切断为多段短文本,然后采用片段递归机制,在理解每一段短文本时,会同时依赖上一段短文本的内容,这样就赋予了 Transformer-XL 建模更长的文本上下文的能力。同时,Transformer-XL 使用了相对位置编码来替代 BERT 中的绝对位置编码。最终不仅提高了 Tranformer 结构处理的文本长度限制,还大大提高了模型推理的速度。

随着预训练模型的广泛使用，预训练模型的参数量规模也越来越大。巨大的计算资源需求对很多任务场景提出了挑战。因此如何减少预训练模型对计算资源的消耗也是一个重要的改进方向。

谷歌提出了 ALBERT 模型，在保持 Transformer 特征维度不变的情况下，降低了输入词向量的维度，同时对多层 Transformer 中的模型参数进行了共享，将预测下一句话的预训练任务更换成两句话是否被交换的任务。从而在不影响模型效果的情况下，大大降低了模型的大小，提高了推理速度。

BERT 等预训练模型主要依赖直接理解文本内容，通过文本内容来学习知识。为了提高预训练语言模型对人类知识的学习能力，一个重要的优化方向是让预训练模型能够学习更加有结构化的人类知识。

为了提高语言模型学习知识的能力，百度提出了 ERNIE 系列模型。在 ERNIE 1.0 中，他们改进了两种遮蔽策略，一种是基于短语的遮蔽，另一种是基于实体的遮蔽。相比于传统的基于字词的遮蔽策略，ERNIE 1.0 能够促使模型学习恢复完整短语或实体的能力，可以潜在地学习到知识以及更长的语义。在 ERNIE 2.0 中，百度提出了预训练连续学习，分别构建了词法级别、语法级别和语义级别的预训练任务，从简单到复杂，一步一步学习结构化知识。而在 ERNIE 3.0 中，百度提出了将知识图谱中的结构化知识融入语言模型中。他们将知识图谱中的三元组表示以及对应一句自然语言同时输入语言模型中，然后分别遮蔽三元组中的随机节点以及自然语句中的随机词，从而迫使 ERNIE 3.0 可以同时恢复自然语言以及知识图谱中被遮蔽的部分。

6.4.2　图像预训练

图像预训练模型的历史最早可以追溯到 2012 年，当时深度神经网络首次在 ImageNet 比赛中大放异彩。卷积神经网络一直是图像理解模型中最重要的模型结构，直到 Transformer 在文本理解领域得到了广泛的应用，也有人将 Transformer 引入图像理解领域中，并且取得了更加通用且稳定的效果。

1. Transformer 之前的图像预训练模型

人们第一次认识到深度模型的理解能力是在 2012 年的 ImageNet 比赛中，多伦多大学 Hinton 团队提出的 AlexNet 获得了比第二名高 10% 的准确率。AlexNet 包含 5 个卷积层和 3 个全连接层，并经过一层 Softmax 完成分类。

AlexNet 出现后，很多人在其基础上进行进一步工作，其中包括利用已经训练好的 AlexNet 在分类层之前的结构和参数，直接在新的任务中进行微调。这可以称为最早的图像预训练模型。ImageNet 数据集包含超过 1000 万有标注的图片数据，包含上万个分类标签。利用在 ImageNet 训练得到的 AlexNet 模型在特定任务上进行有监督微调，往往能够超过直接利用 AlexNet 在该任务上进行有监督训练的效果。因此，在很长时间内，图像预训练模型都是选择在 ImageNet 等数据集上进行训练，然后在特定任务上进行微调的方案。

2. 基于 Transformer 的图像预训练模型

因为基于 Transformer 的预训练语言模型在文本理解领域取得了非常好的效果，因此有很多工作也在将 Transformer 模型的经验应用到图像理解的任务中。

谷歌于 2020 年提出了 Vision Transformer（ViT）模型，将图片均匀划分成多个小块，对于每一块，其像素值经过线性变化后得到该图像块的向量化表示，这样就得到了类似文本预训练模型中的词向量表示。将图像块进行向量化表示，和位置向量叠加在一起，作为 Transformer 结构的输入特征。ViT 让图像领域的研究者可以像处理文本那样通过统一的 Transformer 模型来处理图像，不过此时的 ViT 模型依然主要依靠 ImageNet 进行有监督训练。谷歌设计了几种预训练任务，分别在遮蔽部分图像块之后预测该区域的平均颜色，预测模糊化的区域像素，以及预测所有像素，但最终的效果均弱于利用 ImageNet 进行有监督训练的 ViT 模型。

微软亚洲研究院在 2021 年提出了 BEiT 模型。BEiT 模型与 ViT 结构相似，将图像分成多个图像块，然后经过一层线性变换后输入 Transformer 模型。在设计预训练任务时，BEiT 选择训练一个离散变分自编码器将图像块进行离散化表示。在预训练任务中，BEiT 模型需要学习重建被遮蔽的图像块的离散化表示。实验结果表明，重建离散化表示能够得到更好的模型效果。

2021 年，何凯明老师提出了遮蔽自编码图像预训练模型（Masked AutoEncoder，MAE）。MAE 的模型结构与 ViT 和 BEiT 类似，最大的区别在于在设计预训练任务时，重新回到了对图像块原始像素的重建。由于图像信息非常冗余，MAE 将图像块被遮蔽的概率提高到了 75% 以上，结果发现仍能取得不错的重建效果。

不到一年，微软亚洲研究院提出了 BEiT 的升级版，BEiT-2。BEiT-2 的模型和 BEiT 基本相同，主要区别在于预训练任务的设计，BEiT 借助训练好的模型通过矢量量化 – 知识蒸馏（Vector-Quantized Knowledge Distillation，VQ-KD）的方法来指导视觉标志的学习，同时 BEiT-2 还增加了一个额外的 CLS 块表示整个图像的特征，这样使得 BEiT-2 模型可以学习到具有更高语义化的遮蔽图像块表示，同时也能学习到全图图像特征。在各个主要视觉任务中，BEiT-2 的效果都超过了 MAE。

6.4.3　音频预训练

音频预训练的目的是通过模型在音频非目标任务中预先学习到的音频语义，使诸如语音识别、情感识别、说话人识别等下游任务中以该模型为起点进行快速训练，并取得更好的效果。

1. Transformer 之前的音频预训练模型

VGGish 是在大规模数据集 AudioSet 上进行训练从而获得嵌入的模型。AudioSet 数据集包含大约 210 万个长度为 10s 的音频片段和与它们对应的 527 个标签。VGGish 模型通过对输入的音频片段分类来进行预训练，从而获得包含音频语义的 128 维的嵌入。数据源为 WAV 音频文件，采样率设置为 16kHz，被转换到 Log 梅尔声谱后分帧输入模型。

VGGish 的模型结构类似于用于图像分类的 VGG 模型，由卷积层和池化层交错而成。VGGish 的局限性主要有两点：一是有效性主要依赖于带有大量标注数据的 AudioSet 数据集；二是并没有充分地利用音频中的时序信息。

2. 基于 Transformer 的音频预训练模型

考虑到含有 Transformer 的自监督模型 BERT 在 NLP 领域的广泛应用及其良好的效果，VQ-Wav2Vec 尝试将 BERT 应用到音频领域。由于 NLP 领域中输入的文本具有天然的离散特性，而音频的信号却是连续的，VQ-Wav2Vec 通过训练量化将连续的语音信号转换为离散信号，之后将离散信号送入 BERT 进行预训练。

虽然 VQ-Wav2Vec 将 NLP 领域中的 BERT 融入到音频预训练中，但是 BERT 并不是专门针对音频信号设计的，这种分步框架并不能充分发挥 Transformer 在音频上的性能。Wav2Vec 2.0 针对这个问题进行了改进，将音频量化和 Transformer 统一到一个单步框架中进行训练。

Wav2Vec 2.0 首先使用卷积神经网络对原始波形进行特征提取，然后使用量化模块对其进行离散化，添加掩码后将其输入到 Transformer 中进行重建。整个训练过程是一体的，通过一个单步框架进行特征预训练，增加了模型模块之间的联系。

6.4.4 多模态预训练

随着现实问题的复杂化，我们需要同时考虑多个模态信息的协同理解。预训练模型需要建模的空间也更加复杂，因此多模态预训练模型的发展比起单模态要缓慢一些。多模态预训练模型的研究主要集中于图片和文本模态的联合训练，同时也有一些其他领域的预训练模型探索。

1. 图文多模态预训练

Open AI 在 2021 年提出了图文预训练（Contrastive Language-Image Pre-training，CLIP）模型。CLIP 模型利用 4 亿图片 – 文本数据进行训练，模型分别对图像数据和文本数据利用编码器提取特征，然后通过对比学习让模型学习到图像和文本之间的关联。图像特征提选择了 ResNet 或者 ViT，文本特征提取选择了 BERT，而对比学习则选择了 infoNCE 损失函数。

训练好的 CLIP 模型对于图文之间的检索任务表现非常出色。此外，在单独处理图片或者文本数据时也能够提取到更丰富的语义信息。BEiT-2 就依赖 CLIP 模型设计了能够更好地重建图像块语义信息的预训练任务。虽然 CLIP 模型有效，但其训练需要依赖严格对齐的图文数据，而这种有标注的数据获取成本相对较高，限制了 CLIP 模型在更大领域范围以及更多语言场景下的应用。

为了解决这个问题，百度在 2021 年提出了 UNIMO 模型。百度认为，虽然获得高质量的图片 – 文本匹配数据比较困难，但有大量低成本的纯文本或纯图像数据可用于图文多模态模型的预训练。为了同时利用图像和文本数据，并将它们映射到一个统一的线性空间中，UNIMO 采用一个统一的 Transformer 模型作为图像和文本的编码器。

对于文本，UNIMO 类似于 BERT，而对于图像，UNIMO 选择通过目标检测模型提取具有完整语义的图像区域，并将该区域的特征作为 UNIMO 的输入。同时，UNIMO 使用跨模态对比学习进行预训练。为了增加更多的图像 – 文本匹配对，百度使用了文本重写、文本 – 图像检索等方法来获取大量具有一定相似性的负样本，以提高对比学习的效果。因此，UNIMO 得到了一个可以同时处理图像和文本数据的多模态预训练模型。

在 BEiT-2 之后，微软亚洲研究院进行了多个多模态预训练模型的尝试，最终在 2022 年整合出了 BEiT-3，如图 6-15 所示。

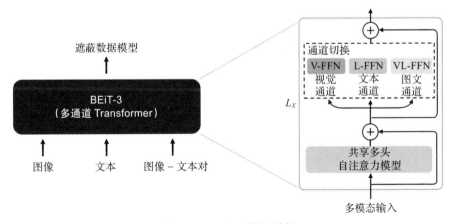

图 6-15　BEiT-3 模型结构

BEiT-3 对之前的图文多模态工作以及预训练工作进行了统一。在模型方面，它采用了类似 UNIMO 的方式，将图像特征和文本特征视为相同格式的输入，即使用同一个 Transformer 模型同时处理文本、图像和图文数据。在预训练任务中，BEiT-3 没有采用以往图文多模态模型常用的对比学习任务，而是依然通过遮蔽部分文本和图像块的方式来训练模型对遮蔽的数据进行重建。

具体来说，文本部分的遮蔽重建过程按照 BERT 的方式进行，而图像部分的遮蔽重建则像 BEiT-2 那样通过矢量量化 – 知识蒸馏来讲图像块进行语义化。最终，BEiT-3 在图像分类、目标检测、语义分割、图像推理、图像问答等 12 项任务中取得了超过其他预训练模型的效果。

2. 视频多模态预训练

与图文多模态任务相比，视频多模态需要考虑更多的因素。视频不仅包含音频模态，而且包含更长的视频帧、文本和音频时间序列。不同场景下处理这些多模态数据的方法各不相同，这些因素影响了选择视频多模态预训练模型的方法。截至本书截稿，尚未有一个视频领域的多模态预训练模型能够有效地解决普遍问题。

微软亚洲研究院在 2020 年提出了视频多模态预训练方法 HERO，对视频中的图像帧序列和字幕文本序列进行联合建模。在输入阶段，HERO 通过一个跨模态 Transformer 模型同时理解图像序列和文本序列的特征。而在预训练任务中，HERO 设计了多个预训练任务，包括帧图像数据遮蔽模型、文本数据解蔽模型、帧时序恢复模型和图像与文本匹配模型。

在 2022 年，微软提出了 i-Code 视频多模态预训练模型，同时考虑了文本、视频帧和音频三个模态。i-Code 采用级联的模型结构，3 个模态各自通过编码器进行特征提取，然后通过多模态融合层进行多模态特征融合以及视频特征提取。i-Code 分别设计了文本、视频帧、音频片段的遮蔽重建预训练任务，同时设计了文本 – 视频帧、文本 – 音频、视频帧 – 音频的匹配预训练任务，从而达到对无标注视频进行自监督多模态建模的效果。

6.5　本章小结

本章首先介绍了多模态学习在内容理解中研究的问题、研究意义和应用场景。然后介绍了目前多模态相关的研究现状和方法。接着重点介绍了多模态学习的两类问题：模态间推理和模态间协同的理论框架。最后为了便于读者理解，介绍了零样本图像分类和虚假新闻识别两个应用案例。

第 7 章　*Chapter 7*

内容理解框架

基于深度学习的多任务技术有很多成功的应用，无论是自然语言处理任务、计算机视觉任务还是语音识别任务，都通过多任务技术获得了很好的收益。能否设计一个统一的内容理解框架，来统一处理自然语言处理任务、计算机视觉任务、语音识别任务是各大公司近几年探索的新方向。

本章将介绍几个主要的多模态学习框架，以及我们自研的多模态内容理解算法框架。

7.1　常见的内容理解框架

近几年，谷歌、IBM、Meta 等互联网公司相继推出了各自的深度学习框架，它们在结构设计和方案选取上有自己的思路与优势。本节将对这些框架的概念和背后的算法进行介绍。

7.1.1　Tensor2Tensor

Tensor2Tensor（T2T）是谷歌在 2017 年推出的一个基于深度神经网络的多任务框架，支持计算机视觉、语音识别、自然语言处理等相关的任务。模型架构使用了很多当时的新技术，如深度可分离卷积、注意力机制和稀疏门控层，目标就是创建一个统一的深度学习框架来解决多个问题域内的任务。

实验表明，在大多数情况下，综合使用这些技术在所有任务上都可以提高性能。数据量较少的任务在很大程度上受益于与其他任务的联合训练，通过联合训练，可以在小数据量上获得不错的效果，在达到一定的数据量后，T2T 的统一结构训练模型的指标精度可以接近甚至超过针对任务设计的复杂结构。

1. 相关论文解读

T2T 采用不同的模态子网络，把各个模态的输入数据转换到一个联合表征的空间中，这个表征的空间大小是可变的。在整体框架的设计上，保证大量的计算工作放在与具体任务无关的通用组件中，优化了重复执行的计算部分。

把相近的任务放在一个问题域内，在处理域内的任务时，各个模态充分共享统一的模态处理网络。框架的设计思路是为每一个模态设计一个模态子网络，而不是为每个任务设计一个网络框架。

整个框架主要由 4 个组件构成，如图 7-1 所示。

❑ 各个模态对应的子网络

❑ 解码器

❑ 输入 / 输出处理器

❑ 自回归解码器

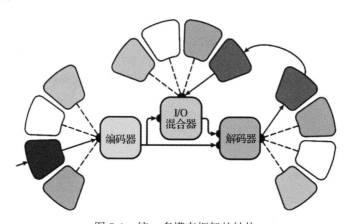

图 7-1　统一多模态框架的结构

框架的功能单元整合了多项过去使用在其他场景的技术，通过深度可分离卷积、注意力机制、带稀疏门控的专家混合单元⊖构建编码器和解码器来解决复杂的问题。

（1）卷积单元

一个卷积单元接受形如［批处理数目（batch size），序列长度（sequence length），特征

⊖　谷歌最早提出带稀疏门控的专家混合单元应用在语言建模任务上，它能够在不增加过多的计算量的情况下，通过堆叠 LSTM（Long Short-Term Memory，长短时记忆）网络增加可用参数量，从而有效提升模型的能力。

通道数（feature channel）］的输入内容。输出同样格式的内容。

T2T 采用深度可分离卷积，而非传统卷积操作。输入 x 首先经过一个激活函数 ReLU(x)，然后经过权重向量为 W 的深度可分离卷积 SepConv(W, ReLU(x))，最后再通过一个层归一化（Layer Normalization）组成一个卷积步骤，即 LN(SeqConv(W, ReLU(x)))。卷积步骤通过堆叠残差单元，组成了卷积单元。

深度可分离卷积

在每一个通道上使用一个卷积核，输出特征图数量保持原有输入通道数 M，然后使用 N 个单位卷积把 M 个通道逐点卷积，从而投影到 N 个深度的特征图上。

层归一化

神经网络归一化方法，类似批归一化（Batch Normalization）方法。批归一化的对象是同批次样本中的单一特征维度，层归一化的对象是单独一个样本的所有特征维度。层归一化适用于 RNN 等动态网络和批处理较小的情况。

（2）模态网络

在文本模态中，T2T 首先通过词表对输入数据进行标记化处理，使用嵌入编码的方式将词标记映射到编码对应的维度。在输出端，文本模态将主体（body）部分的编码输出通过 softmax 函数做线性映射，产生词典上的概率分布。

```
NLPModality_IN(x, WE)= WE·x
NLPModality_OUT(x, WE)= Softmax(WS·x)
```

图像模态的输入是一个矩阵，类似 Xception 网络的输入，通过残差卷积（ConvRes）不断叠加深度，最终得到产生图像模态的输入编码。

```
c1(x, F) = ConvStepf=F(W3×3, x)    #
c2(x, F) = ConvStepf=F(W3×3, c1(x, F))
p1(x, F) = MaxPool2([3 × 3], c2(x, F))
ConvRes(x, F) = p1(x, F) + ConvSteps=2(W1×1, x)
h1(x) = ConvSteps=2,f=32(W3×3, x)
h2(x) = ConvStepf=64(W3×3, h1(x))
r1(x) = ConvRes(h2(x), 128)
r2(x) = ConvRes(r1(x), 256)
ImageModality_IN(x) = ConvRes(r2(x), d)
```

分类模态类似于 Xception 网络的输出，如果网络输入是图片，频谱的二维结构数据和网络主体部分的一维向量输出需要还原为二维结构。

框架可以接受随时间变化的一维声波或者二维的频谱图，使用 8 个 ConvRes 操作 l_i = ConvRes($l_i - 1$, 2_i)。为了保留声音频谱的分辨率精度，卷积的步长设置不会横跨多个频率。

2. 代码讲解

在 https://github.com/tensorflow/tensor2tensor 中可以获得整个 T2T 框架的代码。我们以训练一个图像分类网络为例。

README.md 文件中对框架的安装和使用做了详细的介绍。我们需要调用 t2t-trainer 程序，传入数据目录（--data_dir）、输出目录（--output_dir），并且设置好和训练模型相关的参数。

```
如果是在 ImageNet 数据集上进行分类，我们需要设置任务（problem）参数。
--problem=image_imagenet
主体模型（model）和超参数集（hparams_set）可以选择 a）或者 b）方案。
a）--model=resnet --hparams_set=resnet_50
b）--model=xception --hparams_set=xception_base
然后是训练步骤和多少次迭代后执行评价输出。
--train_steps=1000 --eval_steps=100
```

源代码 layers/modalities.py 包括了各个模态的模态输入层（bottom layer）、模态输出层（top layer）和模态损失层（loss layer），对外暴露的接口如下。

```
def get_bottom(modality_type, value=None)            # 得到原模态的输入层处理函数
def get_loss(modality_type, value=None)              # 得到对应模态转换的损失函数
def get_name(modality_type, value=None)              # 得到对应模态
def get_targets_bottom(modality_type, value=None)    # 得到目标模态的输入处理函数
def get_top(modality_type, value=None)               # 得到顶层网络输出的最终结果
```

图像模态网络的操作函数如下。

```
def image_bottom(x, model_hparams, vocab_size)# 参数对应的是模态编码输入、模型参数、输入
    类别空间大小
def image_top(body_output, targets, model_hparams, vocab_size)# 参数对应的是主体输出、
    目标模态、模型参数、输出字典大小
def multi_label_loss(top_out, targets, model_hparams, vocab_size, weights_fn): #
    参数对应的是模态层输出、目标模态、模型参数、输出类别空间大小、标签权重函数
```

所有支持的模态类型如下。

```
AUDIO = "audio"
    AUDIO_SPECTRAL = "audio_spectral"
    CLASS_LABEL = "class_label"
    CTC_SYMBOL = "ctc_symbol"
    GENERIC_L2_LOSS = "generic_l2"  # 使用 L2 Loss 进行输出
    IDENTITY = "identity"
    IDENTITY_SYMBOL = "identity_symbol"
    IMAGE = "image"
    # 通过通道压缩来进行模态规范化
    IMAGE_CHANNEL_BOTTOM_IDENTITY = "image_channel_bottom_identity"
    IMAGE_CHANNEL_COMPRESS = "image_channel_compress"
    IMAGE_CHANNEL_EMBEDDINGS_BOTTOM = "image_channel_embeddings_bottom"
    MULTI_LABEL = "multi_label"
```

```
ONE_HOT_CLASS_LABEL = "one_hot_class_label"
REAL = "real"
REAL_L2_LOSS = "real_l2"   # real vectors with L2 as loss
REAL_LOG_POISSON_LOSS = "real_log_poisson"
SIGMOID_CLASS_LABEL = "sigmoid_class_label"
SIGMOID_MAX_POOLING_CLASS_LABEL = "sigmoid_max_pooling_class_label"
SOFTMAX_AVERAGE_POOLING_CLASS_LABEL =
SOFTMAX_LAST_TIMESTEP_CLASS_LABEL = "softmax_last_timestep_class_label"
SOFTMAX_MAX_POOLING_CLASS_LABEL = "softmax_max_pooling_class_label"
SPEECH_RECOGNITION = "speech_recognition"
SYMBOL = "symbol"
SYMBOL_WEIGHTS_ALL = "symbol_weights_all"
SYMBOL_ONE_HOT = "symbol_one_hot"
VIDEO = "video"
VIDEO_BITWISE = "video_bitwise"
VIDEO_IDENTITY = "video_identity"
VIDEO_L1 = "video_l1"
VIDEO_L2 = "video_l2"
VIDEO_L1_RAW = "video_l1_raw"
VIDEO_L2_RAW = "video_l2_raw"
VIDEO_PIXEL_NOISE = "video_pixel_noise"
```

　　源代码 utils/t2t_modal.py 文件中包含整个框架执行的主要逻辑，T2TModel 类作为一个抽象类，逻辑方法是可以改写的。

　　T2TModel 主要实现 2 个功能。一个功能是通过推算子（Estimator）基于 Tensorflow 的 tf.Estimator 机制构建整个算法工作流。

```
def estimator_spec_train(self, loss, num_async_replicas=1, use_tpu=False)#
def estimator_spec_eval(self, features, logits, labels, loss, losses_dict)
def estimator_spec_predict(self, features, use_tpu=False)
```

　　另一个功能是调用框架各个模态的函数，完成从原模态到目标模态的转变。

```
def bottom(self, features)              # 接受输入模态原始特征，经过底层网络特征编码，转换为已定义
                                        # 的统一维度
def body(self, features)                # 抽象方法，用模态输入层编码形成的模态特征进行模型计算，
                                        # 以产生输出和损失值，主要的执行逻辑需要子类进行重写
def top(self, body_output, features)    # 接受特征和 body 函数的输出，转换到目标模态，并且输出
                                        # 最终目标模态的响应值
def loss(self, logits, features)        # 根据模态输出层的响应值，得到最终的训练损失
```

　　这里的几个主要函数都包含对特征的处理，其中 bottom 函数可以看作对输入特征重新编码形成新的特征向量，执行中会调用对应模态的 bottom 编码函数（例如，视频模态的帧处理）。body 函数可以看作对原模态特征的向量计算，并且生成 top 函数需要的目标模态激活值。top 函数则是把 bottom 阶段的特征和 body 输出的激活值一起处理，生成目标模态的

特征编码，执行中会调用目标模态的 top 解码函数。

7.1.2 OmniNet

OmniNet 由 IBM 的研究人员提出，用于设计可扩展的统一体系结构，可以处理多种模态（如图像、文本、视频等）的任务。OmniNet 模型支持多种输入模态的任务以及多任务学习。OmniNet 的单个实例可以同时进行词性标记、图像字幕生成、视觉问题解答和视频活动识别等任务。与单独训练它们相比，一起训练这 4 个任务会产生大约 3 倍的压缩模型，同时维持性能。模型作者的创新是提出了一种时空缓存机制，该机制可以将模态空间以及对应的隐藏状态嵌入到时间输入序列网络中。

1. 相关论文解读

OminiNet 使用外围网络，对原始模态的输入特征进行编码，并嵌入到统一的特征表示空间，包括图片、文本和视频外围（类似 T2T 模态子网络）。经过模态外围网络的处理，会形成一个形态，如 $x \in \mathbb{R}^{t \times s \times d_{model}}$（其中 t 为时间维度，s 为空间维度）的中间向量。d_{model} 是模态经过外围网络处理后的维度。

接下来，上述的中间状态向量 x 会被中央神经网络处理器（Central Neural Processor，CNP）处理。CNP 采用全注意力机制的编码解码结构，在编码阶段，CNP 实现了一个通用的编码函数，处理和存储输入的空间 – 时间向量。编码函数会被调用多次，每个输入模态的空间 – 时间向量会被处理一次。在解码阶段，解码函数生成 softmax 概率值，会有多个解码函数支持多任务输出。

CNP 内部设计了两条用于存储空间和时间的链表缓存，在解码阶段接受模态外围网络的输入解码生成向量 x，生成空间向量和时间向量并存储在对应的链表缓存中。对于一个给定的任务，如果有 K 个输入，则编码执行 K 次。

2. 编码函数

首先将来自模态外围网络产生的每个模态的输入向量 x 进行拼接。向量 x 中的空间信息是通过在时间维度将这些向量展开，并把这些展开的向量逐个追加到空间缓存中形成的。向量 x 中的时间信息则是通过对 x 的所有空间向量取平均形成的，将上游网络的输出传入一个基于自注意力的时间编码器。使用编码器对输入的时间向量进行计算，得到时间嵌入向量。嵌入向量被逐个追加到时间缓存中。

3. 解码函数

解码函数通过带掩码的可伸缩点乘注意力机制处理输出嵌入向量。注意力层对空间缓存向量使用门控多头注意力机制。模型作者希望通过空间注意力层来融合那些与时间缓存向量层存在强相关的帧，实现提取视频时间序列每一帧的重要语义信息。

7.2　自研多模态内容理解框架

上述多模态内容理解框架主要集中在设计思路和实用技术的解析层面。在实际操作中，这些框架很难满足工业需要的调用灵活性、拓展性、高可管理性的需求。我们基于业务的积累和沉淀，自研了一套简单易用的多模态内容理解算法框架 contentAI。本节将对该框架进行详细的阐述，并附上一些问题的解决案例供读者参考。

7.2.1　框架设计背景

在日常生活中，我们不断被来自不同源头的内容冲击着，视频、音频、文字、图片、图表信息不停地被生产、被存储、被消费。如何对这些种类繁多的内容信息进行建模和利用，已经成为内容行业工作者的一大痛点。

以某资讯新闻 App 为例，招聘岗位最大占比的为内容审核相关人员，这类相对原始的人工方式，无论经济效益还是内容处理速率，都很难满足现在生产侧井喷式的内容产出以及消费侧越来越广泛的内容需求。

随着近年来机器学习与人工智能技术的发展，各个内容子领域的研究者都在推进对于内容理解能力的建设，基于神经网络这一基础部件，发展出了多种用于不同模态、高速且有效的问题解决工具。凭借这些方案，我们可以高效地解决如文本分类、语音分类等简单的单一模态任务。配合一些多模态融合技术，我们可以对图文、视频等场景进行简单的建模和问题处理。基于大量的任务适配训练数据，我们可以通过深度模型得到对于内容的任务导向表征，以此解决相关的多模态问题。

单一类型的训练数据对内容的表征存在任务领域的过度训练等问题，无法客观、全面地对内容进行理解和描述。研究人员通常使用多任务训练范式，同时利用各类数据，以期在一个模型内得到较为通用且全面的内容表征。单一模型的表达能力仍然有限，这类范式要求对所有数据进行归档并同时使用，存在数据隐私等问题。

相对于共享数据这一操作，模型及模型得到的表征层面的共享风险和阻力相对较小。contentAI 基于这一点，对内嵌模型提出了模型结果、模型表征同时输出的要求。各个任务可以单独训练任务模型，基于数据得到任务相关的内容理解能力（表征）。我们可以将该表征视作特定视角下对于内容的描述。相比于多任务的范式，这类集成各类数据，综合迁移学习得到的表征的训练范式，更适合海量数据、数据敏感等特殊场景下的合作。不同任务之间，可以互相利用得到的表征 / 模型作为基础，结合自身算法设计，对内容进行新的任务角度的理解建模。通过表征 / 模型的扩充和沉淀，结合各类业务数据中学习到的内容理解能力，构建内容全方位、多视角的表征和描述能力。

内容理解的发展可以大致分为 3 个阶段。第一个阶段，受限于内容理解能力和信息主

体的发展，对内容的解析主要只使用单一模态和单一数据的信息。如对图片的结构信息、
色彩信息、特征点信息及后续的深度表征进行建模，通过学习和训练，获取单一数据视角
的内容理解能力。可以归纳为单视角、单模态的局限性内容理解，如图 7-2 所示。

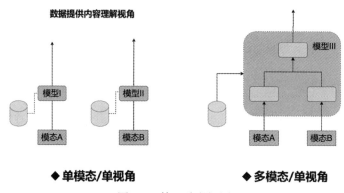

图 7-2　第一阶段视图

第二个阶段，由于信息介质的复合化及内容理解能力的发展与升级，借助多模态表征、
多模态融合、对齐等手段，可以同时建模多个模态的特征信息，通过多个模态的共同描述，
交叉赋能，强化对于内容的整体理解。如图 7-3 中右侧所表述的结构，但该结构仍具有一
定的局限性，没有摆脱数据的单一来源限制，因此，只能构建单一数据视角下具有一定偏
置性的内容理解能力。

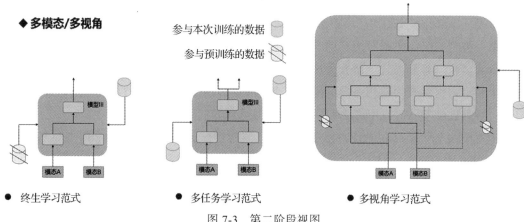

图 7-3　第二阶段视图

第三个阶段，为了获得对于内容深度、全面的理解能力，研究人员探究了多任务、多
视角、继续学习 / 终生学习等多个范式，或同时或流式地将不同内容视角、不同标签体系、
不同任务类型的数据融合在一个模型 / 训练框架内，借由模型、特征等介质，固化、升华已
有的内容理解能力，通过多数据、多任务、多视角的内容表征和内容理解模型，对复合模

态信息进行多维度的描述和解析。

图 7-4 演示了一个内容理解领域问题的解决过程。

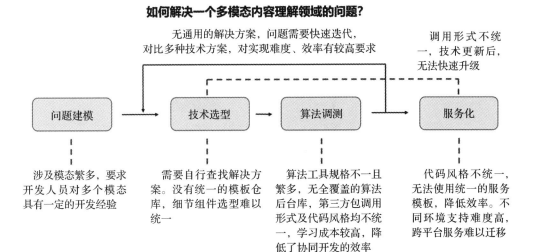

图 7-4 多模态问题解决流程

不难发现，多模态领域的算法会遇到如下几个问题。

❑ 内容的模态复合性。

❑ 工具的选择过多，需要快速迭代和尝试。

❑ 工具的学习成本较高。

❑ 能力模型和具体服务之间的建设难度。

❑ 代码风格不统一，难以进行后续的拓展和维护。

我们按照解决一个标准内容问题的流程，逐条分析以上问题。首先我们要面对的是内容模态复合性，真实世界中的内容场景，很多存在多模态信息的混合，例如一篇资讯文章中，除了文本，可能内嵌多组图片，甚至还包含配套的视频。

我们借助一些深度学习算法工具，可以对单一模态的内容进行建模，但是对于模态间的集成和混合，还欠缺通用的优质方法，需要尝试各类模态融合方法。同时，对于模态建模的算法工具，我们同样面临繁多的选择，必须在快速尝试中进行方法的评估和选取。每类工具由于设计的异源性，通常需要付出一定的学习成本，这无疑也阻碍了开发者和用户的使用热情。

即使在我们克服各种艰难险阻，从算法层面解决问题后，对能力的业务化和服务化，仍然会耗费一定的精力。图 7-5 演示了自主开发状态的流程，在自主开发和选取内容理解组件时，容易遇到组件选取失误、代码风格不统一等导致的开发、维护、服务化难度高，以及未选择最佳方案等问题。

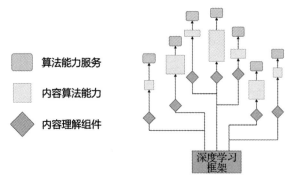

图 7-5 自主开发状态的流程

经过这样的流程完成的内容解决方案，通常会由于开发人员的习惯不同，导致方案设计、代码风格不统一。这类情况降低了代码的复用能力，增大了业务升级的难度。在这样的开发流程中，内容开发者经常会陷入重复开发的困境，无法最大限度解放内容工作者的创造力和生产力。

为了解决这一点，我们参考并学习了多种深度学习、内容理解工具，结合业务上沉淀的开发经验，提炼了一套应对内容理解垂直场景的框架设计思路。其实例化产物，即腾讯游戏说团队自研的内容理解框架——contentAI。该框架通过对内容理解场景的流程抽象、工具抽象、组件抽象等多个维度的拆解，实现了最大程度的能力原子化。同时考虑使用场景的需求，通过配置化、模板化、接口统一化等方式，降低能力的使用难度和复杂度。contentAI 旨在提供一套通用的、可拓展的、高效简洁的内容理解工具，在解决内容理解任务需求的同时，建立一套基于该框架的任务、解决方案生态，并借助业务积累，实现从复用组件、复用流程到复用解决方案和系统设计的升级，基于这套方案的问题解决范式会从散乱变为规整。

总体来说，contentAI 框架覆盖如图 7-6 所示的 4 个阶段和其中需要的能力。

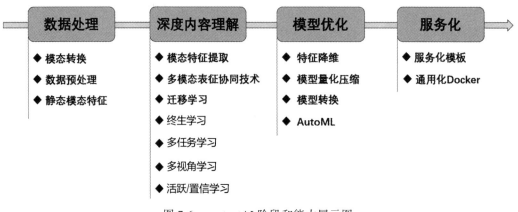

图 7-6 contentAI 阶段和能力展示图

7.2.2　contentAI 框架介绍

我们尝试将通过神经网络解决内容理解问题的整体流程划分为 3 个步骤。

1）数据集构建环节：负责数据集标准化和数据预处理。

2）构建计算网络环节：负责搭建相应的深度神经网络实例来解决多模态内容理解问题。

3）执行环节：负责执行相应的网络功能，包括且不限于网络训练、网络推断、特征提取等。

其中，配置文件贯穿整个流程，通过配置文件控制各组件功能的执行，大量的功能、系统库文件用于满足不同场景下的能力需求。除此之外，我们还嵌入了 onnx 转换、快速服务化模板填充、轻量化能力代码提取等能力，以满足不同场景下的运行需求。

7.2.3　高度配置化

配置化是多模态框架非常重要的一个特性，配置作为宏观视角下使用者与框架间、框架各组件之间的信息传递媒介。它要求开发者将各类使用参数固化、落地到对应的实体配置文件中，辅助开发者清晰化任务的各项参数，在使参数便于修改和调整的同时，也利于对于整体任务流程阶段进行逻辑上的拆分。

接下来介绍 contentAI 的配置结构，例证它是如何实现上述功能的。

contentAI 的配置按照层次划分如下。

```
config
|
|---- project config
    |---- inner config
        |
        |---- model config
        |---- dataset config
```

其中，项目参数（project config）对应一个具体训练任务中的控制参数，如网络学习率、优化器、规划策略等用于控制任务训练过程的组件 / 参数选择。这些参数与整体训练任务强相关，依附于一个具体任务的具体模型训练实例，层次理解时，可理解为外部控制参数文件。

```
optimizer:
    type: Adadelta
    params:
        lr: 0.5

scheduler:
    type: warmup_linear
    params:
```

```
        num_warmup_steps: 2000
        num_training_steps: ${training.max_updates}

evaluation:
    metrics:
        - accuracy

training:
    batch_size:  96
    lr_scheduler: true
    max_updates: 22000
    find_unused_parameters: true
    early_stop:
        enabled: false
        criteria: total_loss
        minimize: false
        patience: 4000
```

在 contentAI 中，内部参数被划分为数据集参数以及模型参数。按照执行功能和作用体进行分层，最后通过整合（merge）操作作为一次任务的执行特征文件。

数据集参数用于描述数据集相关的特性，包括数据集存储地址、数据集清洗、预处理方式等，包括描述数据本体信息，数据集任务目的，作用于数据本身的与处理流程（processor 类型）等信息。

```
dataset_config:
    cls:
        data_dir:   ${env.data_dir}/data/data
        image_depth_first: false
        fast_read: false
        cls_dir:
            train:
            - data/data/ugc_pic/train.csv
            val:
            - data/data/ugc_pic/val.csv
            test:
            - data/data/ugc_pic/test.csv
        num_final_output: 15
        processors:
            image_processor:
                type: efficientnet
```

模型参数用于描述模型。从相对宏观的视角，在多模态内容理解中，执行内容理解的网络通常由各个功能组件组成，包括各模态的模态特征抽取模型。模态间的融合算法包括评价指标和损失函数等组件，这些组件通过模型配置进行描述。同时，在细化视角下，各个神经网络层的详细参数（包括网络输入输出维度、dropout 等机制的参数）也通过该参数文件进行描述。

```
    model_config:
cls_image:
    losses:
    - type: ce
    model_name: efficientnet_b0
    finetune: true
    image_embed_dim : 1024
    classifier:
        type: linear
        params:
            img_hidden_dim: 50
            text_hidden_dim: 300
```

以上内部参数与具体任务进行解耦，可以通过切换外部控制文件对训练过程进行调优，以选择不同的训练模式（基础训练、强化学习模式的训练等），也可以快速执行网格搜索等参数的最优化功能。

此外，数据集与模型独立配置，其下游计算模型也可以通过切换配置文件进行替换，以快速实现不同的网络并测试效果。同时，对于同类任务，可以通过切换依赖的数据集配置来验证同一模型在不同数据集上的表现效果。

7.2.4　高度组件化

不难发现，内容理解网络通常依赖于多个功能组件的搭建。高度分层、配置化的系统设计使得我们可以通过配置文件来选取合适的功能组件，进行整体网络和训练流程的实例化。

通过在多模态研究过程中，对于工具和经验的积累，我们总结出了很多复用程度极高的组件（这里特指网络相关组件，不涉及框架工程模块），包括但不限于各类预训练模型、数据预处理模式（通常与使用模型存在对应关系）、各类网络层、各类损失函数、工作场景（训练、预测、特征提取）等。经过抽象，这些组件被划入不同的库文件夹下用于整合和管理。我们采用了如图 7-7 所示的分类体系来构建相关的组件库，对于部分相对不灵活的组件，使用 Registry 机制进行统一注册管理，其他作为类 / 函数直接调用。

1. 预处理模块库（Processor Lib）
针对各类模型进行输入标准化及简单预处理工作，提取统计特征等。

```
@registry.register_processor("vggish")
class VggishProcessor(BaseProcessor):
    """Processes vggish dataset.
    Args:
        config (ConfigNode): Configuration for vggish.
    .........
```

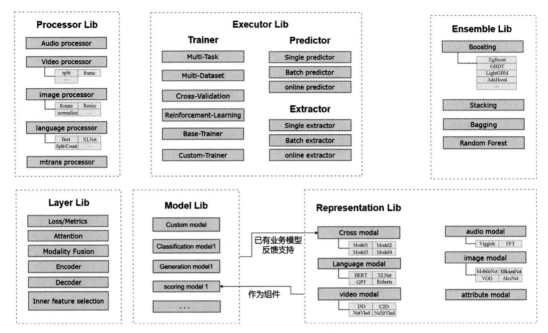

图 7-7　contentAI 代码模块拆解图

2. 执行器库（Executor Lib）

存放训练模式、推断模式、特征提取模式时选择的具体执行器，用户可根据自己的需要选择相应的执行器（如根据训练模式选择相应训练器）。

```
@registry.register_extractor("base_extractor")
class BaseExtractor:
    def __init__(self, configuration):
        self.configuration = configuration
        self.config = self.configuration.get_config()
        if self.configuration is not None:
            self.args = self.configuration.args
            ......
```

3. 集成库（Ensemble Lib）

用于对独立已训练的模型进行聚合，提升算法效果。提供多种集成方式供尝试和选择。

4. 神经网络层库（Layer Lib）

存储各类损失函数、评价指标计算、注意力机制及常用的神经网络结构，粒度较细，作为较小组件辅助网络构建。

```
class AttentionLayer(nn.Module):
def __init__(self, image_dim, question_dim, **kwargs):
    super().__init__()
    combine_type = kwargs["modal_combine"]["type"]
```

```
        combine_params = kwargs["modal_combine"]["params"]
        modal_combine_layer = ModalCombineLayer(
            combine_type, image_dim, question_dim, **combine_params)
        ......


@registry.register_loss("logit_bce")
class LogitBinaryCrossEntropy(nn.Module):
    """Returns Binary Cross Entropy for logits.
    Attention:
        `Key`: logit_bce
    """
    def __init__(self):
        super().__init__()
    def forward(self, sample_list, model_output):
        """Calculates and returns the binary cross entropy for logits
        Args:
            sample_list (SampleList): SampleList containing `targets` attribute.
            model_output (Dict): Model output containing `scores` attribute.
        Returns:
            torch.FloatTensor: Float value for loss.
        """
        scores = model_output["scores"]
        targets = sample_list["targets"]
        loss = F.binary_cross_entropy_with_logits(scores, targets,
            reduction="mean")
        return loss * targets.size(1)
        ......
```

5. 表征库 (Representation Lib)

存储各类已验证有效的表征网络结构，通常较复杂且结构相对固化。来源包括外部经典网络模型以及框架生态内的已训练任务模型。可以通过该组件直接对单模态 / 多模态的内容提取不同视角下的表征向量用于复杂计算，属于相对重型的网络组件。

```
class ImageModel(nn.Module):
    def __init__(self,
        use_pretrain: bool = True,
        pretrained_path_or_model_name: str = "inception_resnet_v2",
        finetune: bool = False):
        super(ImageModel, self).__init__()
        ......
```

6. 模型库 (Model Lib)

存储宏观网络模型，其具体实现依赖神经网络层库及表征库，为解决一个具体问题的网络实例方案。可加入表征库用于表征该任务视角下提供的内容表征。

```
@registry.register_model("patch_cls")
class PATCHCLSBase(BaseModel):
    def __init__(self, config):
```

```
super().__init__(config)
self.config = config
self._global_config = registry.get("config")
self._datasets = self._global_config.datasets.split(",")
......
```

值得一提的是，模态表征组件除了来源于外部模型，多模态框架生态内的优质模型也可以直接作为表征提取器，固化为表征组件的一部分，形成良好的内循环生态。提供训练和能力使用的正反馈机制，也是我们进行该模式设计的一大愿景。

7.2.5　开发者模式与用户模式

多模态内容理解的工作场景下，模糊存在着一些角色分工。

相对来说，业务团队偏向对于已有能力的应用。如何通过对于多模态内容的理解来快速高效地解决一些业务上的问题是他们的目的。为了达成这一目的，需要快速尝试不同模型 / 组件在相同任务上的效果，快速修改整体任务网络拓扑结构来验证方案的有效性。很少对算法进行原理性、设计性的深入改动。同时对于类似的工作任务，需要快速清洗、建立数据集，并且完成数据的预处理工作。这类角色我们称之为代码的消费者，可以视作多模态框架的用户。

偏研究型的团队对于模型、算法的修改需要非常大的自由空间，在完全开放的自由度中，快速实现网络模型创新、模型逻辑更改，他们也不希望在一些数据构建等流程中耗费大量精力，只需要在模型端能够对逻辑进行侵入性的修改和验证，并且将有效的算法能力以框架内统一的形式固化在模型库中，供复用解决类似任务，同时验证模型的有效性。这类角色，我们称之为代码的生产者，是多模态框架的开发者。

我们将多模态框架的使用方，抽象总结为如下两类角色。

❑ 开发者（代码生产者，负责强代码编写工作）：深入框架内部，对于模型组合模块和训练策略模块进行逻辑代码、网络结构等层面的贡献，主要面向对于算法有改进需求，想借由框架进行网络模型创新、模型逻辑更改等工作，或是对框架本身功能有升级想法的开发人员。

❑ 使用者（代码消费者，主要基于配置化、拖曳式编程）：代码工作主要局限于数据集构建和格式化，模型搭建和具体训练采用配置的方式全程交付框架。用于快速开发满足业务需求的多模态内容任务以及横向测试不同算法模型的性能。

基于开发者模式下的使用方，可以选择对于各个模块进行代码层级的编写，拓展算法 / 组件 / 模型的支持场景，对于已经编写的模块，也可以通过配置文件进行快速调用。

基于用户模式下的使用方，可以实现基于配置文件的全流程自动化。数据集构建可以完全交付配置文件自动生成标准化的数据样本，网络构建只需要通过前端拖曳，或者在配置文件填写模型运算表达式即可生成网络模型计算图。

该模式针对部分使用角色，需要快速提取多模态表征特征，或局部更改模型结构，快速迭代训练不同参数、结构模型的需求。基于配置化数据构建和模型构建的基础，通过预编码实现抽象数据集生成器、训练网络生成器。在训练中，通过配置文件将目标数据集 / 模型结构作为参数注入抽象生成器中，自动生成相应的数据样本和训练网络。

除了通过配置结合代码的形式进行网络搭建以外，得益于高度组件化特性，我们实现了两类快速搭建网络的方式来降低开发成本。

1. 计算式网络搭建

借由将运算网络表达式化来进行网络的构建，通过解析传入的计算网络表达式，搭建相应的神经网络实例。对于组件可实现的网络结构，可以起到简易表达计算逻辑的作用。

2. 计算图网络搭建

借由静态神经网络计算图来搭建计算网络，结合前端可视化功能的开发，可以在画布上拖曳配置计算流，各个节点负责执行独立的计算逻辑。可以独立替换各个计算节点的功能，修改计算节点相关的配置。对于实现同类功能的不同方法，可以进行快速替换和尝试。同时对于整体网络结构的修改，也可以通过增删节点以及连接节点的数据通路来完成。构建可视化，灵活快速且易于操作是该方案的优势。

7.2.6　计算式网络搭建

计算式网络搭建的思路是将已有网络结构算子映射化（F(**awkgs)［带未指名参数的函数 F］），通过将神经网络结构映射成唯一的树状网络结构，然后用计算表达式进行描述。

具体到执行层面，计算式通过配置文件传入，需要声明各个组件的实例别名。指定其中的参数后，将整体网络抽象为具体的计算表达式。contentAI 框架通过解析该表达式的计算逻辑，来执行具体任务的数据计算。根据如图 7-8 所示的 config 文件，可以搭建如图 7-9 所示的神经网络结构。

```
feature_list:
  audio_vec,video_vec
fusion_str:
  - (SE_gating1 (MLP1 (NextVlad1 video_vec)))
  - (SE_gating2 (MLP2 (NextVlad2 audio_vec)))
  - (Cat1 SE_gating1 SE_gating2)
```

图 7-8　配置文件计算表达式

图 7-9　神经网络结构示例

7.2.7　计算图网络搭建

在内容算法中，网络可以由网络流构型和网络节点的具体组件两部分构成。

对于网络节点，每种表征、融合、特征压缩都有多种方式，可以达到的效果在尝试之前很难预测。对于网络构型，通常在改变网络节点（比如不同的预训练模型提取表征）时，整体构型不会产生变化。同时，也可能通过网络构型的变化来尝试不同的网络效果。

基于分析，我们将具体的网络执行功能和网络构型进行分离。

在原有的神经网络计算图的基础上，引入 Cell 的概念，每个 Cell 即一个神经网络计算单元，作为容器用于承载一个计算任务。Cell 本身不存在计算逻辑，只承担数据流向的表征（网络图宏观结构）。

具体计算任务如下。

❑ 赋值（输出原值）。

❑ Tensor 自运算。

❑ 函数运算（torch.nn.fuctional 等无参数运算）。

❑ 网络层运算（预训练模型、卷积等含参数运算）。

初始化网络步骤如下。

1）初始化 Cell 节点。

2）构建 Cell 间数据流向关系。

3）实例化含参网络（layer init）。

4）赋予各 Cell 相应的计算逻辑。

初始化 Cell 节点，确认网络数据流向，如图 7-10 所示。

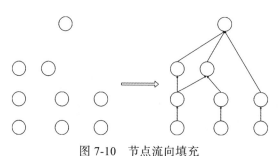

图 7-10　节点流向填充

确认节点功能，进行逻辑计算能力填充，整体网络构建完成。

通过以上步骤进行分层，更换网络实例和网络构型，我们可以快速测试和运行不同的网络能力，在比较后将最优网络进行图层次和代码层次的固化，输出业务需要的能力。

7.2.8　自动化数据集构建

多数模型有自己的预处理流程。个人开发时，重新对这些流程进行编写和测试，会耗费大量的时间和精力在数据集的构建上。

富文本数据中含有多模态多类数据输入，但是测试模型时，可能需要快速地多次尝试不同的数据模态组合。

出于上述考虑以及对可复用的模块进行高度集成和抽象。我们提供了一套自动化数据集构建接口，通过配置文件对数据进行规划，指明相应数据具体的预处理模式和字段，来自动化适配后续训练网络。然后使用自定义数据集容器，将配置文件填入该容器中进行自动化数据集构建，极大程度地节省了用户编写数据集构建相关代码的时间。

这套基于配置的数据集构建自动流水线视图如图 7-11 所示。

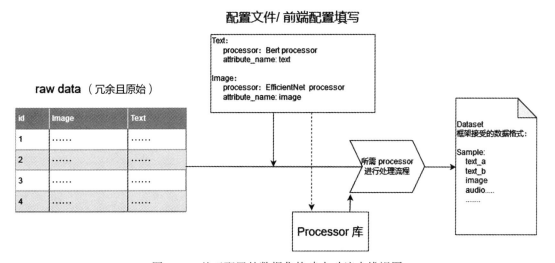

图 7-11　基于配置的数据集构建自动流水线视图

7.2.9　能力优化

1. onnx

contentAI 的设计目的是从实用角度解决内容理解场景开发和服务部署的需求。在实际场景中，存在资源和时间、空间等方面的限制，为了解决这个问题，我们的框架内嵌 onnx 模块，通过将训练完成的模型和网络转化为 onnx 制式，在减少空间占用的同时，对处理速度等性能进行小幅提升。

onnx 的转换作为可选参数集成在 training 的参数选项中，当设置 onnx 模式时，不仅保存 pth 文件，同时也将输出该网络的 onnx 模型供使用。调用方式如下所示。

```
trainer.extract_onnx({path})   #easy-edit 模式执行提取 onnx 模块
```

2. 参数搜索

contentAI 除了结构可以实现灵活修改和配置以外，也实现了简单的自动化参数搜索能力，对于离散值的训练参数，可以通过网格搜索的策略来选择最优参数值。easy-edit 模式的参数校本化输入，建议通过 Python 脚本内网格来实现。

7.2.10　快速服务化

一个算法 / 模型发挥它的价值，需要先经历实例化，然后作为一个能力实体 / 服务来解决问题。算法工程师在完成了单机 / 离线的能力构建后，通常需要进行服务化的工作，由于算法模型开发的相对独立性，经常会出现不同工程师实现的算法服务可读性不一致，服务化难度较高等问题。contentAI 框架保证了算法逻辑模块的格式统一性，在这个基础上，我们开发了一些模板代码，来实现基于 contentAI 的快速服务化，基于 flask 和 gunicorn 的内容特征抽取能力的服务化实例部分代码如下。

```
from contentAI_cli.run import run
import wget
import shutil
from my_profile import MyDataset,MyNet
app = Flask(__name__)
logger = logging.getLogger("gunicorn.error")
_,extractor = run(online=True,extract=True)
extractor.update_config(extra_config)
extractor.load_single_dataset(datasets_cls=MyDataset)
model = extractor.load_model(MyNet)

def _get_single_score(data):
    res = extractor.extract_single(data = data)
    return score
class server_main:
    def __init__(self):
        # init func
    def _main_process_(self):
        # get input here
        _get_single_score(…)
@app.route("/", methods=["POST"])
def server():
    print('step into func:server')
    work_server = server_main()
    return work_server.main_process()
```

同时，由于 contentAI 须应对多类模态的处理需求，工作环境较为复杂，为了降低服务能力对于环境的要求，我们提供了对于能力需求环境 / 代码的轻量化剥离能力。可以从一个已完成训练的模型中，单独剥离相关的模型代码、模型、系统组件，并输出一个最低可运行版本的环境要求，实现模型能力化时的轻量化需求。调用代码如下。

```
# 不指定 prediction.prediction_path, 这里默认保存路径为 ../prediction_{dataset}_{model}
# 可加入 prediction.prediction_path={UserDir} 指定为任意路径, 例如 ../prediction_onnx/
# [ 不需要导出 onnx 时 ] prediction.type 为 single
python contentAI_cli/package_detach.py {config_list}\ # 参照前文对于运行所需 config 的
    调用方式
    prediction.type=singlenum_final_output: 14
```

调用后，生成如下几个文件。这几个文件可以视作实现指定能力的最小单元。

❑ 相关调用 processor 文件。

❑ 相关调用 model/dataset 文件。

❑ 相关调用权重文件。

除了轻量化代码剥离的方式外，还可以将 onnx 作为能力承载模型，实现快速服务化，这个方式的好处是，以 onnx 作为媒介，可以实现跨平台、跨深度学习框架的服务部署，摆脱对 Pytorch 的强依赖，进一步降低框架能力化的难度，提高服务建设的效率。

7.2.11　内容理解能力

以上所说的都是一些使得框架使用更快速更简洁的特性，作为内容理解框架，contentAI 最核心的能力仍然是对于内容的理解、建模。为了建设这一点，我们搜集了各类问题的高可用 SOTA 算法，同时加入我们自己业务沉淀出来的多类垂直领域算法模型，制作了一个比较全面的内容理解算法库。我们根据模态对于各类内容的向量和特征提取算法进行了归类，同时建立了融合注意力机制、编码 – 解码器等多种常用算法与结构的存储库。调用时，使用形式统一的算法接口，降低框架使用难度。

现 contentAI 已经沉淀覆盖多类模态处理能力以及网络操作层。

按照媒体模态进行划分，可大致分为五类，即多模态融合、图片模态、语音模态、视频模态和文本模态。我们各自沉淀和实现了一系列基础 / 高阶特征提取模块，覆盖统计 / 深度特征，供用户自由搭配。

同时，contentAI 内嵌一些跨模态转换能力以及模态融合结构，复现 / 集成了多种双模态 / 多模态进行融合的 SOTA 算法，利用统一化的接口简化用户的使用难度。

基于以上原子能力，我们提供了一系列可直接调用的特征 / 算法模板，满足用户对于离线特征的广度要求以及对于重复简单化的内容问题进行快速开发的需求。所有特征（包含基础特征和算法提供的数据视角垂域隐藏特征）均可直接调用输出，供下游任务 / 模型进行特征组合和筛选。基于内容的多维度细致化描述，我们在多个任务上提升了业务指标，并通过这一点验证了多视角特征描述的有效性。

7.2.12 代码编写范例

我们提供了一个通用可配置模板 general_multimodal，使用者可以在不进行代码修改的情况下，通过配置文件构建不同的多模态网络结构，满足不同单模态或者多模态的任务需求。以下我们提供了图像分类和视频分类两个任务的配置流程来让读者有一个更加详细的了解。

1. 图像分类

图像分类是一个简单的单模态任务，我们通过该任务着重介绍 contentAI 的配置结构。

（1）数据配置

如下所示，在数据集的配置文件中，用户需要选择 dataset 类型为通用的 general_multimodal，并且指定数据文件路径。对于分类任务，需要在这里指定分类数量 num_final_output。

```
dataset_config:
    dataset: general_multimodal
        data_dir: ../outer_dataset/game_img
        fast_read: false
        file:
            relate_dir: data/
            train:
            - train.csv
            val:
            - val.csv
            test:
            - test.csv
        num_final_output: 14
```

（2）配置单模态特征提取模型

该部分需要配置每一个模态的数据的处理方法。以下的配置内容表示将 img_vec 标签下的数据，经过标签为 inception_resnet_v2 的预处理后，再经过预训练模型 inception_resnet_v2 后得到标签为 img_vec 的特征 tensor。特征标签将用于下一步特征融合的配置。如果需要对静态数据进行预处理，那将静态预处理和特征提取的结果会以文件的形式保存在 saved_path 中。

```
modal_list:
    img_path:
        img_vec:
            modal: image
```

```
    processors:
        type: inception_resnet_v2
    model:
        model_class: inception_resnet_v2
        finetune: true
        type_multi: average
        pool: false
    saved_path: data/data/game_video/feature_cache/img_vec
```

（3）配置多模态特征融合模型

该部分需要配置各个模态数据经过单模态特征抽取后需要进行的处理和融合方法。其中 feature_list 包含了经过单模态预处理和特征抽取后所有特征的标签。

fusion_str 即融合结构，这里介绍通过融合树配置网络的方式。融合树以成分分析树的方式表示，每个括号表示一棵子树，括号中第一个元素为根节点，表示处理或融合方式，之后的所有节点表示需要被处理或融合的特征。MLP1 (Cov1 img_vec) 表示特征 img_vec 先经过卷积层 Cov1，得到的中间特征再经过多层神经网络 MLP1 得到最后的特征。

fusions 中包含了融合过程中所有涉及的融合类型的配置参数。

```
feature_list:
    img_vec
    fusion_str:
        - (MLP1 (Cov1 img_vec))
    fusions:
        Cov1:
            type: conv2d
            conf:
                in_channel: 1536
                out_channel: 256
                kernel_size: 3
                stride: 2
                padding: 1
        MLP1:
            type: mlp
            conf:
                input_dim: 4096
                dimensions: 256,128
```

（4）配置损失函数

该部分配置了针对目标任务的输出层和损失函数。对于图像分类任务，model_outputs 下的配置内容表示由 MLP1 输出的特征经过线性变换得到 14 维的分类特征 scores。losses 下配置内容表示，特征 scores 和标签 targets 经过 cross-entropy 损失函数计算得到损失。这里 losses 的配置兼容了多任务学习和多标签体系的配置。

```
losses:
- type: multi
```

```
    params:
    - type: ce
        weight: 1
        fparams:
            model_tag: scores
            target_tag: targets
model_outputs:
    scores:
        str: (loss1_linear MLP1)
        loss1_linear:
            type: mlp
            conf:
                input_dim: 128
                dimensions: 14
```

（5）配置训练相关参数

该部分主要配置优化器参数、训练参数等，代码如下。

```
optimizer:
    type: adam_w
    params:
        lr: 1e-5
scheduler:
    type: warmup_linear
    params:
        num_warmup_steps: 10000
        num_training_steps: ${training.max_updates}
evaluation:
    metrics:
    - accuracy
training:
    batch_size: 5
    device: cuda
    lr_scheduler: true
    max_updates: 5
    find_unused_parameters: true
    checkpoint_interval: 5
    evaluation_interval: 5
    early_stop:
        enabled: false
        criteria: total_loss
        minimize: true
        patience: 4000
```

2. 视频分类

第二个示例我们着重介绍多模态融合以及多任务学习的配置方法。

（1）单模态抽取

配置分别用 efficientnet 和 vggish 提取视频特征和音频特征。其中视频特征提取的模型中 finetune 为 false，表示该模型不参与参数优化，其特征提取会在预处理阶段完成。而音频特征提取的模型中 finetune 为 true，表示该模型参与优化。

```
modal_list:
    video_path:
        video_vec:
            modal: video
            processors:
                type: frames_processor
                params:
                    Image_processor: efficientnet
                    NUM_FRAMES: 48
            model:
                model_class: efficientnet_b0
                finetune: false
                type_multi: keep
                pool: true
            saved_path: data/data/game_video/feature_cache/video_vec
    audio_path:
        audio_vec:
            modal: audio
            processors:
                type: vggish
                params:
                    audio_length: 30
            model:
                model_class: vggish
                finetune: true
                type_multi: keep
            saved_path: data/data/game_video/feature_cache/audio_vec
```

（2）多模态融合

由于当网络比较复杂时，将完整的网络结构在同一个树的字符串中表达会严重降低可读性，因此 general_multimodal 支持分块的树形表示。

其中 (SE_gating1 (MLP1 (NextVlad1 video_vec))) 表示特征 video_vec 经过一层 NextVlad，多层神经网络降维，一层 SE_gating 进行特征提取。(SE_gating2 (MLP2 (NextVlad2 audio_vec))) 表示特征 audio_vec 要经过相同的网络结构。(Cat1 SE_gating1 SE_gating2) 中，SE_gating1 和 SE_gating2 分别代表以上两棵子树。SE_gating1 和 SE_gating2 层的输出结果会在拼接后经过多层神经网络降维。

```
feature_list:
audio_vec,video_vec
fusion_str:
    - (SE_gating1 (MLP1 (NextVlad1 video_vec)))
    - (SE_gating2 (MLP2 (NextVlad2 audio_vec)))
    - (Cat1 SE_gating1 SE_gating2)
fusions:
```

```
MLP1:
    type: mlp
    conf:
        input_dim: 40960
        dimensions: 2048,1024,128
MLP2:
    type: mlp
    conf:
        input_dim: 4096
        dimensions: 128
Cat1:
    type: concat_mlp
    conf:
        input_dims: 256
        output_dim: 128
SE_gating1:
    type: gate_attention
    conf:
        input_dim: 128
        gating_reduction: 8
SE_gating2:
    type: gate_attention
    conf:
        input_dim: 128
        gating_reduction: 8
NextVlad1:
    type: next_vlad
    conf:
        input_dim: 1280
        cluster_size: 128
        max_frames: 300
        groups: 8
        expansion: 2
        output_dim: 40960
NextVlad2:
    type: next_vlad
    conf:
        input_dim: 128
        cluster_size: 64
        max_frames: 300
        groups: 4
        expansion: 2
        output_dim: 4096
```

（3）损失函数

该任务中我们考虑了多任务学习的模式，除了利用视频和音频模态融合的特征进行分类，我们还利用视频和音频的单个特征进行分类。融合特征分类的损失函数权重为1，单个特征的权重为0.5。

```
losses:
- type: multi
    params:
    - type: ce
        weight: 1
        fparams:
            model_tag: scores
            target_tag: targets
    - type: ce
        weight: 0.5
        fparams:
            model_tag: audio_scores
            target_tag: targets
    - type: ce
        weight: 0.5
        fparams:
            model_tag: video_scores
            target_tag: targets

model_outputs:
    scores:
        str: (loss1_linear Cat1)
        loss1_linear:
            type: mlp
            conf:
                input_dim: 128
                dimensions: 8
    audio_scores:
        str: (loss2_linear GateAttention1)
        loss2_linear:
            type: mlp
            conf:
                input_dim: 128
                dimensions: 8
    video_scores:
        str: (loss3_linear GateAttention2)
        loss3_linear:
            type: mlp
            conf:
                input_dim: 128
                dimensions: 8
```

7.3　本章小结

本章我们介绍了业界知名和我们自研的多模态内容理解框架，作为解决内容理解领域问题的算法核心工具，我们将整个问题解决进行了流程化和抽象化，通过模块化的工具来加速问题解决，同时服务学术和工业两个主要应用场景。我们自研的contentAI框架，通过可拓展的接口和社区化的运营，保证了工具的生命力，欢迎读者体验。

内容生成

互联网生态日趋成熟，媒介产品愈发多样。在用户需求的催化下，市场上涌现了大批内容创作工具，创作者可以随时随地编辑创作。围绕短视频剪辑的各种细分工具，比如字幕制作、文字转语音、特效的不断完善，实现了内容制作者需求的全面覆盖。通过人工智能技术合成创作者需要的素材，生成有特色的创意模板是当前技术领域的研究热点，也是内容创作的趋势。

第二部分将介绍内容生成的技术细节，结合作者团队业务探索的应用案例，从图片文字生成、素材合成，到AI创作全链路，介绍内容创作相关的技术，帮助读者由浅入深的理解技术原理与业务实践。

Chapter 8 | 第 8 章

图片生成

在信息流内容场景中，图片是信息流内容的重要组成部分。图片相比于文字具有更生动、更直观的表现力，随着信息流内容的不断丰富、个性化推荐等理念的不断兴起，图片的需求量越来越大。传统的图片获取方式比较低效且成本高，运用 AI 技术进行图片生成是学界和业界近年来不断探索的方向。

本章将从端到端图片生成模型、图片设计展开介绍。

8.1 基于 GAN 的图片生成

图片生成模型是计算机视觉问题中的基本模型之一，近年来该领域取得了显著进展。生成模型的目的是找到一个最大的近似目标数据真实分布的函数。如果我们用 $f(X; \theta)$ 来表示这样一个函数，极大似然估计的目标即找到一个使生成的数据最像真实数据的 θ。问题在于，当数据的分布比较复杂时，我们需要的 f 也会变得复杂。现在可以用深度网络结构来学习如何表达这样一个复杂的函数，深度网络的训练过程是表达能力的关键。

由于基于采样的训练过程显然不是高效的，因此如何设计模型以便利用梯度回传来训练网络成为解决此问题的一个重要的目标。生成对抗网络（Generative Adversarial Network，GAN）的出现，把该问题向前推进了一大步，本节将重点介绍基于 GAN 的图片生成模型。

8.1.1 生成对抗网络

GAN 由 Ian Goodfellow 和 Bengio 等人在 2014 年提出，模型包含两个网络，生成器

（Generator，G）和判别器（Discriminator，D），如图 8-1 所示。生成器的目标是生成逼真的假数据，而判别器须正确区分生成器生成的数据和真实数据。这两个网络可定义为生成器将一个隐空间的随机向量 z 映射为一张图片 x，即 $G(z) \to x$，判别器将图片分类为真实数据 1 或者假数据 0，即 $D(x) \to [0, 1]$。两个网络都采用可微分的网络结构，通过如下损失函数，即可训练模型的两个网络性能达到最优。

$$\min_G \max_D \mathbb{E}_{x \in \mathcal{X}}[\log D(x)] + \mathbb{E}_{z \in \mathcal{Z}}\{\log[1 - D(G(z))]\}$$

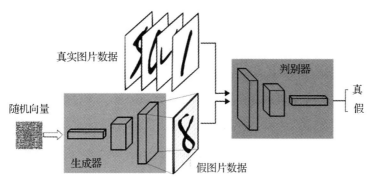

图 8-1　生成对抗网络的基本结构

式中，$\mathcal{X}$ 表示真实图片的集合，$\mathcal{Z}$ 表示隐空间，$x \in \mathcal{X}$ 意为 x 是真实图片，$z \in \mathcal{Z}$ 意为 z 是在该隐空间的向量。上述损失函数也称作对抗损失函数，在训练过程中使用该函数，可使判别器尽量让损失值最大化（判别器的判别能力强），同时生成器尽量让损失值最小化（生成的数据接近实际数据）。整个训练不断迭代进行，在迭代中，对判别器的优化是内循环，即每次迭代中，判别器先训练 k 次，生成器再训练一次。

Goodfellow 的文章证明了 GAN 均衡点的存在。在均衡点上，生成器能完美地拟合真实图片的分布，判别器对于真假图片的判定结果均为 0.5。然而，在实际运用中，原始 GAN 的训练是比较困难的，主要原因如下。

❑ 训练难以收敛。

❑ GAN 常常会陷入模式崩塌，即模型对不同的随机向量 z 均输出相同或相似的图片。

针对此问题，Radford 等人提出了深度卷积生成对抗网络（Deep Convolutional Generative Adversarial Network，DCGAN），DCGAN 的生成器与判别器都用 CNN 架构替换了原始 GAN 的全连接网络，主要改进之处如下。

❑ DCGAN 的生成器和判别器都舍弃了 CNN 的池化层，判别器保留 CNN 的整体架构，生成器则将卷积层替换成了反卷积层。

❑ 在判别器和生成器中，每一层之后都使用了批正则化层，有助于处理初始化不良导致的训练问题，加速模型训练，提升训练的稳定性。

- ❑ 利用 1×1 卷积层替换所有的全连接层。
- ❑ 在生成器中除输出层使用 tanh 激活函数，其余层均使用 ReLU 激活函数。
- ❑ 在判别器中，所有层都使用 LeakyReLU 激活函数，防止梯度消失。

上述改进使得 GAN 的训练更稳定，可生成效果更好的图片，因此被广泛应用在众多领域。

8.1.2 条件图片生成

GAN 虽然重点解决了模型训练的问题，但依然有一个缺点，就是在包含多类图像的大型数据集上训练后，无法明确区分图像类别，并且难以捕捉这些图像的结构、质地、细节等，我们无法用一个 GAN 生成大量类别不一的高质量图像。

Mirza 和 Osindero 等人提出的条件生成对抗网络（Conditional Generative Adversarial Network，CGAN）针对这个问题提出了一个简单有效的框架，在原生 GAN 中，判别器的输入是训练样本 x，生成器的输入是随机向量 z，故生成数据的过程是无约束的，CGAN 给判别器和生成器均增加了一个标签 y，如图 8-2 所示。

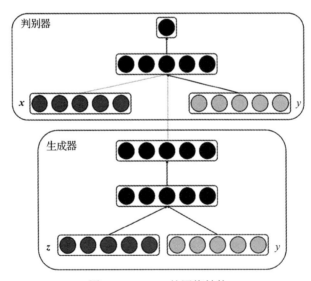

图 8-2　CGAN 的网络结构

如此可使数据的生成过程变得可控，以生成特定类别、特定语义等满足约束的数据。在 MNIST 数据集上进行实验时，x 代表图片向量，y 代表图片类别标签（One-Hot），CGAN 可生成特定数字类别的手写数字图片。此外，x 的数据类型可以由具体问题而定，y 也可以是多种模态的标签数据。虽然 CGAN 的实验效果很初级，但它作为带条件的图片生成任务的开山之作，为该领域的探索拉开了序幕。

丰富的背景和纹理图像的生成是各类生成模型追求的终极目标，Brock、Donahue 等人提出的 BigGAN 把图片生成的效果向前又推进了一大步，该模型的贡献如下。

❑ 通过增大批尺寸和每个网络层的通道数，构建的大规格 GAN，实现了生成效果的巨大突破。

❑ 采用共享参数的编码层（shared 结构）对类别条件进行编码，与拆分后的噪声向量（skip-z 结构）拼接后线性投影到每个批归一化层。

❑ 对噪声向量采用先验分布的"截断技巧"实现对样本多样性和逼真度的精细控制。

❑ 探索模型训练的稳定性问题，分别研究了生成器和判别器在大规格下出现不稳定性的原因，并提出了有针对性的措施和解决办法，但这些办法会带来较大的生成效果的损失，故在实际使用中还是采取提前停止训练的手动措施以实现最佳的生成效果。

最终的生成效果如图 8-3 所示。

图 8-3　BigGAN 的生成效果

8.1.3　文本转图片

由文本数据生成对应的图片，也是图片生成领域一类富有挑战的课题，其中的代表工作是 StackGAN。它也是基于 CGAN 的改进，主要解决 CGAN 无法产生高清大图的问题，即根据描述语，产生一张分辨率为 256×256 像素的清晰大图。StackGAN 的核心思想是搭建两个级联的生成器，第一个产生一张 64×64 像素的小图，此时生成的图片具有初始的物体形状和色彩，再把小图和描述语的编码信息传入第二个生成器，生成 256×256 像素的高清大图，且图中增加了逼真的细节。同时，通过引入一个条件增强模块，提升生成图片的多样性以及训练的稳定性。

8.1.4　图片迁移

图片生成任务中有一大类问题，是根据输入的图片，生成相应的图片，这里生成新图片的过程可能是参考输入图片的风格、语义、布局、动作、轮廓等，这样的任务统称为图片迁移或图片翻译问题。针对这类问题，Isola 等人提出了一个简单有效的框架——pix2pix 网络。不同于以往算法需要引入大量专家知识和手工设计的复杂损失函数，pix2pix 网络采用 CGAN 的思想替代了这些设计。结构如图 8-4 所示，该网络结构与 CGAN 的区别如下。

❑ 该网络的生成器只有一个输入，直接输入了图片条件 y，而不输入噪声向量。

❑ 在生成器中采用 U-Net 结构，在判别器中采用 PatchGAN 结构。

❑ 引入一个损失项，计算生成的图片与输入的条件图片 y 之间的差别。

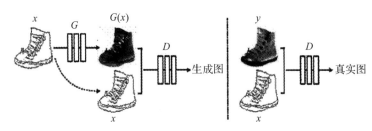

图 8-4　pix2pix 模型结构

由于输入中没有了噪声向量，损失项可用于保证两者的相似度，提升生成器学习目标图像分布的能力，避免模型只输出固定的结果。

Isola 等人通过实验，在诸多任务中验证了 CGAN 能实现一定的效果，但 pix2pix 网络可实现更优的效果。

pix2pix 网络在低分辨率场景能实现较好的效果（分辨率低于 256×256 像素），但对于高分辨率的图片迁移任务，训练会变得不稳定且生成的图片会不尽如人意，针对此问题，Wang 等人提出 pix2pixHD 网络进行效果优化，创新点如下。

❑ 生成器和判别器均使用多尺度结构实现高分辨率重建。生成器由 G1 和 G2 两部分组成，其中 G1 采用和 pix2pix 相同的端到端的 U-Net 结构，G2 又被割裂成左、右两个部分，G2 的左半部分提取特征，并和 G1 输出层的前一层特征进行相加融合信息，把融合后的信息送入 G2 的右半部分以输出高分辨率图片。判别器在 3 个不同的尺度上进行判别并对结果取平均得到判别结果。

❑ 损失函数优化，引入超分辨率和风格迁移领域经典的感知损失项提升模型表现，公式如下。

$$\min_{G}\left\{\left[\max_{D_1,D_2,D_3}\sum_{k=1,2,3}\mathcal{L}_{\mathrm{GAN}}(G,D_k)\right] + \lambda\sum_{k=1,2,3}\mathcal{L}_{\mathrm{FM}}(G,D_k)\right\}$$

❑ 采用实例分割标签的图片进行训练，解决使用语义分割标签的图片时出现的问题——多个同类物体排列在一起时会出现模糊。

❑ 通过学习训练数据的隐变量，控制生成图片中物体的类别和颜色纹理，达到图片编辑的效果。

在语义分割图迁移真实图片的问题中，Park 等人发现，pix2pix 和 pix2pixHD 方法均将语义布局图直接作为深度网络的输入，然后接一系列的卷积层、标准化层、非线性层计算。

实验表明，这样的做法存在缺陷，因为标准化层会导致丢失输入的语义信息。

针对此问题，GauGAN 模型采用了一种新的归一化模块——空间自适应归一化，在生成器的每个标准化层中加入语义布局图的编码信息，从而保留输入的语义信息。

此外，模型作者把生成器的输入由原本的语义布局图替换为随机向量或其他模态的编码信息，使此模型结构可以进行多模态的图片生成，如输入编码后的风格特征进行风格化的图片迁移等。

8.1.5　高分辨率图片生成

对于超高分辨率的图片，譬如分辨率为 1024×1024 像素的图片，如果我们采用 StackGAN 或者 LapGAN，需要的 GAN 结构会非常多，整体网络结构会很复杂，训练起来非常慢。

为了解决这一问题，PGGAN 采用渐进式增长的方式，只用一个 GAN 就能产生超高分辨率的图片。一开始 GAN 的网络非常浅，只能学习低分辨率的图片生成，随着训练进行，把 GAN 的网络层数逐渐加深，进而去学习更高分辨率的图片生成，最终不断更新 GAN，实现生成 1024×1024 像素分辨率的图片。

在训练过程中，为了解决网络层数变化导致的 GAN 训练急剧不稳定的问题，PGGAN 采用了平滑过渡技术。图 8-5 以 16×16 像素的图片转换到 32×32 像素的图片为例。过渡过程先把在更高分辨率上操作的层视为一个残差块，权重 α 从 0 到 1 线性增长，从而平滑地从状态 1 过渡到状态 2，实现生成器和判别器分辨率的加倍。

2 倍和 0.5 倍是指用最近邻卷积和平均池化分别对图片分辨率进行加倍和折半，toRGB 是指将某层中的特征向量投射到 RGB 颜色空间中，fromRGB 反之。PGGAN 与 StackGAN、LapGAN 的最大不同在于，后两者的网络结构是固定的，而 PGGAN 随着训练的进行，网络会不断加深，网络结构是在不断改变的。这样做的最大好处是，PGGAN 大部分的迭代在较低分辨率下完成，训练速度会比传统 GAN 提升 2～6 倍。

PGGAN 采用逐级直接生成的方式，生成高分辨率的图片，但没有对其添加特征控制，也无法获知它在每一级上学到的特征是什么。当调整输入时，即使是微小的调整，也会同时影响多个特性，也就是说，图片的特征在生成过程中是相互关联的。针对此问题，StyleGAN 的作者分析了 PGGAN 的生成器网络，发现渐进层的设计如果使用得当，可以控制图片的不同视觉特征。

层数或处理的分辨率越低，影响的特征就越粗糙，如图 8-6 所示，针对此发现，StyleGAN 采用图的网络结构，在 PGGAN 的生成器上添加了一系列附加模块以实现生成过程中的特征控制。

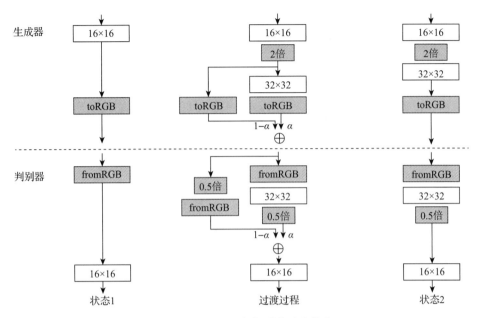

图 8-5　PGGAN 中的平滑过渡技术

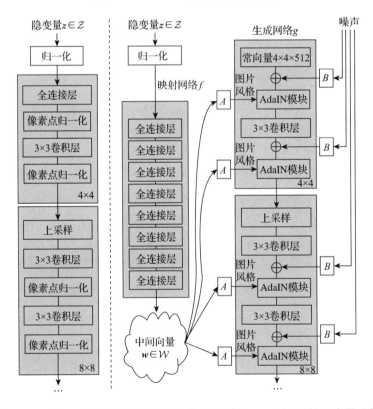

图 8-6　PGGAN 等 GAN 网络的生成器（左）与 LayoutGAN 的生成器（右）

与前述的工作相比，StyleGAN 主要在以下方面有所不同。

❏ 映射网络的目标是将输入向量编码为中间向量，使得中间向量不必遵循训练数据的分布，实现不同元素控制不同特征的目的。例如，当黑头发的人的图片在训练集中较为常见时，输入值的更多元素会与该特征有关，从而发生特征纠缠，通过映射网络可以减少特征之间的相关性。

❏ 样式模块通过 AdaIN（自适应实例归一化）模块将映射网络输出的中间向量传输到生成器的每个分辨率级别中，该模块先将卷积层的每个通道分别进行归一化，然后通过一个全连接层将中间向量转换为每个通道的比例和偏差，最后将比例和偏差作用于卷积输出的每个通道，从而在该分辨率层级完成特征输入。

$$AdaIN(x_i, y) = y_{s,i} \frac{x_i - \mu(x_i)}{\sigma(x_i)} + y_{b,i}$$

❏ ProGAN 等模型通常使用随机输入来创建生成器的初始图片，StyleGAN 采用常量值向量进行替代，因其发现生成的图片只与中间向量和 AdaIN 模块有关，可忽略初始输入，且常量值向量可减少特征纠缠的发生以提升训练效果。

❏ 一些使得图片更逼真的微小特征，如人脸上的雀斑、发际线的准确位置等，可以看作随机的。StyleGAN 在每个分辨率级别，将卷积层的结果加上随机噪声，以给该级别的特征加入随机变化，避免了传统方法中由于存在特征纠缠，添加噪声会影响多个特征的问题。

❏ StyleGAN 生成器在合成网络的每个级别中使用了中间向量，这有可能导致网络学习到的这些级别是相关的，即一个特征依赖于多个级别。为了降低相关性，模型随机选择两个输入向量 z，并分别为它们生成了中间向量 w。用第一个输入向量来训练一些网络级别，然后在一个随机点切换到另一个输入向量来训练其余的网络级别。随机切换确保网络不会学习并依赖于合成网络级别之间的相关性。

8.2　基于扩散模型的图片生成

2022 年 8 月，在美国科罗拉多州举办的艺术博览会上，由 AI 绘图工具 Midjourney 生成的作品《太空歌剧院》（见图 8-7）获得数字艺术类别冠军，使 AI 绘画成为热点。随着大规模预训练模型的发展和算力的提升，工业界和学术界在图片生成领域取得了非常大的进展，扩散模型（Diffusion Model）是当今文本生成图片领域的核心方法，当前最知名也最受欢迎的文本生成图片模型 Stable Diffusion、Disco Diffusion、Midjourney、DALL·E 2 等均基于扩散模型。本节将详细介绍扩散模型及图片生成的技术细节。

图 8-7　Midjourney 生成的《太空歌剧院》

8.2.1　扩散模型

扩散模型[一]是 2015 年提出的无监督生成模型，主要包含扩散和逆扩散两个过程。扩散过程对应于向原始数据分布添加马尔可夫高斯噪声，而逆扩散过程则对应于从高斯先验出发，学习去噪生成数据，对数据分布建模。流程如图 8-8 所示，扩散模型将输入图片 X_0 经过 T 轮高斯噪声，生成纯高斯噪声 X_T。然后模型则经过一系列去噪将 X_T 还原回图片 X_0。

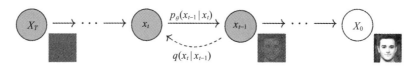

图 8-8　扩散模型原理

扩散模型的数学表达式为：

$$p_\theta(x_0) := \int p_\theta(x_{0:T}) \mathrm{d}x_{1:T}$$

其中每步样本 $x_1, ..., x_T$ 与初始图片样本 $x_0 \propto q(x_0)$ 具有相同的维度。联合分布 $p_\theta(x_{0:T})$ 被称为逆过程，是初始状态为 $p(x_T) = \mathcal{N}(x_T; 0, T)$ 学习高斯分布的马尔可夫链。

1. 扩散过程

扩散过程的数学表示为 $q(x_{1:T} \mid x_0)$，过程如以下公式所示，对图片数据初始分布 x_0 不断添加高斯噪声，添加 T 次。添加噪声的要求是通常将其方差 β_t 固定为常数，称为扩散系数。添加噪声过程是服从马尔可夫链过程的，最终得到 X_T。

$$q(x_{1:T} \mid x_0) := \prod_{t=1}^{T} q(x_t \mid x_{t-1}), \quad q(x_t \mid x_{t-1}) := \mathcal{N}(x_t; \sqrt{1-\beta_t}\, x_{t-1}, \beta_t \boldsymbol{I})$$

⊖　参见 Jonathan Ho 等人的论文 "Denoising Diffusion Probabilistic Models"。

2. 逆扩散过程

由扩散模型性质可知，当每一步加入的噪声足够小时，前向和反向过程具有相同的概率分布形式。逆扩散过程的数学表示为 $p_\theta(x_{0:T})$。逆扩散过程从高斯噪声 $p(x_T) = \mathcal{N}(x_T; 0, \boldsymbol{I})$ 开始，恢复原始数据 $p(x_0)$。逆扩散过程也服从马尔可夫链过程，过程如以下公式所示：

$$p_\theta(x_{0:T}) := p(x_T) \prod_{t=1}^{T} p_\theta(x_{t-1} \mid x_t), \qquad p_\theta(x_{t-1} \mid x_t) := \mathcal{N}(x_{t-1}; \mu_\theta(x_t, t), \textstyle\sum_\theta(x_t, t))$$

8.2.2 扩散模型生成图片

基于扩散模型生成图片的方法很多，Stable Diffusion⊖模型的开源大大促进了图片生成的应用。Stable Diffusion 是一个基于潜在扩散模型（Latent Diffusion Model）的文生图片模型，是在 LAION 数据集的一个子集上训练而来的。

潜在扩散模型的整体框架如图 8-9 所示，包含三部分：像素空间、潜在表示空间和条件机制。

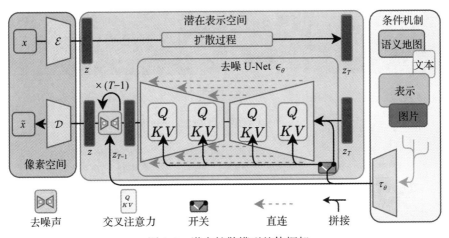

图 8-9　潜在扩散模型整体框架

像素空间中训练一个自编码模型，包括一个编码器 $\mathcal{E}$ 和一个解码器 $\mathcal{D}$。利用编码器对图片进行感知压缩（Perceptual Compression），然后在潜在表示空间（Latent Space）上进行扩散操作，再用解码器恢复到原始像素空间。自编码模型是一个预训练模型，学习到等同于图像空间的潜在表示空间。训练一个通用的自编码模型可用于不同的扩散模型的训练，在无条件图片生成、图片到图片生成、文本到图片生成多种任务上使用。潜在表示空间上进行扩散操作的主要过程的具体实现为以时间步为条件的 U-Net 结构。

条件机制（Conditioning Mechanism）拓展时序去噪网络，实现条件图片生成能力，通过在 U-Net 主干网络上增加交叉注意力（Cross Attention）机制来实现 $\epsilon_\theta(z_t, t, y)$。为了能够

⊖　参见 Robin Rombach 等人的论文 "High-Resolution Image Synthesis with Latent Diffusion Models"。

从多个不同的模态预处理 y，引入了一个领域专用编码器（Domain Specific Encoder）τ_θ，将 y 映射为一个中间表示 $\tau_\theta(y) \in \mathbb{R}^{M \times d_\tau}$，实现引入各种模态的条件。通过一个交叉注意力层映射将控制信号融入 U-Net 结构中，实现控制图片生成的目的。

图 8-10 和图 8-11 展示了潜在扩散模型的生成效果，分别为无条件图片生成、以文本为条件的图片生成。

图 8-10 无条件图片生成

图 8-11 以文本为条件的图片生成

8.3 图片设计

图片设计是一种获取优质图片的重要手段，但框架通常很难创建，因为必须清楚地传达信息，同时还要满足审美目标。由于网页、手机以及不同 App 中的展示窗口尺寸不同以及在不同场景下存在不同显示尺寸的情况，设计师经常需要重新设计图片来适配不同的显示尺寸。

此外，有时经验不足的设计师需要进行图片创作，如一些小众的内容社区作者，他们没有平面设计方面的经验，也没有专业的设计师进行配图方面的协助。运用算法构建自动工具完成图片的设计，可以极大地帮助专业设计师提升工作效率，帮助无设计经验者低成本地生成优质图片。

在进行图片设计的过程中，有两个重要的问题——图片裁剪和布局排版需要解决，本节将分别介绍解决这两个问题的主流技术方案。

8.3.1 智能裁剪

在设计图片的过程中，为了更高效地利用设计素材（人物、商品、背景等），会多次利用同一素材进行二次设计，这时候往往会遇到原素材不适配新尺寸的问题。随着信息流内容产品的发展，可触达用户的曝光窗口越来越多样化，不同尺寸图片的需求也越来越多，出于风格统一，也出于成本控制，很多场景会采用同一张原图片，通过调整图片尺寸去适配不同的曝光窗口。上述场景就涉及一个关键的技术——图片裁剪。

1. 保留重点区域的裁剪算法

裁剪问题的经典解法是识别图片中的重点区域，在进行尺寸适配的过程中尽量保留重点区域，如 Kuhna、Kivelä 等人采用人脸检测、皮肤颜色区域检测、色彩显著性图、纹理特征图和边缘特征图加权求和得到重要区域信息。人脸一般作为图片中的主物体，故赋予人脸结果最高的权重；否则，将赋予皮肤颜色区域检测结果最高的权重，以在裁剪结果中保留尽可能多的人物区域。色彩显著性图用于识别图片中非人物的物体，纹理特征和边缘特征用于识别较远、较暗的物体。提取图片的重点区域后，通过裁剪保留重点区域，即可得到既保留重点区域又满足目标尺寸的图片。

2. 内容感知区域的裁剪算法

当显著物体间的距离比较远时，直接裁剪难以同时保留所有显著区域。针对此问题，Avidan、Shamir 等人采用了内容感知区域的裁剪算法，其创新点在于，在调整图片大小时，传统方法是平均插值，不区分图片中的区域，而该方法只会在非重点区域进行插值或裁剪。具体实现方式如下。

1）计算图片的能量图，如采用像素梯度值作为能量图。

$$e_1(I) = \left| \frac{\partial}{\partial x} I \right| + \left| \frac{\partial}{\partial y} I \right|$$

2）寻找缝隙，当需要在水平方向伸缩时，寻找从上到下的缝隙。反之，在竖直方向伸缩时，寻找从左到右的缝隙，采用动态规划的方式，搜索到一条能量值最小的插值缝隙。

3）当需要对图片进行尺寸压缩时，删除插值缝隙；当需要对图片进行尺寸拉伸时，在插值缝隙处进行插值。

4）重复步骤 1）至 3），直到图片的伸缩方向达到目标尺寸。

5）变换方向，对另一方向执行步骤 1）至 4）。

8.3.2　智能布局

图片的智能布局是图片设计任务中的经典问题，图片布局需要确定图片中各元素（主题、文案、Logo 等）的摆放位置和尺寸信息。同时布局需要考虑一定的设计原则，如对齐、留白、突出重点等，以实现在清晰表达图片想传达的信息的基础上，使图片的构图具备一定的美感。

1. 基于美学建模的智能布局方法

下面介绍一类较为传统的布局算法，通过构造手工设计的特征以及能量函数对设计中的美学评价原则进行建模，以实现对图片中的各元素进行自适应排布的功能。这种方法是布局领域常用的解法，通过运用人工特征以及优化能量函数，输出满足美学约束的最优能量值对应的布局方案。

Merrel 等人发表了这类方法的早期经典论文，采用基于能量函数的方法设计了一套交互式的家具布局系统。文中通过构建能量函数项分别建模了对齐、强调、对称等家具布局设计中的设计原则，并引入用户放置家具的先验信息作为子空间约束问题。多个能量项使得优化过程是一个高维问题，会存在多个局部极值，因此 Merrel 等人采用 MCMC 采样方法来获取优质的布局方案，并采用并行退火的方式，利用显卡加速在较短时间内采样出较为优质的家具布局方案。

O'Donovan 等人将此思想应用到了图片设计领域，图片设计相比于家居设计对美观度的要求更高且更复杂，此方法将问题的解决方案拆解为 3 个步骤。

1）对于给定的设计草稿，构建隐变量表示视觉特征，如视觉热图、对称度、图片元素的绑定关系等。

这些变量可用于对布局设计方案进行评价，如通过计算对称度，进一步定义一个能量函数项，惩罚设计方案中出现的不齐整情况。类似地，可以分别构建能量项解决对称、突出重点、留白、尺寸、视觉方向、重叠、边界、协调等设计过程中需要考虑的问题。各能量函数项加权求和得到最终的能量函数，公式如下所示。

$$E_h(X, h; \theta) = \sum_i \omega_i E_i(X, h; \alpha_i, X_p)$$

2）构建少量布局训练集，采用非线性逆优化（Non-linear Inverse Optimization，NIO）算法，学习能量函数项中的参数，不同的训练集会使模型具有生成不同风格布局方案的能力。

3）基于 2）中学习的模型参数，采用模拟退火算法得到较优的布局方案所对应的布局参数，从而生成布局美观的图片。此方法可以用于基于给定的画面元素进行图片生成，也可用于尺寸的拓展，以及提升当前设计稿的美观度等。

O'Donovan 等人的方法重点考虑模型生成的效果，由于能量函数设计较复杂，且采样过程是迭代计算的，耗时较长，难以做到实时交互，因此他们在此基础上对模型性能展开优化，通过精简能量函数的设定，以及参考 Merrel 采用的并行退火算法提升采样效率，构建了一个交互式的布局优化系统 DesignScape。

Yang 等人在解决杂志封面的布局排版问题中，先由专业设计师设计了多种布局模板，以保证布局空间的合理性和色彩的和谐度，从而保证效果的下限，然后设计了一个杂志封面图生成框架，将布局排版问题转化为一个带模板约束的能量函数优化问题。该优化过程中只考虑多种文案项的布局，能量函数项设计用于对文案内容重叠、文案区域留白过多、重要文案未放置在视觉中心位置这 3 个主要问题进行干预。

这类能量函数的优化问题解空间较大，难以在短时间内得到最优解，该方法将问题拆解为依次求解各文案项的最优布局的子问题，分别针对刊头、标题、封面线、副标题进行布局排布的优化，求解子优化问题得到相对优异的布局方案。

2. 基于 GAN 的端到端布局生成

GAN 是一类经典的视觉算法，在图片生成领域实现了逼真的生成效果，但这主要是像素级别上的合成问题，在布局生成任务中，须考虑不同元素之间的相互关系，LayoutGAN 使用 GAN 进行布局生成任务，尝试解决此问题。

该模型的作者在生成器中，通过引入自注意力机制捕捉元素之间的语义关系，在判别器中，引入可微分的线框渲染模块将输入的图形元素转化为二维的线框图，然后输入 CNN，利用 CNN 提取空间版式特征的优势，捕捉图片中元素间的几何关系，最终输出对空间布局的判别结果以调整生成器和判别器中的模型参数。

该模型的作者分别在 MNIST 手写数字合成、文档布局合成、剪切画布局合成、七巧板布局合成数据集上进行实验，验证了方法在点、矩形、三角形物体上的布局合成有效性。

8.4　本章小结

本章首先基于 GAN 图片生成模型详细介绍了条件图片生成、文本转图片、风格迁移和高分辨率图片生成场景的研究进展，然后介绍了扩散模型，最后重点介绍了图片设计两个核心：智能剪裁和智能布局技术。

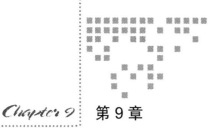

第 9 章

文本生成

文本生成是根据一定的行为目的，生成与之一致的文本内容。根据来源不同，包括 data2text（结构化数据转文本）、text2text（文本转文本）、image2text（图像转文本）、video2text（视频转文本）、graph2text（图 / 图谱转文字）等多个研究方向，被广泛应用于广告内容生产、chatbot（聊天机器人）、机器翻译、智能创编等领域。在节省人工成本，提高创作效率等方面能够带来积极的作用。文本生成作为 NLP 任务中一项重要任务，和 NLP 技术一样历经了多个发展阶段，由早期的统计机器学派到现在的深度神经网络学派，有独特的优势和局限。

本章重点对文本生成的发展历史和近年来的重大成果进行回顾，涉及多类文本生成的子方向。在讲解理论的同时，会辅以一些应用场景和具体代码，来帮助读者对文本生成建立更直观的理解并快速上手使用。

9.1 文本生成的背景知识

本节将介绍一些文本生成相关的背景知识，了解这些知识，可以快速熟悉文本生成的相关技术。

9.1.1 语言模型

语言模型是对于一个语言序列进行概率分布的建模，给定词序列出现的概率值，可以通过语言模型进行计算。现有主流的语言模型，均遵循贝叶斯链式法则，公式如下。

$$P(w_1, w_2, w_3, w_4, \cdots) = P(w_1)P(w_1 \mid w_2)P(w_1, w_2 \mid w_3)\cdots$$

在这种假设下，任一后序词出现的概率仅与前序词有关，整体句子序列概率通过子序列概率乘积依次进行链式消解得到。这种模式的计算，将整体概率模型拆解到便于得到的局部概率，缓解了因为文字序列分布稀疏导致的建模困难，是文本生成较为重要的基础概念之一。

现应用较为广泛的类别为 N-gram 和 NNLM（Neural Network Language Model，神经网络语言模型）。下面介绍一下两种语言模型的异同。

1. N-gram

N-gram 作为一种统计模型，广泛应用于早期统计 NLP 算法。鉴于长序列具有概率稀疏、较难建模的特点，N-gram 模型基于马尔可夫假设，假设任意一个末尾词的出现概率仅依赖于前 $n-1$ 个词。

$$P(w_i \mid w_1, w_2, \cdots, w_{i-1}) = P(w_i \mid w_{i-n+1}, \cdots, w_{i-1})$$

❑ $n = 1$ 时，Unigram（单依赖词模型）：$P(w_1, w_2, w_3, \cdots, w_n) = \prod_{i=1}^{n} P(w_i)$

❑ $n = 2$ 时，Bi-gram（双依赖词模型）：$P(w_1, w_2, w_3, \cdots, w_n) = \prod_{i=1}^{n} P(w_i \mid w_{i-1})$

❑ $n = 3$ 时，Tri-gram（三依赖词模型）：$P(w_1, w_2, w_3, \cdots, w_n) = \prod_{i=1}^{n} P(w_i \mid w_{i-2}, w_{i-1})$

2. NNLM

顾名思义，NNLM 是建立在神经网络基础上的一种语言模型，准确地说，是建立在类 RNN 式（前馈循环神经网络）基础上的一类语言模型。它抛弃了传统 N-gram 模型中的马尔可夫假设，通过 RNN 式网络对于上下文的有效表征，迫使整个前序序列都纳入当前词位的概率计算中。同时，相较于加入 smooth 机制的 N-gram 模型，神经网络语言模型对于少见词语搭配和句子序列的概率建模泛化能力相对更强。神经网络的语言模型建模公式如下。

$$P(w_i \mid w_1, w_2, \cdots, w_{i-1}) = F_{nn}(w_1, w_2, w_3, \cdots, w_i)$$

9.1.2 CFG 文法

语言学作为 NLP 的理论基石之一，有效推动了内容算法中文本生成的发展。文本生成可以看作文本解析的逆向操作。在文本解析的概念中，序列单词被各自归于不同的抽象实体，并且递归合并到不同的语法成分或是依赖关系中，形成一个递归的树状结构。这个过程逆向执行，可视作生成文本的过程，通过不同解析树的连续展枝，在终端节点中生成完整的词序列。

实际操作过程中，我们通常使用 Context-Free Grammar（CFG）文法来实现文本树的递归展枝。CFG 文法满足乔姆斯基范式，即生成等式的左侧（Left Hand Side，LHS）仅有一元（一个句法元素），且右侧（Right Hand Side，RHS）的解析方式仅与父级的左侧分有关，与全文上下文无关，整体结构如图 9-1 所示。左侧框内为预定义的 CFG 文法，右侧为根据 CFG 文法进行展开得到的文本内容，类似马尔可夫假设时，局部状态的推导与整体状态无关。由此，我们可以定义一系列规则展开式以满足对于不同句子结构的生成需求。

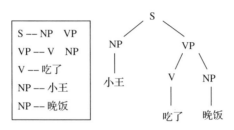

图 9-1　CFG 文法图

这种生成方式只能生成可投影的解析结构，对于一些较为复杂的句式，如倒装、复杂从句，无法有较好的生成效果。

得益于对文本规则的解构和规则化，很多统计学手段可以有效融入文本规则中。通过概率分布区控制文本的生成过程是一个很自然的想法。将概率引入 CFG 文法后，我们可以得到 PCFG（Probabilistic Context-Free Grammar，基于概率的上下文无关文法），即每条语法规则各自维护一个简单的概率分布。

具体文本生成时，我们通过概率分布的采样来决定具体的生成内容和展开方式。当我们需要拟合真实的文本数据分布时，可以通过 EM（Expectation Maximum，期望最大化）算法来计算具体语法规则的展枝概率。当我们需要人工干预生成结果时，可以通过手动调配概率区间和概率分布参数来迫使生成结果满足意图倾向。

9.1.3　Encoder-Decoder 框架

近年来，神经网络的迅速发展带来了文本生成技术的革新，以 Sequence2Sequence 为首的序列生成模型在机器翻译、智能摘要等领域大放异彩，这便是一种 Encoder-Decoder 框架的模型，如图 9-2 所示。不满足于由单一文本模态生成文本，自图片、音频、视频等具象数据类型，以及表单、图谱等抽象数据模态来进行文本生成的技术也在不断更新迭代，其中多数以 X2Sequence 的方式对归档命名各自的生成模型，不同的模态使用不同的编码器结构。

随着可以被编码的源模态数量不断增加，模型也在不断地推陈出新，从整体结构来说，基本可以拆解为一个与模态适应的编码器算法模型与一个序列生成模型的组合。编码器根据需要可以是 LSTM/Transformer 等序列模型，也可以是卷积神经网络等对于空域信息有更强捕捉能力的网络类型，也可以是近年来进行探索的 GAT（Graph ATtention）、GCN（Graph Convolution Network）等图领域模型。在文本生成任务中，大多使用序列模型，在机器条件允许的情况下，也有将基于 Transformer 结构实现的大规模预训练模型作为生成组件的设计。

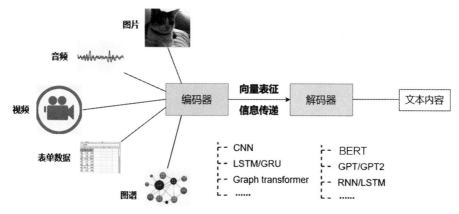

图 9-2　Encoder-Decoder 结构示意图

对于 Encoder-Decoder 结构的具体实现，需要考量任务、效率、机器配置、实现难度等多方因素，读者可以根据本书介绍的例子进行模仿，自行探索。

9.1.4　文本生成质量量化

评判文本生成的质量，通常要考虑如下几点。

❑ 是否正确表述了想要表述的意思。

❑ 是否完整表述了需要表述的内容。

❑ 表述是否流利，且符合常用的语法习惯。

通常使用 ROUGE 和 BLEU 作为评价指标。

ROUGE（Recall-Oriented Understudy for Gisting Evaluation）是一种评价机器翻译的指标，也可用于衡量文本生成的质量，计算公式如下。

$$\text{ROUGE}N = \frac{\sum_{r \in \text{Reference}} \sum_{\text{gram}_n \in r} \text{count}_{\text{match}}(\text{gram}_n)}{\sum_{r \in \text{Reference}} \sum_{\text{gram}_n \in r} \text{count}(\text{gram}_n)}$$

分母是 reference（真实对照）中 N-gram 的个数，分子是 candidate（预测结果）和 reference 有的 N-gram 的个数，可以很明显地看出是召回率的概念，其变体 Rouge-L 定义如下，其中 L 即最长公共子序列（Long Common Sub-sequence，LCS）。

$$\text{Recall}_{\text{LCS}} = \frac{\text{LCS(reference,candidate)}}{\text{len(reference)}}$$

$$\text{Precision}_{\text{LCS}} = \frac{\text{LCS(reference,candidate)}}{\text{len(candidate)}}$$

$$\text{ROUGE}_L = \frac{(1 + \text{beta}^2) \times \text{recall} \times \text{precision}}{\text{recall} + \text{beta}^2 \times \text{precision}}$$

BLEU（BiLingual Evaluation Understudy，双语评估替补）中所谓的替补，是代替人进行翻译结果的评估。尽管这项指标是为翻译发明的，但它可以用于评估一组自然语言处理任务生成的文本，其定义略微复杂，由以下三部分组成，其中 c 表示候选句子长度，r 表示例句长度。

$$BP = \begin{cases} 1, & c > r \\ e^{1-\frac{r}{c}}, & c \leqslant r \end{cases}$$

以及修正的 N 位精确度（modified n-gram recision）p 值，公式如下。

$$p_n = \frac{\sum_{C \in \text{Candidate}} \sum_{\text{gram}_n \in C} \text{count}_{\text{clip}}(\text{gram}_n)}{\sum_{C' \in \text{Candidate}} \sum_{\text{gram}'_n \in C'} \text{count}(\text{gram}_n)}$$

这两项通过如下公式计算得到 BLEU。

$$BLEU = \min\left(1 - \frac{r}{c}, 0\right) + \sum_{n=1}^{N} w_n \log p_n$$

ROUGE 和 BLUE 实质上都是对两个句子的共现词频率进行计算，追求两个平行句子绝对一致的程度，而不是基于语义的理解。这种方式虽然方便、快速、结果有参考价值且便于量化，但是没有考虑同义词或相似表达的情况，可能会导致合理翻译被否定，也没有考虑语言表达（语法）的准确性。因此在工业落地的场景下，需要配合人工对文本生成的结果进行二次审核。

9.2 文本生成算法

本节举例几类常见的文本生成相关算法，基于这些算法，读者可以在文本生成任务有一些简单的尝试，同时，我们也提供了一些业界产品化的案例供参考。

9.2.1 基于统计的文本生成模型

早期的文本生成强依赖于语言学语法以及人工规则的约束，且渠道相比现在较为单一，较难建立不同模态间的转换。主要手段为基于统计的概率生成学派，主要目的是通过数据来还原和拟合概率分布，与现在流行的基于梯度优化的神经网络方式不同，这种模型方法直接优化得到一个概率分布表，通常需要配合 N-gram 进行具体的文本采样生成。

比较典型的基于统计的文本生成模型有机器翻译领域的 IBM（International Business Machines，公司代表模型）。作为一个翻译类的 text2text 生成模型，它将文本生成的工作划分为多个阶段：首先是生成序列长度，接着进行词级别位序的确定和对齐，然后确定各个词位序的词级别转换关系。这种多段式的转换模型被广泛用于早期的 NLP 任务，该生成流程可视为一个隐马尔可夫过程。那么需要做的就是通过已有数据求解该模型的各个参数。通常该过程通过 EM 算法进行迭代和拟合未知参数。

将词级别放大到句和短语级别后，在文本自动摘要生成等任务中，统计流派也有亮眼的表现。文本自动摘要主要分为抽取式摘要和生成式摘要，由于抽取式摘要可以最大程度地保留原文档的语法结构，因此通过基于统计的重要性筛选和语句组合，可以生成质量较高的摘要短文。早期基于词频和统计的方式中，以 textrank 提取系统，基于图算法，通过 TF-IDF 结合词频分析等技术，综合词频和词位给予文中词汇以关键程度权重，筛选信息量较大的句子并组合，适用于格式相对规范的文档摘要类型文本生成。

由于此类方法只是基于句子和单词本身的表层特征进行统计，未能充分利用词义关系、词间关系等特征，因此还有很大的局限性。针对这些问题，一些改进的方法随后被提出，Kupiec 等人首次将统计机器学习的方法应用于文本摘要领域，通过主题词特征、句子长度特征等多维度特征结合朴素贝叶斯模型来判别句子的重要性。

此外，Conroy 等人提出了隐马尔可夫模型的摘要算法，该算法通过使用文档中的一些特征（如句子位置、句内词数以及句子中词语与文档中词语的相似度等）来计算句子得分，然后依据句子得分生成文本摘要。这一类基于判别式的组合生成方式，可以有效避免句子流畅度、重复性等生成模型时会遇到的问题。但是生成内容可读性严重依赖原文，且泛化能力较弱，同时严重依赖原文，在部分闲聊机器人（一类无目的式的对话系统）等场景的无约束生成任务中，无法起到作用。

结合统计和语法，我们可以预定义一些 CFG 文法，并通过统计数据的拟合，给予该 CFG 以较真实的数据分布。基于 PCFG 的生成过程也可以视作一类 HMM 的采样过程，具体参数仍然可以通过对已有数据的 EM 拟合来获取。定义文法并进行采样的操作可以调用 NLTK 库来完成，概率可自行设定，或是通过前阶段的学习过程进行拟合。

在 PCFG 的基础上，对于文法规则这一概念进行抽象和概括，抽象泛化其语法概念，定义一个整体性、句级别、篇章级别的"规则"，可以得到所谓的模板。基于模板对于规划式的文本生成至今仍具有很强的生命力，这是因为它强可控、便于人工定义和干预的特点。这种模板适用于可以归纳出结构定式，并且对生成语句的多样性没有太多要求的场景，从已有文本数据中提取模版，并且通过规划的方式选择最优模板。这种生成方式可以套用隐马尔可夫模型。比较有代表性的是由哈尔滨工业大学、北京大学、微软亚洲研究院联合提出的 Data2Text Studio，这是一个格式化数据文本生成平台，如图 9-3 所示，通过套用 Semi-HMM 模型求解多个模板组合，该平台可以覆盖大多数的 data2text 场景。

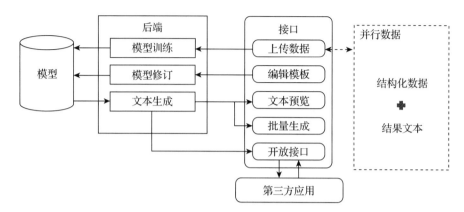

图 9-3　Data2Text Studio 框架示意图

9.2.2　基于神经网络的文本生成技术

神经网络技术的发展使得不同模态之间的信息传递得以以矩阵向量的方式进行，打破了之前不同模态之间由于表现形式不同带来的阻隔。各个模态到文本的研究方向被拓展和打通，如果这些技术和算法未经划分便放在同一个类目下，可能显得有点杂乱。

我们按照生成源模态进行划分，文本生成包含但不限于 text2text、data2text、image2text、video2text 等方向。各个方向又包含 QA（Question&Answer，问答）系统、summerization（文本摘要）等多个子方向。本节将从这些方向里选取一些有代表性的文本生成任务和算法模型进行解读。

1. text2text

text2text 生成领域较为广泛，翻译、问答、概括性质的智能写作、聊天机器人等应用均属于该领域，为同模态之间的数据转换渠道，由于双端均为文本模态，抽取式和生成式均在这个方向有所发展。

抽取式神经网络文本沿袭了基于统计学习的流派中，对于句子重要性赋予权重的思路，借助神经网络对于高维特征的提取和整合能力，筛选重要性较高的短语级别 / 句级别成分。比较有代表性的如 BertSum，造创性地将 BERT 预训练模型应用到抽取式摘要的评分中去，借由 BERT 对于句子的表征能力，生成句向量来直接帮助模型选择关键性较高的短句。也有借助预训练模型的表征，配合网络中词语位置信息来判断句子之间的指向关系，辅助建图后，综合生成的有向图进行重要性筛选来提高模型准确率的 PAC 模型等。爱丁堡的 Lapata 团队将文本重要性筛选作为一个排序任务后，利用强化学习直接对 ROUGE 值进行优化，选择最适合作为摘要的语句。

在文本理解和问答领域，在上文摘要任务的基础上，需要对问题侧进行语义嵌入，以约束模型进行答案的筛选。如抽取式问答生成领域具有代表性的 BiDAF 模型和 match-

LSTM 模型，都通过注意力机制来实现问题对于源文本答案抽取的约束，这有效地证明了通过注意力机制进行信息传递的有效性。现在 squad2.0 上居于榜首的解决方案，也是利用问题和原文的 DAF（Decode And Forward）注意力机制配合 ALBert 实现的问答能力。

除了抽取式的 text2text 生成模式（生成内容来自原文抽取），生成式文本生成也占有很重要的地位（生成内容通过模型自行创作）。生成式与抽取式主要区别在于，是否最大限度地保留源语结构，是否依赖模型进行逐词预测。对于原文信息的 embedding 方式与抽取式较为类似，主要区别在于通过解码的方式进行文本生成，常用的是 Encoder-Decode 结构，而非 end2end 模型。

由于 seq2seq 结构的局限性，仍然有语句较为单一且不通顺等问题。近年来，为了解决这些问题，研究人员尝试融入对抗学习和强化学习的思想，直接针对 BLEU/ROUGE 通顺程度衡量指标进行优化。

总的来说，无论是哪种生成方式，text2text 工作的一大重点都在如何对原文进行重要性衡量，以及如何从原文中建立一种渠道进行信息的传递，辅助生成侧进行筛选或者解码。通过建立不同形式的注意力机制，进行原文本的信息衡量，以及源文本间、生成文本间的信息衡量，被证明是非常有效的手段。

text2text 作为发展较早的领域，其相关技术形态已经展现出较好的工业落地效果。下面收集了一部分工业中比较完善的自动文本生成产品，希望读者可以从中对产品形态和技术落地模式有所理解。

（1）DreamWriter

腾讯 DreamWriter 是腾讯技术团队开发的自动新闻写稿机器人，它能根据算法在第一时间自动生成新闻稿件，对新闻事件主题进行实时分析和研判，结合一系列数据库和机器学习算法等技术，在较短时间内为用户传送重要的新闻资讯，帮助用户快速解读新闻内容。

DreamWriter 生产一篇完整的新闻，主要由五步组成。

1）建设内容数据库。

2）基于数据库的机器学习。

3）基于具体主题进行写作。

4）内容审核。

5）渠道分发。

DreamWriter 早期主要功能局限于生成体育财经类资讯，这类内容报道的结构相对固定，适合模板式实现。主要应用场景包括腾讯科技、腾讯体育、财经新闻等栏目。在不断进行产品迭代后，现在 DreamWriter 对于抽取式生成也有很强的支持能力。通过句子解析和高语义化的候选句功能，可以满足会议实时摘要等应用场景的需求。

（2）xiaomingbot

由今日头条实验室、北京大学计算机所万小军团队共同研制的新闻写作机器人 xiaomingbot

在体育赛事文稿撰写、热点新闻提取重编等环节有不错的效果。体育赛事新闻主要应用了文法结构和模板生成配合等算法的筛选重组能力进行文字输出，在热点新闻节目《小明看世界》中，对于热点新闻的摘取基于 LSTM 神经网络对于语义信息的表征，配合 CRF（Condition Random Field，条件随机场）算法输出摘要。

今日头条每天有 200 万篇文章可以通过该服务自动生成摘要。

（3）Writing-bots

百度的 Writing-bots 智能写作机器人也是基于大数据分析、内容理解和自然语言生成等技术得以实现的，基本创作流程主要分为数据采集、数据分析、自动写稿、审核签发等环节。其中核心流程自动写稿部分通常还包括文档规划、微观规划和表层实现 3 个阶段，分别解决稿件写什么、怎么写以及如何润色与呈现等问题。

目前百度智能写作机器人发布的文章已经涵盖电影、美食、旅游、汽车、创业、房地产等 50 多个话题，涉及社会、财经、娱乐等 15 个领域。

（4）小南

小南是一款由南方都市报与北京大学计算机所万小军团队共同研制的新闻写作机器人，该机器人能够自动撰写民生类稿件，已经撰写并发布了多篇广州春运报道，引起国内外媒体的广泛关注。

机器人小南写稿的主要方式是原创和二次创作。原创主要从数据生成稿件，抓取数据、分类和标注，然后通过模板进行写作。例如路况播报、车票信息、天气预报、空气质量、股市行情报道、物价信息、赛事简讯、办事大厅客流播报、产品说明书、医疗检测报告等都是基于这种写稿模式。

二次创作即对已有的相关报道进行加工，改写成新的稿件。例如赛事综述，是基于体育直播文字进行体育新闻自动撰写，利用排序学习和点行列式过程对直播文字语句进行筛选与融合，组成最终的体育赛事报道。再如新闻摘要或会议简报，运用文本摘要技术自动分析给定的文档或文档集，摘取其中的要点信息，最终输出一篇短小的摘要，摘要中的句子出自原文或重新撰写所得。

（5）ChatGPT 聊天机器人

ChatGPT 是 OpenAI 近期发布的聊天机器人模型。它以更贴近人的对话方式与用户互动。ChatGPT 可以回答问题、承认错误、挑战不正确的前提、拒绝不适当的请求。ChatGPT 的高质量回答和生动的交互体验迅速在全网走红。

ChatGPT 本质上是一个应用于对话场景中的语言模型。它基于 GPT3.5，通过人类反馈的强化学习微调而来。这让模型学习到如何回答问题。

ChatGPT 在对话场景中的能力主要提升了以下三方面。

❑ 更好地理解用户的提问，提升模型和人类意图的一致性，同时具备连续多轮对话的能力。

❑ 大幅提升结果的准确性，主要表现在回答的更全面，同时可以承认错误、识别无法回答的问题。

❑ 具备识别非法和偏见的机制，针对不合理的提问进行提示并拒绝回答。

ChatGPT 的提升主要涉及以下三方面技术。

❑ 性能强大的预训练语言模型 GPT3.5，使得模型具备了博学的基础。

❑ WebGPT 等工作验证了监督学习信号可大幅提升模型准确性。

❑ InstructGPT 等工作引入强化学习验证了对齐模型和用户意图的能力。

ChatGPT 的训练过程分为微调 GPT3.5 模型、训练回报模型、强化学习来增强微调模型三步。

1）微调 GPT3.5 模型。让 GPT 3.5 在对话场景初步具备理解人类意图的能力，从用户的 prompt 集合中采样，人工标注 prompt 对应的答案。然后将标注好的 prompt 和对应的答案去微调 GPT3.5。经过微调的模型具备了一定理解人类意图的能力。

2）训练回报模型。上一步微调的模型显然不够好，至少它不知道自己答得好不好。这一步通过人工标注数据训练一个回报模型，让回报模型来帮助评估回答的好坏。具体做法是采样用户提交的 prompt，先通过第一步微调的模型生成 n 个不同的答案，比如 A、B、C、D。接下来人工对 A、B、C、D 按照相关性、有害性等标准进行综合打分。有了这个人工标准数据，采取 pair-wise 损失函数来训练回报模型。这一步实现了模型判别答案的好坏。

3）通过强化学习来增强微调模型。使用第一步微调 GPT3.5 模型初始化 PPO 模型，采样一批和前面用户提交的 prompt 不同的集合，使用 PPO 模型生成答案，使用第二步回报模型对答案打分。通过产生的策略梯度来更新 PPO 模型。这一步利用强化学习来鼓励 PPO 模型生成更符合 RM 模型判别高质量的答案。

2. data2text

这里的 data 特指结构化存储的数据类型，类似表单、XML 等具有一定规则的数据存储。data2text 生成范式的应用场景包括电商数据库自动生成产品介绍、赛事数据生成解说战报。更进一步的，有些电商、广告、传媒公司根据物品特征生成广告创意推荐语等文体。这些文体通常具有很强的规则性，如天气预报文本、体育新闻、财经报道、医疗报告、批量广告文案等，都可以在文本结构上归纳出一定的模板。

结构化数据一般存在内容冗余等问题，并非所有图表内容都需要进行展开和叙述。类似统计学习主导的模板式生成，data2text 主要通过多次不同层级的规划组织文体结构，宏观规划"说什么内容"，微观规划"怎么说"，包括语法句子粒度的规划，以及表层优化对结果进行微调。

在神经网络技术得到发展后，各部分的解决方案开始融入该技术，进一步实现了端到端的生成方案，但各方案在具体形式上存在一定的区别。Ratish Puduppully 在 ACL2019 的论文中指出，通过对实体信息的建模，设计分层的注意力机制，可以有效赋予图表中较为重要的名词和数据信息以高权重。在 AAAI2019 的参会文章中，他设计了内容选择门控机制配合一个规划网络，为文本生成用的解码器筛选出整张图表内相对重要的信息，在提升宏观规划的能力上取得了进展。

至于微观规划部分，阿里巴巴搜索事业部算法团队在智能内容生成实践中提出，data2seq 的结构可分为 Data、Seq、Control 三个部分，如图 9-4 所示。其中，新增的 Control 端从不同维度精准控制 Seq 端的生成，包括重复问题控制、结果正确性、确保主题相关、长度控制、风格控制、卖点选择控制、多样性控制等，实现内容的微观规划和表层调优。

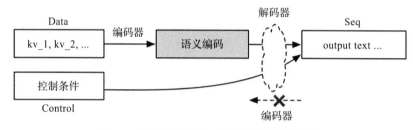

图 9-4　阿里巴巴智能内容生成模型示意图

类似地，美团大众点评团队在受限文本生成领域做了很多尝试，该团队尝试对商户通过多维度的描述来综合建模，其用到的标签可以视作商家内容结构性数据的一种表现形式，如图 9-5 所示。通过设计不同数据依据的编码器，配合注意力机制传递至文本生成侧的解码器，对抽取式无法解决的低质内容有了 10% 左右的曝光提升。

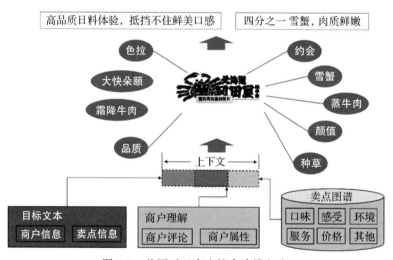

图 9-5　美团对于商户综合建模方式

3. image2text

image2text 也是近年来的研究热点之一，神经网络技术联通了图片和文字，研究人员得以从图像中直接生成相关文本。在 image caption（图像描述，如图 9-6 所示）、ImageQA（图像问答）等多模态文本生成任务中，图像和语言预训练模型结合的神经网络文本生成模型，都取得了不错的成绩。我们以 image caption 任务为例，介绍一下图像和文字模态间转换生成任务进展。

沿着森林旁边的轨道行驶的火车　　　　　一群小男孩在球场上踢足球

图 9-6　任务示意，根据下图生成上文描述内容

现有的图像描述模型仍以 Encoder-Decoder 结构为主，通过注意力机制，提取图像中的有效信息并传递，早期如 Google 的 NIC（Neural Image Caption，神经网络图像描述模型），结合 CNN 和 LSTM 各自对图像和文字编码的能力，常作为 image caption 的基线。

腾讯 AI LAB 于 2017 年提出 SCA-CNN 模型，提出不止空域卷积提取的图像信息存在价值，不同通道间的互卷积同样具有对于图像特征的描述作用，模型引入了多层级结构和在通道上设计注意力机制的思想来充分利用 CNN 的特性。除此之外，通过引入强化学习对于不可导语言评价指标进行定向优化，该图像描述解决方案一经提出，在 MSCOCO 任务排行上霸榜 5 个月之久。

IBM 沿袭了这个思路，基于 Show，Attend and Tell 模型，通过自规范机制的训练方式，直接对 CIDEr（Consensus-based Image Description Evaluation，基于共识的图像描述）这一指标进行定向优化，指标提高了 10%。CVPR（IEEE Conference on computer Vision and Pattem Recognition，IEEE 国际计算机视觉与模式识别会议）18 中，京东提出的 Bottom-Up and Top-Down Attention（扫描注意力）模式，通过 Bottom-Up Attention 机制提取视觉下的图像特征，作为底层信息到上层语义的原材料，再通过 Top-Down Attention 机制，赋予图像基础信息以任务专有的约束（显著性增强），在之前榜单的基础上，再次将 CIDEr 指标提高了近 8%。由于语言和图像模态之间的差异性并没有在这些模型中被捕捉，语言模态具有很强的序列特征，而图片的表征多为平铺的三通道像素，因此在微软提出的 VLBERT 模型中，通过将图像目标检测的 ROI 结果进行随机遮蔽，模拟 BERT 语言序列中的 MLM（Mask Language Model）任务，使模型具备丰富的聚合与对齐视觉和语言线索能力。

无独有偶，2019 CVPR 提出的 ViLBERT 模型，通过一类双流机制，分别对每种模态进行建模，然后通过一组基于注意力的交互层将它们融合在一起。这种方法允许对每种模态使用可变的网络深度，并支持不同深度的跨模态连接。这类基于 BERT 的模型，都对图像进行了一定程度的序列性建模，减小了和语言进行跨模态转换的难度，使得生成的文本具有更高的可读性。

4. video2text

视频可看作多图的序列组合并融合叠加音轨信息，本身就是多模态的结合形态。video2text 相较于单纯的 image2text、sound2text 的任务，难度更高，这个场景要求算法对于信息有更高密度的概括能力，不仅需要提取单图的重要元素，还需要对多图进行逻辑串联，也需要考虑音频对于内容的影响。这项任务和轨迹跟踪、高光检测等视频领域研究方向有高度关联。

早期的 video2text 简单局限于对视频形成标签性质的离散文本，难以融合成具有完整语义的文本序列。近年来，同样得益于神经网络技术的发展，对于视频的向量表征能力和注意力机制使得对于整体视频内容的编码成为可能，这项高速发展的技术使得语义化的视频文本生成不再是痴人说梦。在视频中自动生成完整、通顺的描述、摘要、标题，在很多应用领域发挥了很大的落地价值。

早期的 video2text 主要是在视频标注方向进行研究，谷歌在"Video2Text: Learning to Annotate Video Content"一文中，使用 AdaBoost 作为基础分类器，基于包括稳定听觉图像、运动刚度等特征元素，作为视频的基础特征，并对视频相关描述进行 N-gram 显著性分析，总结出合理并且粒度适中的标签体系。虽然该工作局限于视频标签标注领域，但对于视频多模态的信息利用具有阶段性的意义。

时至今日，研究人员仍在探索如何对各个模态的视频特征进行更好的表征。现在主流的方案中，如基于 Encoder-Decoder 框架的网络结构，主要利用了声学特征、视频图像特征、类别特征、视频内文本特征等，具有代表性的有 ACM MultiMedia 2016 上榜方案多模态融合、多模态视频描述等。

这些方案使用各类模态常用的特征表征网络对信息进行特征嵌入，如 RNN 类提取文本、声学特征、CNN 类提取图像网络，并通过注意力结构对各个类别的特征表征进行融合。除此之外，也有一些模型加强了对于视频序列性的利用，如 VideoBert 算法研究者将多帧图片经由一组卷积网络进行向量化，并使用分层 K-means 方法聚类得到这组帧区间的类中心，然后将多个类中心串联，通过原生 Bert MLM 的预训练任务来进行模型训练，如图 9-7 所示。这项工作的实验结果证明了将多个模态信息映射到相近向量空间的有效性。

图 9-7　VideoBert 模型训练示意图

在另一篇 video2text 工作的论文中，VideoBert 的作者提出了 CBT（Contrastive Bidirectional Transformer）模型。用双流通路结合跨模态的 Transformer 结构，在 Action Recognition、Video Caption 等任务上较原 SOTA 模型有所提升。

5. graph2text

知识图谱相较于传统的结构化数据，整体结构性不强，层次化较弱，元素之间的联系主要通过局部结构化的关系构建。通过构建一张由节点和边组成的有向 / 无向图来表征已有元素之间的逻辑关系，这种弱约束非层次化的关系在现实生活中十分常见。

举个例子，根据三元组（北京，首都，中国），可以生成如下短句。

北京是中国的首都。

由于知识图谱自带逻辑属性，可以用于大规模存储非结构化数据，同时，生成的文本具有很强的描述性，在搜索问答等领域有很好的应用前景。借由搜索匹配到的知识图谱数据，形成流畅、多样的描述回答，语义化的表述比结构化的数据更容易理解，由此优化用户阅读体验。同时，知识图谱作为额外的辅助信息，对于语言模型的修正和少见短语的合理组合有很强的指导优化作用，可以作为领域文本生成的前置优化工作，结合已有的模态生成算法，进行更高质量的文本生成。

近几年是知识图谱技术的井喷期，越来越多的研究投入 graph2text 的工作中。主流框架仍为 Encoder-Decoder 结构为主，其中编码器从文本中常用的顺序编码器转为对于图结构有更好的特征表征能力的图形编码器。

GraphWriter 结构对于 Transformer 进行改造后，组成类 GAT（Graph Attention Network），对经过预处理得到的二分图风格信息进行捕捉，结合标题等辅助信息的表征，借助 GPT-2 的生成能力，生成相应的描述性文本。

在 ACL2019 的会议上，清华刘致远团队和 Logan 等研究人员建议利用知识图谱辅助优化语言模型，分别使用 BERT 和 GPT-2 结合知识图谱的信息嵌入来优化语言模型。

在 2019 年，华为沿袭了 ERNIE-Tsinghua 的思路，结合基于转换的知识表征学习方法和图注意力网络，对医学领域的专属语言模型进行了优化，在节省了 20% 计算成本的条件下，训练出的语言模型在多个下游任务中，达到了高于现有 SOTA 模型的效果。

9.3 本章小结

本章基于统计模型 N-gram 和神经网络模型 NNLM 介绍了不同类型的语言模型及文本生成技术，对文本生成的基础理论框架和质量评估方法进行了详细介绍。工业与学术界都在积极探索基于传统统计的文本生成技术与基于神经网络的文本生成技术，并努力将之落地。可以预想，在不远的未来，基于 AI 的文本生成将在现实生活中的很多场景发挥作用，更好地服务人们的生活。

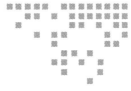

第 10 章 *Chapter 10*

AI 素材合成

内容生产需要融入很强的创造性，过去一直由人力来完成。近年来，飞速发展的人工智能已经渗透内容生产环节，人工智能从事内容生产已经不再遥远。本章从 AI 人脸属性编辑、AI 语音合成、AI 虚拟人技术和 AI 表情包合成等角度出发，介绍 AI 素材制作背后的相关技术。

10.1　AI 人脸属性编辑

人脸是识别和验证人物身份的重要标识，一张标注的人脸包含 68 个关键点，涵盖表情、年龄（年龄段）、性别、种族等属性。通过人脸可以得到人脸属性，判断或估计性别、种族和年龄，同时也是一个人身份最直接的证明。

人脸属性编辑即改变面部图像的单个或多个属性，或将人脸转换为具有特定风格的形象等，同时保证人脸身份的信息和属性无关区域的不变性，生成具有所需属性的新面部，同时保留其他细节。人脸属性编辑是建立在人脸识别和人脸生成基础上的应用技术，本节对 AI 人脸属性编辑在深度学习环境下的应用进行梳理与总结。

10.1.1　研究目标与意义

AI 人脸属性编辑的主要目标是基于 AI 技术，对人脸年龄、姿态、妆造、风格、身份等进行修改。人脸属性编辑是一个很广的应用领域，不仅可以辅助诸如人脸识别等相关任务，也可以独立成若干新的任务，在人机交互、娱乐社交领域有广泛的应用。

如图 10-1 所示，人脸年龄编辑即更改人脸的年龄属性，可用于仿真人脸随着年龄变化，在相关领域进行应用，比如在影视作品中预测年轻演员变老后的模样，或者反之。另外，人脸年龄编辑也可以用于辅助跨年龄的人脸识别问题，对人脸数据库进行扩充，辅助提高跨年龄人脸识别等算法的精度。

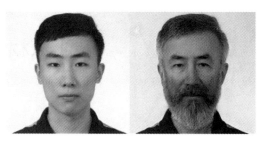

图 10-1　人脸年龄编辑示意图

人脸姿态编辑即更改脸部的表情属性，包括嘴唇、鼻子等区域，可广泛应用于人机交互和设计领域。同样，基于人脸姿态编辑，可对人脸数据库进行扩充，辅助提高人脸识别等算法的精度。如图 10-2 所示，人脸姿态编辑即更改人脸的姿态，可用于仿真不同的姿态及对人脸进行正脸化，辅助人脸检测、关键点定位及人脸识别等任务。

图 10-2　人脸姿态编辑示意图

如图 10-3 所示，换脸就是进行人脸身份编辑，是将某一人脸变为其他人脸，可应用于娱乐和影视内容制作领域。

图 10-3　换脸示意图

如图 10-4 所示，人脸妆造编辑，指的是将目标人像的妆容迁移到其他人像上，或者进行去妆，可用于人像美颜。

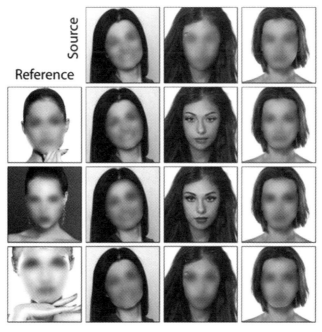

图 10-4　人脸妆造编辑示意图

如图 10-5 所示，人脸风格编辑即利用真实的人脸生成具有特定风格的图片，可广泛应用于娱乐社交领域。

图 10-5　人脸风格编辑示意图

10.1.2　研究难点

人脸属性编辑最大的困难在于样本不充分和不均衡，缺乏成对标注的人脸图片，因此不能直接采用监督学习的方法。以年龄为例，大量存在的样本是某个人特定年龄的照片，同一个人不同年龄段的样本却非常少。此外，年龄还存在生理年龄与外貌年龄严重不匹配的问题。在年龄数据集中，小孩和老人的数据量往往远少于中年人的数据量。再以表情为例，大量的表情样本都是在非自然状态下获得的，而在自然状态下获得的表情中，又以高兴和中性的表情为主，其他表情非常少，样本分布非常不均衡。

10.1.3 研究进展

人脸属性编辑基于人脸关键点检测的方法去控制人脸，可以实现部分人脸属性的编辑，往往也会带来人脸的扭曲和不对称问题。随着生成模型的发展，当前人脸编辑主要以 GAN 和风格化为基础，下面介绍人脸编辑相关模型与方法。

1. 人脸年龄编辑

人脸年龄对于人脸识别算法构成了挑战，年龄编辑不仅可以用于娱乐社交领域，对年龄进行归一化后更有助于提升人脸识别等算法的性能。条件对抗自编码器（Conditional Adversarial Auto Encoder，CAAE）用于解决年龄转换的任务，即根据当前的人脸绘制指定年龄的人脸，既包括预测未来年龄变大时的人脸，也包括估计以前年龄较小时的人脸。

CAAE 基于隐空间模型，假设人脸图像处于一种高维流形中。当图像在这个流形中沿着某个特定的方向移动时，年龄就会随着发生自然的变化。

在高维流形中操作人脸图像是一件非常困难的事情，无法直接描绘轨迹。与大部分生成模型的思路相似，首先需要将图像映射到低维隐空间，得到低维向量后，再把处理后的低维向量映射到高维流形中。这两次映射分别由编码器和生成器实现。

CAAE 模型由一个编码器、一个生成器（即解码器）及两个判别器组成。编码器对输入图像进行编码，输出特征向量 z，与 n 维的年龄标签向量进行拼接作为生成器的输入，由生成器输出仿真后的人脸。

CAAE 模型具有两个判别器：判别器 D_Z 和判别器 D_{img}。年龄标签向量填充后与人脸图像进行通道拼接，输入至判别器 D_{img}，该判别器判别生成图的真实性，即年龄段的分类是否准确，判别器 D_{img} 包含若干个卷积层和若干个全连接层。判别器 D_Z 由若干个全连接层组成，用于约束特征向量 z 的分布，使其逼近预先设定的分布，以平滑年龄变化。

2. 人脸表情编辑

人脸表情编辑即更改脸部的表情属性，包括嘴唇、鼻子等区域，表情和年龄一样，会对人脸识别算法构成一定的挑战。同时，表情和年龄编辑兼具娱乐性的应用研究方向。有文章提出了一个基于关键点的表情编辑 GAN，简称 G2-GAN，它将人脸关键点的热图作为条件来控制表情的生成与去除。

G2-GAN 模型包括 2 个生成器和 3 个判别器。生成器 G_E 为表情生成器，输入目标表情关键点热图 H^E 和无表情人脸图像 I^N，生成有表情人脸图像正脸 I^E。生成器 G_N 则相反，为去表情生成器，输入带有表情的正脸 I^E 和表情关键点热图 H^E，生成无表情的人脸图像 I^N。

在表情生成任务中，表情关键点热图 H^E 用于控制表情幅度；在去表情任务中，H^E 扮演的则是类似于标注的角色。判别器 D_E 和 D_N 作为监督器用于减小真实人脸表情和生成表情之间的距离。然而，仅靠宏观面部图像分布的一致性不足以保证面部图像按照目标生成表情。

为了进一步减小生成器的参数搜索空间，引入面部表情和面部关键点的联合分布这一先验信息，即引入判别器 D_H 用于判别（I^E，H^E）面部图像及关键点热图图像对（I^E，H^E）、（$\hat{I}^E$，H^E）的真实与否。

3. 人脸姿态编辑

人脸识别算法发展了很久，也在工业界大规模地应用，但是它的困难依然很明显，遮挡是人脸识别等算法面临的一个巨大的挑战。

Face Frontalization（FF-GAN）是一个早期的姿态编辑模型，通过输入人脸和 3DMM（3D Morphable Model）系数，通过生成器来生成正脸，并使用判别器判断真假，使用人脸识别模型来监督人脸的身份属性。

在 FF-GAN 模型中，3DMM 系数提供了全局的姿态信息以及低频的细节，而输入的大姿态图像则提供了高频细节，两者结合后输入生成器，生成正脸。同时，采用人脸识别模型约束生成正脸的身份信息，采用判别器来判定生成正脸的真假。

在 FF-GAN 中，损失函数包括五部分，除了人脸重建损失、全变分平滑损失、GAN 的对抗损失以及人脸识别身份保持损失之外，还添加了一个人脸对称性的约束作为对称损失。FF-GAN 使用 3DMM 系数作为条件控制，首次对正脸姿态进行仿真，为后续的姿态编辑奠定了基础。

4. 人脸身份编辑

人脸身份编辑在社交、娱乐及影视制作领域有巨大的应用前景。换脸算法的流行起源于开源项目 Deepfake，同时也是一类算法的统称。在 Deepfake 模型结构中，编码器和解码器进行分离，保证了人脸共性和个性的分离。

Deepfake 采用一个编码器对人脸共性相关属性进行学习，学习脸部轮廓等共性特征，采用解码器对人脸特性相关属性进行学习，这个解码器学习人脸具有个性的地方，可以看作每张人脸特有的表情表征。

Deepfake 的模型训练需要两个域的图像集，称之为 A 和 B。Deepfake 在使用同样的编码器的约束下，分别在集合 A 和集合 B 上训练一个解码器。在使用时从集合 A 中选择图片，经过编码器提取特征后再输入到集合 B 上训练解码器，就可以将集合 A 中的人脸换成集合 B 中的人脸。具体来说，在训练过程中，我们输入集合 A 的图片，通过编码器和解码器还原 A 的脸；然后我们输入集合 B 的图片，通过相同的编码器和不同的解码器还原 B 的脸。不断迭代这个过程，直到损失降到一个阈值。

5. 人脸妆造编辑

人脸妆造编辑在人像美颜、直播与社交领域应用广泛。人脸美颜是一个由来已久的研究课题，传统的方法多是基于滤波算法和几何变换，实现磨皮美白以及脸型的调整。随着 GAN 的流行，诞生了更多个性化的操作，比如人脸妆造迁移。下面介绍人脸妆造编辑的典型代表 BeautyGAN，不需要进行成对图像训练，即可将一张图的妆造风格迁移到另一张图上。

BeautyGAN 采用了经典的图像翻译结构，生成器包含两个输入，分别是无妆人脸 I_{src} 和有妆人脸 I_{ref}，通过由编码器、若干个残差模块及解码器组成生成器，得到上妆后的人脸 I_{src}^B 和去妆后的人脸 I_{ref}^A。在 BeautyGAN 中，采用两个判别器 D_A 和 D_B，其中 D_A 用于区分真假无妆图，D_B 用于区分真假有妆图。

除了基本的 GAN 损失之外，BeautyGAN 还包含 3 个重要的损失，分别是循环一致性损失、感知损失和妆造损失。前两者为全局损失，第三个为局部损失。

为了消除迁移细节的瑕疵，利用 CycleGAN 的思想，将上妆图 I_{src}^B 和去妆图 I_{ref}^A 再次输入生成器，重新执行一次去妆和上妆，得到两张重建图：上妆图 I_{src}^{rec} 和去妆图 I_{ref}^{rec}。此时采用循环损失来约束一张图经过两次生成器变换后与其对应的原始图。

BeautyGAN 与 CycleGAN 的不同之处在于，对于一对输入图像，BeautyGAN 使用同一个生成器 G，该损失用于维持图像的背景信息，具体的损失定义与 CycleGAN 相同，不再赘述。由于上妆和去妆不能改变原始的人物身份信息，BeautyGAN 通过基于 VGG 模型的 Perceptual loss 进行约束，定义如下。

$$L_{per} = \frac{1}{C_l \times H_l \times W_l} \sum_{ijk} E_l$$

其中，C_l 为特征图的个数，H_l 和 W_l 为每张特征图的高度和宽度，E_l 为 l 层第 i 个滤波器在位置 $<j, k>$ 的值。

此外，为了更加精确地控制局部区域的妆造效果，BeautyGAN 训练了一个语义分割网络，用于提取人脸不同区域的掩膜，使得无妆图和有妆图在脸部、眼部、嘴部 3 个区域满足妆造损失，妆造损失通过直方图匹配实现。

6. 人脸风格化编辑

基于 GAN 进行风格迁移是一个非常大的研究领域，以 Pix2Pix 为代表的条件 GAN 如今已经被广泛应用于图像翻译领域，是当下使用 GAN 实现人脸风格化生成的主流模型架构。对于风格迁移这一任务，通常难以获取成对的训练数据，因此不需要成对数据的

CycleGAN 有更广阔的应用空间。然而 CycleGAN 缺少对人脸语义信息的理解，直接采用 CycleGAN 无法保证生成结果人脸五官分布的合理性，需要对其进行改进，使之能够理解语义信息，只处理该处理的区域，保证人脸五官分布的合理性。

有两种比较典型的基于 CycleGAN 进行改进的人脸风格化编辑模型，一种是使用关键点进行约束，通过增加关键点预测任务，来约束输出图像的五官分布，用不成对的训练数据将真实的面孔转换为卡通面孔，模型结构如图 10-6 所示。

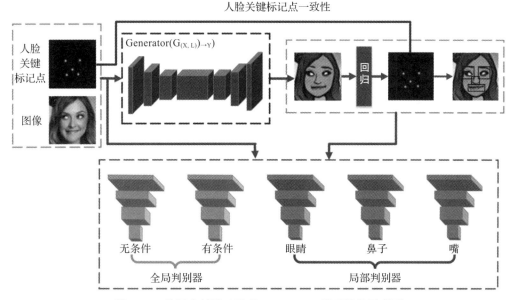

图 10-6　关键点辅助改进的 CycleGAN 模型结构示意图

在图 10-6 所示的关键点辅助改进的 CycleGAN 方法中，其利用人脸关键标记点来定义人脸关键标记点一致性损失，并指导在 CycleGAN 中训练局部判别器。生成器首先输出粗糙的卡通人脸，然后采用预训练模型获取生成人脸的人脸关键标记点。此外，该方法使用了全局判别器和局部判别器来提高卡通人脸生成的质量。

另一种模型是基于注意力机制的 U-GAT-IT，使用注意力机制对人脸有效的区域进行学习。

注意力机制实际上就是全局和平均池化下的类激活图，输入下采样的特征图，输出各个通道的权重，实现特征图下注意力机制的学习，这个注意力机制模型的目标是学习到那些能够区分源域和目标域区别的重要区域。

首先图像经过编码器得到编码后的特征，编码后的特征图分两路，一路通过一个辅助分类器，得到有每个特征图的权重信息，然后与另外一路编码后的特征图相乘，得到有注意力的特征图。

　　注意力特征图也是分两路，一路经过一个 1×1 卷积和激活函数层得到 $a_1 \cdots a_n$ 的特征图，特征图通过全连接层得到解码器中 AdaLIN（自适应 Layer-Instance 归一化）层；另一路作为解码器的输入，经过一个自适应的残差块以及上采样模块得到风格化的人脸结果。

　　U-GAT-IT 采用 AdaLIN 帮助注意力模型在不修改模型架构或超参的情况下，灵活地控制形状和纹理的变化量。在图像风格化领域，Instance Normalization（IN）和 Layer Normalization（LN）相比 Batch Normalization 是更加常用的技术。IN 因为对各个图像特征图单独进行归一化，会保留较多的内容结构，LN 与 IN 相比，使用了多个通道进行归一化，能够更好地获取全局特征，AdaLIN 便是结合了两者的特点，很好地将内容特征转移到样式特征上。

7. 统一的人脸属性编辑框架

　　前面针对人脸各个属性的编辑，分别介绍了相关的研究框架，实际上还可以通过一个统一的框架来完成。Nvidia 公司的研究人员提出的 StyleGAN 是一个非常经典的生成网络，可以精确控制所生成人脸图像的各类属性。

　　如图 10-7 展示了 StyleGAN 和一般 GAN 结构的对比，StyleGAN 包含了一个映射网络和一个生成网络。

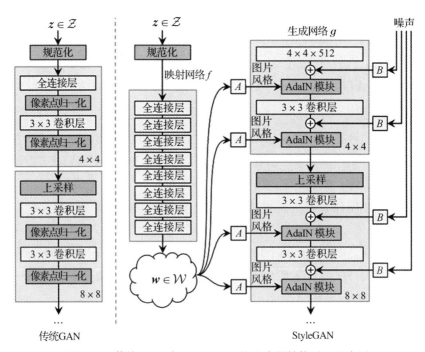

图 10-7　传统 GAN 与 StyleGAN 的生成器结构对比示意图

映射网络 f 总共有 8 层，输入是 512 维的噪声 z，然后经过 8 个全连接层，输出 512 维的向量 w。通过一个网络进行编码后，模型可以生成一个不必遵循训练数据集合数据分布的向量，并且可以减少特征之间的相关性。

w 经过 8 个不同的仿射变换 A 得到生成网络 g 中每一个 AdaIN 层所需要的尺度和偏移。AdaIN 层是一个在生成对抗网络和风格化领域中应用非常广泛的归一化层。

生成网络 g 是一个分辨率逐级提升的结构，总共有 18 层，每两层上采样一个尺度，输入大小从 4×4 变换到 1024×1024。其中 AdaIN 的尺度和偏移可以控制每一层的属性，以生成人脸图像为例，按照尺度可以分为 3 种特征。

❑ 全局特征：主要是在分辨率不超过 8×8 的尺度，影响面部姿势、发型、面部形状等特征。

❑ 中级特征：主要是在分辨率 16×16 和 32×32 的尺度，影响更精细的面部特征，如发型、眼睛的睁/闭等。

❑ 细节特征：主要是在分辨率 64×64 到 1024×1024 的尺度，影响眼睛、头发和皮肤等纹理和颜色细节。

改变 w 到 AdaIN 层的风格矩阵，就可以影响生成人脸的各方面的属性，从而实现人脸的属性编辑。

10.2　AI 语音合成

10.2.1　研究目标与意义

语音合成（Speech Synthesis）也称文语转换（Text to Speech），是将外部输入的文本信息转变为语音信号的技术。两百多年前，相关研究学者就已经在探索语音合成技术。

得益于计算机技术和信号处理技术的迅猛发展，真正具备实用性的第一代参数语音合成系统于 20 世纪 70 年代诞生，该系统利用了不同发音具有不同的共振峰频率和带宽信息作为参数构建共振峰滤波器，通过滤波器模拟声道传输特性对激励信号进行调制。这类方法虽然能高效地合成语音，但其语音音质尚未满足商用标准。

20 世纪 90 年代，计算机存储能力逐渐增强，基于拼接法的语音合成系统也开始受到关注。拼接合成法将大量原始语音片段依据文本进行拼接，此方法虽然能合成更接近人声的发音，但会出现较明显的拼接痕迹。随着语音合成技术的不断发展，参数合成方法和拼接合成方法都取得了巨大的进步，合成语音质量也得到了大幅提升。

自 2012 年开始，深度学习技术逐渐应用到语音合成领域，在此过程中，深度学习也经历了两个阶段，第一阶段是沿用之前的拼接方法或参数合成方法，利用深度学习网络模型逐渐替换原有的统计模型，系统结构没有发生本质变化。这一阶段合成的语音质量有一定的提升但作用有限。第二阶段则是完全依赖于深度网络模型进行端到端的语音合成，包括合成更高保真度的语音、合成指定说话人的语音、合成指定情感状态下的语音等，推动了语音合成技术的革新。

语音合成技术具有巨大的应用价值，随着智能化的发展与普及，语音场景下的人机交互成了目前市场上迫切的需求之一，如智能语音助手、智能家居、智能客服等。在教育领域，有声读物随着语音合成技术的不断进步，取得了以假乱真的合成效果，一方面可以大大增加有声教育素材；另一方面，甚至可以部分取代真人对话的教育内容。在泛娱乐领域，以配音领域为例，利用语音合成技术，可以大大降低配音的成本和周期。

以目前火爆的短视频为例，利用语音合成技术可以非常容易地为视频配上丰富有趣的声音。以虚拟主持人为例，利用语音合成技术，可以提升信息的时效性，同时大大缓解主持人的工作压力，降低其工作强度。

10.2.2　基本的语音合成系统简介

典型的语音合成系统通常包括语言分析部分（前端模块）和声学系统部分（后端模块），语言分析部分主要是对输入文本进行分析，提取后端模块所需的语言学信息。声学系统部分主要根据前端的分析结果，通过一定的方法生成语音波形。随着技术的不断升级与迭代，端到端的语音合成系统逐渐成了语音合成的主流研究方向。

1. 语言分析

对于中文合成系统而言，语言分析部分（前端模块）一般包含 4 个子模块：文本前处理、文本标准化、分词 / 词性分析与拼音转换、韵律分析，模块结构如图 10-8 所示。

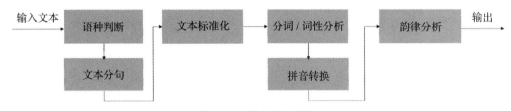

图 10-8　语言分析模块

- ❑ 文本前处理：先判断文本的语种，再根据适当的文法规则将整段文本切分成句。
- ❑ 文本标准化：根据预先设定的规则将文本进行标准化，以中文为例，将阿拉伯数字转换成中文数字，将字母转换成预定的格式等。
- ❑ 分词 / 词性分析与拼音转换：主要目的是将文本转换为音素符号，仍以中文为例，通过中文分词以及词性判断等方法将汉字转换成拼音，同时还需要对多音字进行消歧处理，标注正确的拼音音调。

❑ 韵律分析：人类在语言表达时会附带语气与情感，为了模仿真实人声，需要提前分析停顿、重音、轻音等韵律。

2. 声学系统

声学系统将前端模块处理的结果生成语音波形，起到解码搜索的功能。常用的几种声学系统为基于拼接合成的声学系统、基于参数合成的声学系统以及基于深度学习的声学系统。

基于拼接合成的声学系统需要在前期收集大量录制的音频，尽可能覆盖所有音节音素，并将这些语料通过波形编码压缩等方法存储在声学模型中。在语音合成阶段，利用动态规划等算法进行解码，计算最优单元序列，最后对选出的单元进行能量规整和波形拼接。通过拼接方法合成的语音能最大限度地保留真实语音的音质，缺点是需要建立较大的音库，同时拼接过程的字间协同过度生硬，会导致语音不够流畅。

基于参数合成的声学系统首先通过建模的方式对已有的录制音频提取关键声学参数，然后构建文本序列到声学特征序列的映射模型，最后通过该模型合成语音。

在模型训练阶段，需要对语言的声学特征以及发音时长进行建模，在合成阶段利用训练好的模型预测声学参数与特征，如基频、发音时长、能量、节奏等多种韵律特征，最后对预测值进行后处理，完成语音合成工作。这个方法可以在音频库较小的情况下取得较为稳定的合成效果，可以对多种不同音色的音频共同训练，合成的语音过渡相比于拼接法更为自然。缺点在于基于统计方法建模的声学特征存在过平滑的问题，会导致语音存在较为明显的机械感，音质一般。

传统的语音合成系统由复杂的文本处理和音频处理构建而成，需要大量的特定领域专家知识。比如，前端模块需要较强的语言学知识，同时不同语种之间的语言学规则又存在较大差异。后端模块则需要了解发声原理、音频信号处理等复杂的知识。这些因素限制了语音合成技术的发展，随着神经网络的发展，模型结构对领域知识的依赖性逐渐降低，端到端的合成系统能够直接将输入的文本或字符合成发音风格多变的语音，同时对不同语种的复用性也更强。

10.2.3 端到端的语音合成系统

随着神经网络在计算机视觉和自然语言处理领域的不断发展，合并语言分析模块和声学系统的传统语音合成方法也逐渐显露弊端，语音合成系统受到神经网络的影响与启发，开始逐渐向端到端的网络结构发展。从简单的 RNN、LSTM 结构逐渐发展成 Encoder-Decoder 结构、GAN 结构、Transformer 结构等，语音合成的生成效率与生成质量也不断提升。

合理的评价指标能有效评判语音合成模型的质量，现有的评价指标可以分成两类，一类是客观评价指标，主要针对文本前处理以及韵律分析部分进行评价；另一类是主观评价指标，主要针对合成效果进行评价。

1. 主观评价指标

针对文本前处理的主观评价指标有四部分，分别是文本分句准确率、符号数字准确率、多音词准确率、韵律预测准确率。

文本分句是依据中英文标点符号对文本进行有效断句，分句有问题可能会导致后续语音合成的韵律受到一定的影响，其准确率计算公式如下。

$$分句准确率 = \frac{分句准确的语句总数量}{总语句数量} \times 100\%$$

在文本归一化中通常将输入文本中的标点符号以及数字进行统一处理，在中文文本中通常将阿拉伯数字统一转化为汉字数字，以便进行后续拼音标注，其准确率计算公式如下。

$$符号数字准确率 = \frac{符号数字准确数}{符号数字总数量} \times 100\%$$

多音词通常是令人头疼的问题之一，其准确率计算公式如下。

$$多音词准确率 = \frac{输出正确发音的字词数量}{总字词数量} \times 100\%$$

韵律分析是指在文本前处理中需要预估每个字的发音时长，为了评价停顿和发音时长的合理性，使用韵律准确性作为一个评价指标，其计算公式如下。

$$韵律预测准确率 = \frac{停顿可接受用例数}{总用例数} \times 100\%$$

2. 客观评价指标

目前关于语音合成效果的评判标准，行业内一致认可的是平均主观意见评分（Mean Opinion Score，MOS）。MOS对听音人的要求较高，需要业内专家、播音员等对合成的音频效果进行评分，分值为1~5分，分数越高，语音质量越好。表10-1列举了不同分级的含义描述。

表10-1　语音合成效果MOS指标

分级指标	含义描述
5分	整体语音自然流畅、发音清晰、易于听懂，无法区分是模型合成的语音还是真人发音
4分	听起来比较清晰自然、发音清晰，虽然没有严重的韵律错误，但是能明显辨别出是否属于模型合成
3分	音质可接受，语音不太流畅，有部分发音错误或者不正常的韵律起伏，有部分发音不清晰
2分	音质比较差，语音不流畅，有简单堆积的音节，部分词语发音不清晰，听起来理解困难
1分	听起来是明显的机器音，不流畅，难以理解，只能听懂只言片语

10.2.4　基于深度学习的算法介绍

基于文本特征处理和语音信号处理的语音合成系统虽然取得了一定的效果，但在提升语音音质上遇到了技术瓶颈。深度学习技术的不断发展，给语音合成提供了新的技术思路与发展方向。语音合成是一个典型的序列到序列的过程，在深度学习中通常会考虑使用 RNN 或 LSTM 的模型结构，但语音合成的困难在于每秒的语音采样点能达到上万个，而通用的 RNN 或 LSTM 只适用于几十至上千个采样点的时序关系。例如对于一段 5s 的语音，假设每秒采样点为 16 000 个，则总共需要合成 80 000 个采样点，如果单纯使用 RNN 或者 LSTM，容易造成时序不连贯的问题，导致语音合成的流畅度不足，这对模型提出了更高的要求。

1. 声码器

声码器分析输入的音频信号并将其合成为语音波形，常见的声码器通常将声音信号的 MFCC 频谱恢复为语音波形信号。声码器通常需要结合可以将文本信息编码为声学特征的模型一起使用，本节主要介绍基于深度学习的声码器。

采用传统参数建模的语音合成遇到了较大的瓶颈，模型性能受到了很大制约。与此同时，深度学习方法正在颠覆传统图像处理与文本处理领域。受 CV 和 NLP 领域中自回归生成模型的启发，利用神经网络建模语音的复杂分布并生成万级以上样本点的序列，能够合成比传统生成方法更优质的语音。

WaveNet 是 2016 年 Google 旗下 DeepMind 实验室提出的自回归生成模型结构，与图像处理中的 PixelCNN 结构相似，WaveNet 通过堆积多层空洞因果卷积来计算每个采样点的条件概率分布，网络结构如图 10-9 所示。

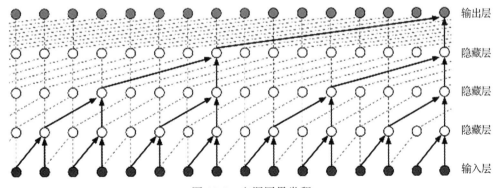

输出层

隐藏层

隐藏层

输入层

图 10-9　空洞因果卷积

首先，因果卷积保证模型在预测过程中不会打乱输入序列的时序，即当前时刻的输出不依赖未来时刻的输入。因果卷积的这一特点使得模型可以通过并行训练的方式加速网络训练，但在预测过程中只能依照序列顺序依次生成，这就导致了模型在训练过程中速度较快但预测过程速度较慢。其次，考虑到语音序列通常每秒数万个采样点，需要更多层卷积来计算数量庞大的序列，或者选择更大尺度的卷积核以增加感受野，无论采用哪种方法，都不可避免地需要消耗更多计算资源。于是引入空洞卷积，通过多层空洞卷积堆叠在增大感受野的同时降低计算量。因果卷积与空洞卷积组合成空洞因果卷积，有效解决了语音数据样本点过多的问题。

对于网络的输出，每个采样点输出的是类别分布。由于数字音频的每个采样点通常存储 16bit，即 65 536 种可能的输出，为了降低输出的类别，采用了通用的转换方式 μ – law 将 65 536 种类别压缩至 256 种，其转换公式如下。

$$f(x_t) = \text{sign}(x_t) \frac{\ln(1 + \mu \mid x_t \mid)}{\ln(1 + \mu)}$$

其中 x_t 表示当前的输入，取值范围为 $-1 < x_t < 1$，$\mu = 255$。

自回归的网络在训练完成后，随机输入初始变量就能自动生成较长序列的语音，但这样生成的语音并没有太多实际的使用价值，需要增加条件以控制语音合成的效果。条件主要分为两类：全局条件和局部条件。合成指定说话人音色的语音，可以将指定人特征编码作为全局条件；合成指定文本的语音，用文本序列对应的声学编码作为局部条件输入模型。

基于自回归模型的 WaveNet 作为声码器能有效将语音频谱还原成语音波形信号，但模型推理速度很慢。为了进一步解决这个问题，Facebook 提出 SampleRNN 模型，采用了分级的网络结构，在不同层级之间分配不同运作速率的时钟，以解决原始音频信号到深度语义信号之间不同抽象级别分别建模的问题，以达到灵活分配计算资源的目的。

WaveNet 提出后，因其逼真的语音合成能力受到了业内人士的一致好评。为了保证语音合成的质量，同时进一步解决 WaveNet 在预测阶段推理时间过长的问题，Google 又提出了 Parallel WaveNet，通过并行预测的方法加速整个预测过程，其速度相较于 WaveNet 快了近 1000 倍。Parallel WaveNet 的主要思想是概率密度蒸馏，以一个训练好的 WaveNet 作为教师网络，训练一个并行前馈网络，网络结构如图 10-10 所示。模型作者还提出了额外的损失函数——功率损失函数和感知损失函数，用于指导学生网络生成高质量的音频流。

WaveRNN 也用于解决 WaveNet 合成速度过慢的问题，其模型结构如图 10-11 所示，创新点主要体现在 3 个方面。首先采用了单层 RNN 网络架构，使用两个 softmax 层，分别合成浅层的 8bit 数据以及更精细化的 8bit 数据，实现了当时最佳语音生成水准。然后采用权重修剪技术实现了 96% 的稀疏性，可以减少神经网络的精度损失。最后采用高并行度生成语音算法，将较长的序列折叠成若干短序列，每个短序列并行合成，以此提高长序列的生成速度。

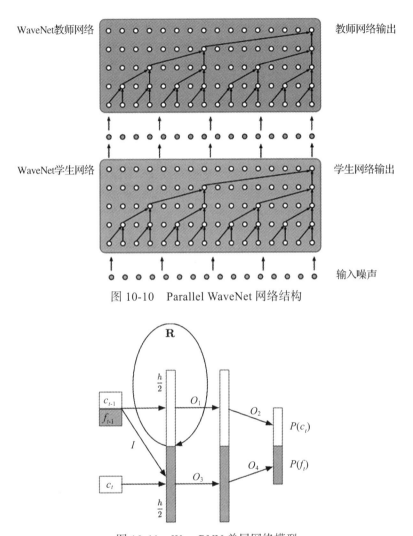

图 10-10　Parallel WaveNet 网络结构

图 10-11　WaveRNN 单层网络模型

为了进一步优化 WaveRNN 网络的生成速度，LPCNet 将数字信号处理（Digital Signal Processing，DSP）和神经网络巧妙结合，可以在普通的 CPU 上实时合成高质量语音。考虑到 WaveRNN 为所有采样值建模，如果将采样值分解为线性部分和非线性部分，利用 DSP 进行线性部分的建模，那么神经网络就只需要建模较少的非线性单元。通过这种方法，将基于 DSP 的传统声码器合成速度快的优点与神经网络声码器合成语音质量高的优点相结合，不仅提升了语音合成速度满足实时化的需求，也保证了语音合成的音质。

LPCNet 的主体网络结构如图 10-12 所示，将 LPCNet 网络分解为两个子网络——帧网络和样本网络，外加一个计算 LPC 的模块。

网络的核心设计在样本网络部分，帧网络为样本网络提供条件向量输入，条件向量每帧计算一次，并在该帧时间内保持不变。LPC 计算模块则从输入特征中计算线性预测参数 LPC，并通过一步步的卷积模块最终获得输出音频。

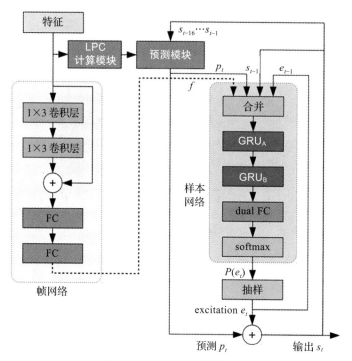

图 10-12　LPCNet 网络结构

2. Encoder-Decoder 结构

声码器虽然能够合成越来越逼真的语音信号，但依旧无法很好地解决直接从文本序列转化为语音序列的问题。

Tacotron 作为语音合成领域第一个真正意义上的端到端模型，于 2016 年被 Google 提出，达到当时最优的语音合成能力，一经推出便受到业界广泛好评。模型结构如图 10-13 所示，由编码器和解码器两部分组成，编码器负责将文本编码为中间特征向量，解码器将中间特征解码为声学特征序列。

在编码器部分，原始的文本信号首先经过由两层全连接层和带节点失效的瓶颈层组成的预处理网络，初步提取输入序列特征以提升模型的泛化能力，随后利用 GBHG 模块将输出特征映射为隐层表达。在实验过程中发现，基于 CBHG 的编码器不仅能够减少过拟合，对比标注 RNN 编码器减少了错音。在解码器部分，基于内容的 tanh 注意力解码器，将隐层表达转化为梅尔谱（Mel-Spectrogram），最终使用 Griffin-lim 声码器将预测出的梅尔谱转换成语音波形。

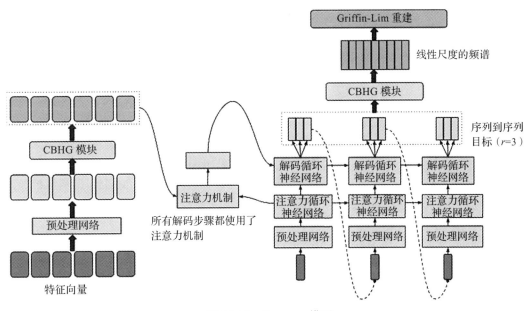

图 10-13　Tacotron 模型

　　Tacotron 模型虽然在合成速度和音质上比其他模型更先进，但最终还须额外引入传统声码器进行音频解码，于是 Google 又将 Tacotron 和 WaveNet 整合在同一个网络中并提出了 Tacotron2 模型，网络结构如图 10-14 所示。

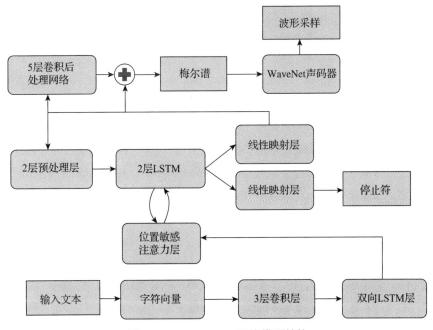

图 10-14　Tacotron2 网络模型结构

Tacotron2 和 Tacotron 的结构基本一致，区别在于通过预处理层对输入的文本进行编码，解码后直接连接 WaveNet 进行音频解码。除了 WaveNet 的区别外，Tacotron2 不使用 CBHG，而是使用普通的 LSTM，在解码过程中每一步只生成一帧，增加一个后处理网络来进行更精细的解码。

3. Transformer 结构

随着语音合成技术和自然语言处理技术的进一步发展，基于 Transformer 结构的语音合成逐渐成为学术界探索的方向。在这样的背景下，FastSpeech 应运而生。FastSpeech 网络结构如图 10-15 所示，图 10-15a 表示整体的前馈 Transformer 模型，图 10-15b 是利用神经网络重新建模（Fast Fourier Transform，快速傅里叶变换）模块，图 10-15c 是模型中使用的长度调节器，图 10-15d 是长度调节器中的重要模块——发音时长预测器。

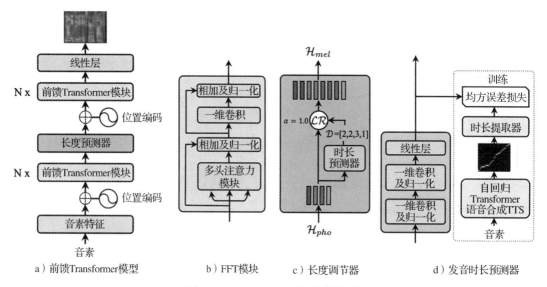

a）前馈Transformer模型　　b）FFT模块　　c）长度调节器　　d）发音时长预测器

图 10-15　FastSpeech 网络结构图

在基础的模型中，FastSpeech 使用一维的卷积层代替了 Transformer 中的全连接层，这是因为全连接会打乱序列的顺序，而序列中相邻的字符或音素将会影响梅尔谱的序列。在 Tacotron 结构的语音合成中，合成音频中吞字漏字的现象尤为严重，这是因为全靠神经网络的端到端模型无法精细化学习每个音素发声的时长，从而导致了吞字漏字、吐字不清的问题。

为了解决这一问题，FastSpeech 增长了一个发音时长预测器，通过预测编码器输出序列的持续时长，将输出序列调整至与梅尔谱一致的长度。这个发音时长预测器的本质是给模型提供显式的对齐方法，通过预训练的发音模型进行时长预测。

另一种基于 Transformer 的语音合成模型是 MelNet，该模型合成了更高质量的语音，由于语音音频具有较多采样点，在建模过程中难以捕捉长时间的音频依赖关系。于是利用频谱图在时间轴上比音频波形图更为紧凑的特点，使用频谱图编码更长的音频信息。

虽然频谱图可以更好地获取音频的全局结构，但也因此减弱了局部结构的编码能力，这会导致模型输出的频谱图存在失真和过度平滑的问题。为了解决这部分信息丢失的问题，作者采用了多尺度的建模方式，逐步生成更高分辨率的梅尔谱，实现更高质量的语音合成能力。

4. GAN 结构

在生成模型中，GAN 结构是不可忽视的一部分。受限于 GAN 所需的大规模训练数据，导致基于 GAN 的语音合成研究在较长时间内都是空白。Jeff Donahue 提出了一个使用生成对抗网络基于文本进行高保真语音合成的模型 GAN-TTS，在正向传播层使用卷积神经网络作为生成器，同时通过多个子判别器集成出性能更强大的判别器，基于多频率随机窗口进行判别分析。该模型也改进了图像生成的衡量指标，用于评估语音的生成质量，也证明了 GAN 在高效语音合成任务上的可行性。

利用 GAN 生成连续的原始音频波形仍具有挑战性，MelGAN 通过引入一组体系结构和简单的训练技术，可以可靠地训练 GAN 以生成高质量的连续波形，网络结构如图 10-16 所示。

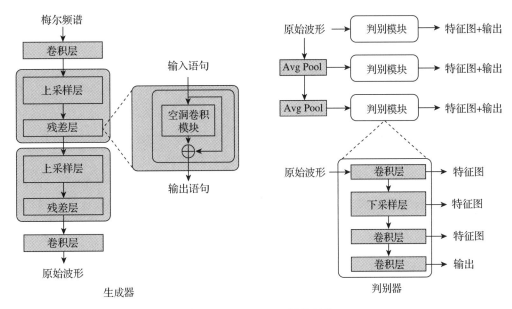

图 10-16　MelGAN 网络结构

生成网络是一个基础的卷积前馈网络，通过添加带有扩张功能的残差块结构，来有效增加每个输出时间步长的感受野，以达到更高效的长时间序列编码能力。生成网络细致地选择反卷积核大小、步幅以及权重归一化技术，获得了更高质量的语音生成能力。判别网络采用基于窗口判别的结构，在使用较少参数的情况下捕获基本的高频结构，能够达到更快的运行速度，能够应用于可变长度的音频序列。

HIFI-GAN 模型也是一个基于 GAN 结构的声码器，网络结构如图 10-17 所示。考虑到语音信号是由不同周期的正弦信号组合而成的，对不同音频周期模式进行建模，可以提升语音合成的音频质量，同时该算法还能有效提升语音合成的速度。HIFI-GAN 网络包括一个基于神经网络的生成器和两个鉴别器——尺度检测器、多周期检测器。在训练过程中，通过联合优化交叉熵、梅尔声谱图损失函数、特征匹配度损失以及生成器和判别器的损失，来提升语音合成的音质。

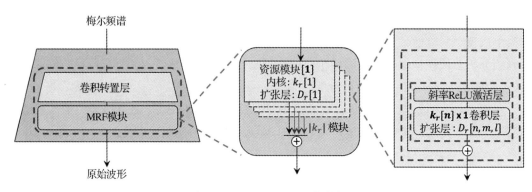

图 10-17　HIFI-GAN 网络结构

5. 其他结构

除了上述几个较大类别的基础网络结构外，语音合成技术还有一些经典的模型。Deep Voice 是百度提出的端到端的语音合成系统，其主要思想是将传统的语音合成模块分别使用卷积神经网络来代替，该方法能够有效减少语音合成中过多的专家知识，同时方便观察每个模块的训练效果，但该方法也存在着误差传递和累积的问题。

Deep Voice 系统由 5 个模块组成：定位音素边界的分割模块、从字形到音素的转换模块、音素持续时长预测模块、基频预测模块以及语音生成模块。在音素边界检测模块中设计了基于深度神经网络和 CTC 损失函数的网络结构，在语音生成模块中应用了变体的 WaveNet 结构，同时在各个模块中使用神经网络代替了传统的语音信号处理知识。该结构的训练与预测全流程如图 10-18 所示。

基于注意力机制的序列到序列模型实现了语音合成从多模块组合到端到端合成的转变，注意力机制的端到端模型也存在训练过程不完全可控的问题，模型合成的音频稳定性有待提升。于是腾讯 AI Lab 提出了一种高质量、稳定的序列到序列语音合成系统方案 DurIAN，网络结构如图 10-19 所示。与 FastSpeech 思想类似，通过加入显式时长预测模块，避免注意力机制带来的误差，其他结构与 Tacotron 基本一致。

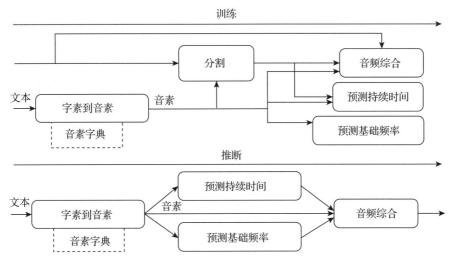

图 10-18　Deep Voice 结构训练与预测流程

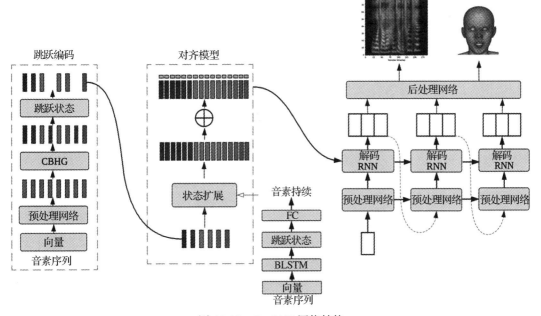

图 10-19　DurIAN 网络结构

6. 韵律约束与指定说话人的语音合成

随着语音合成技术的发展与进步，将语音合成能力应用到自然场景的需求也逐渐变大，语音合成的音质依然存在可提升的空间，尤其是合成的音频很难模仿人类说话的风格和语调，能明显感觉到是机器合成的。在这种情况下，不少研究人员也开始研究如何让语音合成更像真人发音。

为了能让语音合成更贴近人类的发音规律，Wang Y 提出了在 Tacotron 结构中引入全局风格令牌（Global Style Token，GST），实现针对不同说话人语音合成的精细化控制，训练和预测过程如图 10-20 所示。方案的具体流程是，先通过音频编码层将音频信号编码为特征，随后基于注意力模块对编码后的特征进行训练，将其映射至初始化的随机令牌中，得到风格表征。

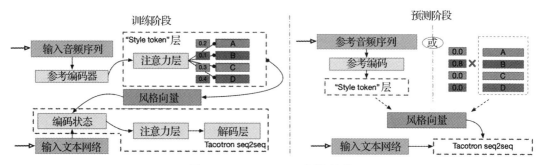

图 10-20　Style Token 网络结构

这种风格表征是与文本无关的说话人特征，不同说话人的风格表征差距较大。随后将风格表征嵌入文本编码器，将说话人表征与文本表示共同编码。最终通过基于注意力机制的解码器实现语音合成能力。该方法最显著的优点是，在训练过程中可以自动获取不同说话人的权重令牌组合，无须显式指定韵律标签，可以实现不同说话人说话风格的迁移。

在语音合成的实际使用场景中，通常有指定说话人语音合成的需求，但很少能获取说话人的大规模训练数据。为了解决少样本情况下的语音合成问题，Jia Y 引入了神经语音克隆系统，利用说话人自适应和说话人编码的方法解决这一问题，网络结构如图 10-21 所示。

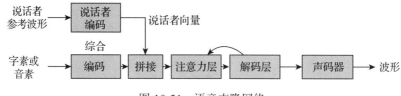

图 10-21　语音克隆网络

说话人自适应模块是利用多说话人的大规模训练数据对模型进行预训练，随后进行指定说话人少样本微调来实现的。而说话人编码模型是通过训练一个单独的模型，对说话人进行音色编码，并将此编码嵌入语音生成模块，实现指定说话人的语音合成。

语音合成技术在智能生成领域是非常重要的，探索不同的深度学习网络结构，不断优化语音合成的效率，提升合成音质，不断推进语音智能化的发展，也是学术界和工业界的共同目标。

10.3　AI 虚拟人技术

虚拟人（Virtual Human，VH）是一种基于人工智能、计算机视觉（Computer Vision，CV），以及计算机图形学（Computer Graphics，CG）多学科交叉的新型产物。随着全球流量经济的盛行，虚拟人、虚拟世界、元宇宙等概念逐渐步入普罗大众的视野和日常生活。游戏是虚拟人最为常见的娱乐应用场景。

过去，玩家只能通过按键操控游戏内的虚拟人物，完成特定的动作和指令，个性化展示也局限于游戏内建模。而虚拟人技术的出现，不仅打破了游戏建模的局限性，通过 AI 捏脸和 CG 渲染，获得极具个性化的展示，同时也打破了按键操控的局限性，仅通过普通的摄像头和 CV 识别追踪技术，就可以实现真实世界和虚拟世界的人物动作同步，大大增加了游戏玩家的代入感，以及游戏本身的自由度。

综上所述，游戏中的虚拟人技术就像一座桥梁，打通了真实世界和游戏世界的壁垒，不仅提升了玩家的游戏体验，还增加了游戏的自由性和趣味性。

10.3.1　研究目标与意义

随着游戏产业和互联网社交的不断发展，用户在虚拟场景中的个性化展示需求越来越强烈，从早期的游戏 Avatar 换装，到时装染色；从可选择角色模型的部分特征，到自行捏脸等，这些个性化展示都局限于游戏角色模型的外观方面。如今的玩家更希望实现游戏角色模型动作层面的个性化展示，例如使用普通的摄像头，或者上传视频，即可实现游戏角色与视频中人物的联动。AI 虚拟人的研究意义如下。

- ❑ 玩家自定义游戏角色的动作，由以往游戏动作的官方 PGC 模式向玩家 UGC 模式转变。
- ❑ 可极大拉动玩家对于 AI 玩法的积极性，进一步宣传、推广游戏。

AI 虚拟人生成算法是通过 AI 自动捕捉视频单人人体骨骼动作，将其转化为三维空间坐标，通过 Unity 3D 来控制游戏角色的动作，以实现与游戏 3D 角色之间的实时联动。

这一流程中主要涉及三个技术环节。

- ❑ 视频流中多人人体的三维骨骼节点的真实世界坐标捕捉与跟踪。
- ❑ 获取真实世界坐标与 Unity 3D 空间坐标的映射。
- ❑ 视频与 Unity 3D 的实时通信。

下面简单介绍各个部分的算法概念。

1. 获取人体三维骨骼节点坐标

人体姿态估计指的是定位图像或视频中的人体关节，在所有关节姿势的空间中搜索特定姿势。2D 姿态估计指从 RGB 图像中估计每个关节的 2D 姿态坐标。3D 姿态估计指从 RGB-D 图像中估计每个关节的 3D 姿态坐标。

人体姿态估计又被称为人体关键点检测。人体姿态中的每个坐标点被称为一个部分、关节或关键点。两个部分之间的有效连接被称为一个对或肢体。人体姿态估计的本质是一个回归问题。三维虚拟环境中的虚拟人主要用到的是 3D 姿态估计。

获取视频中人体三维骨骼节点的坐标，就是通过普通的摄像头获取玩家的动作视频流信息，再基于网络学习的方式预测玩家做动作时骨骼关键点在真实世界坐标系下的 3D 坐标值。生成人物 3D 姿态的方法同样有两种。

（1）端到端训练

直接利用 3D 人物姿态数据集进行训练，输入的是二维图像，输出的是三维空间下的关节点 3D 坐标。由于标注 3D 姿态数据集相比 2D 数据集需要使用额外的室内环境动作捕捉系统，而该系统需要带有多个传感器和紧身衣裤的复杂装置，在室外环境使用是不切实际的。端到端训练的数据集大多是在实验室环境下建立的，模型的泛化能力比较差，数据集的数量和规模比 2D 姿态估计数据集更少。

考虑到工程应用中实际数据和公开数据集数据的特征域差异，以及标注的成本，该方法并不适用。

（2）二阶段训练

先利用 2D 姿态估计网络进行训练，输入的是二维图像，输出的是图像空间下关节点的 2D 坐标信息。再训练 2D-3D 姿态转换估计网络，输入的是二维姿态估计的关节点信息，输出的是三维空间下的关节点 3D 坐标信息。

该方法的第一阶段可以利用现有的大量 2D 姿态估计数据集进行训练，通过增加数据集的分布，降低与实际数据的特征域差异。第二阶段通过 2D 转 3D 的姿态估计数据进行训练。尽管 3D 数据量不大，但由于输入的是 2D 关键点信息，而非图像信息，因此大大降低了数据集和实际图像特征域差异导致的性能落差。二阶段训练的方法更适合工程应用。

目前，姿态估计的检测难点包括关节小、部分遮挡、视角不同、衣服颜色及材质、光照变化、背景杂乱等。可以利用的人体结构化特性有身体部位比例、左右对称性、互穿性约束、关节界限（例如肘部不能向后弯曲）、身体连通性等。如何利用这些特性去解决难点是目前研究的方向。

2. 真实世界坐标与 Unity 3D 空间坐标的映射

Unity 3D 是实时 3D 互动内容创作和运营的设计平台。游戏开发、美术、建筑、汽车设计、影视等领域的创作者，都可以借助 Unity 3D 将创意变成现实。Unity 3D 提供了一整套完善的软件解决方案，可用于创作、运营和变现实时互动的 2D 和 3D 内容，支持平台包括手机、平板电脑、PC、游戏主机、增强现实和虚拟现实设备。

取得人体姿态的三维真实坐标，需要进一步转换到 Unity 3D 空间坐标系，从而用真实关节位置信息驱动 Unity 3D 中的虚拟人物关节信息。由于逐帧的关节点预测结果在空间上并不连续，存在抖动等噪声，使得驱动的 3D 虚拟人物动作也不连贯，因此需要对预测的坐标信息进行后处理，如关键点平滑（卡尔曼滤波）、相机倾角校正、地面位置修正等。通过将预测的真实坐标转换成 Unity 3D 空间坐标，可以驱动虚拟人各个关节模仿人的行为。

3. 视频与 Unity 3D 实时通信

Unity 3D 有着一个健全且记录详尽的 API，可访问完整的 Unity 系统，包括物理、渲染和通信，以实现丰富的交互模型以及与其他系统的集成。平台内部封装了一些视频接口，可以实时与手机摄像头等视频采集设备进行通信和交互。

10.3.2　二维多目标人体姿态估计

人体姿态估计是计算机视觉中一个很基础的问题，可以理解为对人体姿态（关键点，比如头、左手、右脚等）位置的估计。把姿态估计拓展到视频场景，就有了人体姿态跟踪的任务，主要针对视频中每个行人及其骨骼关键点的跟踪，多人姿态跟踪则是在视频中估计多人姿态并为帧中每个关键点分配唯一实例 ID 的任务。

准确估计人类关键点轨迹对于人类行为识别、人类交互了解、动作捕捉等有极高的价值。多人目标跟踪旨在通过查找目标位置的同时，保持跨帧的身份，来估计多个对象的轨迹。如图 10-22 所示，二维多目标人体姿态跟踪技术可以分为端到端和两阶段。

❏　端到端模型：同一个模型直接完成姿态估计和姿态跟踪两个任务。
❏　两阶段模型：首先进行姿态估计，然后基于姿态估计的结果进行跟踪。

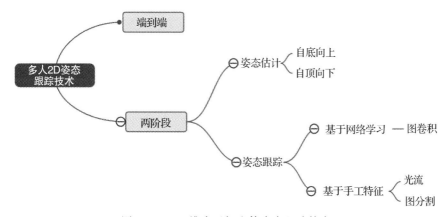

图 10-22　二维多目标人体姿态跟踪技术

对于两阶段下的姿态估计，目前有两种主流的方式。

第一种是自底向上的方式。在每一帧中生成关键候选点，通过多帧结果得到关键点时空图，并利用时空图求解整数线性规划，最后将时空图分为子图，每个子图对应人体姿态轨迹。这类算法的核心流程是先检测出图像中所有关键点，比如所有的手肘、膝盖等，然后采用后处理算法去判断每一个关键点属于哪一个人。

这类算法的优势在于，模型运行的速度与图像中人的数量无关，但需要精心涉及后处理算法，模型的精度很大程度上依赖于后处理算法。

第二种是自顶向下的方式。对于每一帧，检测人体关键点，然后利用相邻帧的相似性跟踪整个视频。这类算法的核心是先检测出图像中的所有人，然后对每一个人分别进行单人的姿态估计。

这类算法的优势在于引入了额外的检测器，可以比较准确地检测出图像中的所有人，并且对每个人进行单人姿态跟踪。

目前，自顶向下的方法在姿态估计精度上大大优于自底而上的方法，自底而上的方法由于仅仅利用二阶段身体部件，因此失去了全局姿态视图，导致关键点模糊分配。同时，自顶向下的方法会受到遮挡、截断、图片模糊等影响。

1. 二维人体姿态估计数据集及评价指标

单人姿态估计常用的数据集是 MPII，多人姿态估计常用的数据集是 MSCOCO 和 CrowdPose。从总体数据量上看，MPII 数据集包含 40 000 个单人样本，人体的实例采用 16 个关键点进行标注。MSCOCO 中人体姿态估计部分的训练集包含 57 000 张图像，验证集包含 5000 张图像，人体的实例采用 17 个关键点进行标注。CrowdPose 数据集包含 20 000 张图像以及 80 000 个人体的实例，人体的实例用 14 个关键点进行标注。具体的数据集和评价指标介绍如下。

MPII 人体姿势数据集是评估人体姿态估计的基准，该数据集包括约 25 000 张图像，其中包含超过 40 000 个身体关节有注释的人。这些图像是根据人类日常活动的既定分类系统收集的。

总体而言，数据集涵盖 410 项人类活动，每张图像都有一个活动标签。这些图像都是从 YouTube 视频中提取的，并提供了前后未加注释的帧。MPII 数据集的评价指标是 PCKh，计算检测的关键点与其对应真值的归一化距离小于设定阈值的比例。

$$
\mathrm{PCKh}_i^k = \frac{\sum\limits_p \delta\left(\dfrac{d_{pi}}{d_p^{\mathrm{def}}} \leqslant T_k\right)}{\sum\limits_p 1}
$$

$$
\mathrm{PCKh}_{\mathrm{mean}}^k = \frac{\sum\limits_i \sum\limits_p \delta\left(\dfrac{d_{pi}}{d_p^{\mathrm{def}}} \leqslant T_k\right)}{\sum\limits_i \sum\limits_p 1}
$$

其中，p 表示第 p 个人，i 表示这个人第 i 个关键点，d_{pi} 表示第 p 个人的第 i 个关键点的预测值和真实值之间的欧氏距离。d_p^{def} 即头部长度的 50%。T_k 表示第 k 个人工设定的阈值。PCKh_i^k 表示阈值 T_k 下第 i 个关键点的 PCKh 指标。PCKh_i^k 表示阈值 T_k 下第 p 个人所有关键点的 PCKh 指标的均值。

MSCOCO 数据集由超过 200 000 张图像和 250 000 个人体的实例组成，其中人体姿态数据集分为 train、val 和 test dev 数据集，分别包含 57 000、5000 和 20 000 张图像。每张图像上的人数不超过 20 个，这些图像上的人体实例标注有 17 个关键点。MSCOCO 数据集的评价指标是 OKS，具体定义如下。

$$\text{ks}_p(\hat{\theta}_i^p, \theta_i^p) = e^{\frac{\|\hat{\theta}_i^p - \theta_i^p\|_2^2}{2s_p^2 k_i^2}}$$

$$\text{OKS}(\hat{\theta}^p, \theta^p) = \frac{\sum_i \text{ks}(\hat{\theta}_i^p, \theta_i^p)\delta(v_{pi} > 0)}{\sum_i \delta(v_{pi} > 0)}$$

$$\text{AP} = \frac{\sum_p \delta[\text{OKS}(\hat{\theta}^p, \theta^p) > T]}{\sum_p 1}$$

其中 $\hat{\theta}_i^p$、θ_i^p 分别是第 p 个人的第 i 种关键点的预测值以及真实值，s_p 是这个人的像素面积。$v_{pi} = 0$ 意味着第 p 个人的第 i 个关键点没有标注。

CrowdPose 数据集包含 20 000 张图片，80 000 个行人。训练、验证、测试子集按照 5：1：4 的比例进行划分，每个人采用 14 个关键点进行标注。CrowdPose 比 MSCOCO 数据集更加拥挤，评价指标与 MSCOCO 相同。

2. 自底向上的估计方式

Realtime Multi-Person 2D Pose Estimation using Part Affinity Fields 算法是一种有效检测图像中多人二维姿态的方法，该方法使用非参数表示，将其称为部件亲和力场，以学习将身体部位与图像中的个体相关联。该算法对全局上下文进行编码，允许自下而上解析步骤，无论图像中的人数如何，都能保持高精度，同时实现实时性能，算法的创新点如下。

❏ 采用自底向上的方式，避免了自顶向下方式存在的问题：检测器漏检或者将其他物体识别成背景，最终影响结果。除此之外，这类方法的模型推理速度和图像中的人呈正相关。

❏ 提出了部件亲和力场（Part Affinity Fields，PAF），来编码肢体的位置和方向，有效地利用了人体肢体和关节的信息，从而提高了算法精度（击败了以往的自底向上的算法）。

❏ 提出一种新的聚合算法（将不同种类的关节聚合成人）。对原本这个 NP（Non-deterministic Polynomial，非确定性多项式）Hard 的聚合问题加入合适的松弛条件，并进一步分解成多个二分图匹配（两类关节之间的匹配）的子问题，通过贪心策略进行求解，从而使得算法具有很高的推理速度（击败了以往自底向上的算法）。模型推理速度几乎不随着图像中人数的上升而下降，能达到实时性的要求。

算法流程如图 10-23 所示，输入图像，网络输出 K 个关键点的特征响应热力图以及 P 个 PAF 图（每张 PAF 图上有当前图像上所有人某个肢体的 2D 矢量）。Heatmap 上高斯峰值的位置就是关键点的坐标。利用所有预测出的关键点以及相关肢体的 PAF 可以得到哪些关键点属于同一个人，从而解码得到图像中所有人的姿态。

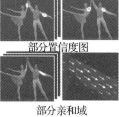

部分置信度图

输入图像　　　　　部分亲和域　　　　二分图最大匹配　　　　分析结果

图 10-23　PAF 算法流程

PAF 网络中，骨干编码网络提取的特征分别经过两个分支，一个分支预测热力图，另一个分支预测 PAF 图。这两个分支的网络结构一样，网络采用多阶段的方式，每个阶段输出当前的热力图和 PAF 图，并且加入对应的真实值进行监督。

STAF（Efficient Online Multi-person 2D Pose Tracking with Recurrent Spatio-Temporal Affinity Fields）算法所提出的姿态跟踪模型，同样是一种自底向上的姿态跟踪模型。STAF 利用多帧姿态检测结果得到关键点时空图，并利用时空图求解整数线性规划，最后将时空图分为子图，每个子图对应人体姿态轨迹。该模型方法具体归纳如下。

❏ 计算同一帧上骨骼关键点之间的空间相关性（Parts Affinity Fields，PAFs）、前后帧骨骼关键点之间的相关性（Temporal Affinity Fields，TAFs）。

❏ 网络骨干编码网络采用 VGG 网络，利用关键点热图，预测 PAFs、TAFs 以及关键点。

❏ 采用 RNN 网络结构，利用 PAFs、TAFs 及各帧关键点进行姿态估计、跟踪推理，公式如下。

$$[L,R]^t = \psi_{[L,R]}(V^{t-1}, V^t[L,R]^{t-1})$$
$$K^t = \psi_K(V^t, L^t, K^{t-1})$$

3. 自顶向下的估计方式

如图 10-24 所示，Mask R-CNN 算法利用分割的分支进行多人姿态估计。具体而言，Mask R-CNN 将一个关键点的真实位置视作一个 One-Hot 的 Mask，利用 RoI-Align 得到的每个 RoI 特征经过多个卷积层去预测个 Mask，每个 Mask 针对一个关键点。

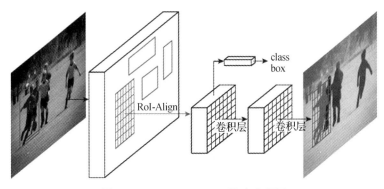

图 10-24　Mask R-CNN 算法流程图

Cascaded Pyramid Network for Multi-Person Pose Estimation 算法主要是针对难关键点以及一些遮挡或者不可见的关键点，以往的算法对于这些关键点不能很好地定位，算法作者认为主要有两个原因。

❑ 这些难关键点不能简单地仅通过外观特征识别或者定位。

❑ 这些难关键点在训练过程中没有显式地解决。

在论文中，算法作者设计了一种新的网络结构 Cascaded Pyramid Network（CPN）。CPN 网络分为两个阶段：GlobalNet 和 RefineNet。GlobalNet 是基于特征金字塔网络来学习较好的全局特征。GlobalNet 有效地定位眼睛等关键点，但无法精确定位臀部的位置。像臀部关节这样的关键点定位，通常需要更多的上下文信息和处理，而不是附近的外观特征。

基于 GlobalNet 生成的特征金字塔表示，我们附加了一个 RefineNet 来显式处理较难检测的关键点。为了提高信息传输的效率并保持信息传输的完整性，我们精炼网将信息传输到不同的级别，最终 RefineNet 跨不同级别传输信息，并通过上采样和级联集成不同级别的信息。

随着训练不断深入，网络会倾向于关注大多数简单的关键点，对遮挡的难关键点的关注会更少。

Google 在 CVPR2017 上提出了 G-RMI 模型。该模型采用自顶向下的方法，先采用基于带空洞卷积的 ResNet-101 的 Faster R-CNN 对图片中的人体进行检测。检测到人体后，对人附近的区域进行裁剪。该方法并没有将检测框直接调整为姿态检测网络的输入大小，而是先将所有的检测框通过扩展高度或者宽度来拥有相同的长宽比。保持这样的长宽比不变，对检测框继续扩大一定比例（训练时为 1.0～1.5 倍之间的随机值，测试时值为 1.25）来包含更多的图像信息。最后将得到的检测框重新调整为 353×257，并采用混合分类和回归的方式进行检测。将调整后的检测框输入 ResNet-101 来产生热力图和偏移。

对于分类问题，该方法定义如果一个点与一个真实关节坐标的距离小于某一个值，那么认为输出为 1，否则输出为 0。对于回归问题，预测每一个位置与每一个关节真实坐标之间的偏移向量，然后将这两个问题融合。

"Is 2D Heatmap Representation Even Necessary for Human Pose Estimation?"一文对利用热力图预测的方法进行了重新思考。论文作者认为利用热力图存在以下几个问题。

❑ 当输入图像的分辨率减小时，性能急剧下降。

❑ 为了提升精度，需要对特征图进行上采样或者反卷积操作，这种做法会使得计算量增大，同时输出的特征图以及热力图的空间尺寸相应增大，导致占用的存储空间也相应增大。

❑ 需要额外的后处理操作来弥补特征图尺寸小于输入图像导致的量化误差。

这篇论文试图舍弃采用热力图来编码的方式，提出了一种简单的坐标解耦合方式 SimDR。SimDR 将 (x, y) 坐标编码成两个独立的一维向量，向量的量化等级等于或者高于原图像。

如图 10-25 所示，给定一幅 $H \times W \times 3$ 的图像，第 p 种关节的真实值坐标为 (x^p, y^p)。为了提高定位精度，引入一个因子 $k \geq 1$，将真实值坐标重新缩放到一个新的坐标：$p' = (x', y') = [\text{round}(x^p, k), \text{round}(y^p, k)]$。

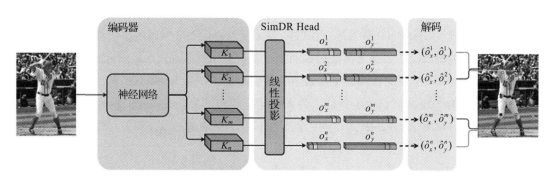

图 10-25　SimDR 算法流程图

这个因子 k 将定位精度提高到亚像素级别。更进一步，监督信号定义如下。

$$p'_x = [x_0, x_1, \cdots, x_{W \cdot (k-1)}], x_i = \mathbb{1}(i = x')$$
$$p'_y = [y_0, y_1, \cdots, y_{H \cdot (k-1)}], y_i = \mathbb{1}(j = y')$$

坐标解码方式为假设模型对于某一个类型的关键点，输出两个一维向量 $\boldsymbol{o}_x$ 和 $\boldsymbol{o}_y$，预测的绝对关节坐标 $(\hat{o}_x, \hat{o}_y)$ 计算如下。

$$\hat{o}_x = \frac{\text{argmax}_i[\boldsymbol{o}_x(i)]}{k}, \ \hat{o}_y = \frac{\text{argmax}_j[\boldsymbol{o}_y(j)]}{k}$$

通过这种方式量化误差被显著缩小。该模型训练仅采用 cross-entropy 损失。

更进一步，论文使用更平滑的方式对真实值进行编码，公式如下。

$$p'_{x\_sa} = [x_0, x_1, \cdots, x_{W\cdot(k-1)}], \quad x_i = \frac{1}{\sqrt{2\pi}\sigma}\exp\left[-\frac{(i-x')^2}{2\sigma^2}\right]$$

$$p'_{y\_sa} = [y_0, y_1, \cdots, y_{H\cdot(k-1)}], \quad y_i = \frac{1}{\sqrt{2\pi}\sigma}\exp\left[-\frac{(j-y')^2}{2\sigma^2}\right]$$

10.3.3　二维 - 三维人体姿态转换

近年来，深度学习在二维人体姿态估计方面取得了重大进展。这一成功背后的关键因素是由于二维人体姿态的训练数据集标注难度不高，只需要图像和人工标注，无须额外的专用传感器，现在已经有大规模的带标注的二维人体姿态数据集。

与此同时，在三维人体姿态估计方面的进展仍然有限，这是因为三维姿态的标注需要用到额外的室内环境的动作捕捉系统，标注数据集本身就是一项非常具有挑战的任务，因此三维姿态估计数据集的规模一般会小于二维姿态数据集。

通过深度学习模型建立单目 RGB 图像到三维坐标的端到端映射，虽然能从图片中获取丰富的信息，但没有中间监督的过程，模型受到图片的背景、光照和人的穿着影响较大，对于单一模型来说，需要学习的特征也太过复杂。

如上所述，3D 数据训练量也存在限制。目前通常直接用预训练好的二维姿态网络，将得到的二维坐标输入三维姿态估计网络，因为基于检测的模型在二维的关节点检测中表现更好，而在三维空间下，由于非线性程度高，输出空间大，因此基于回归的模型更适用。

1. 三维人体姿态估计数据集及评估指标

如图 10-26 所示，Human3.6M 数据集是三维姿态估计最大、使用最广泛的数据集。

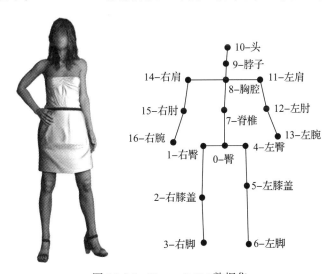

图 10-26　Human3.6M 数据集

Human3.6M 包含 360 万个三维人体姿势和相应的图像。三维人体图像由 11 名专业演员（6 名男性、5 名女性）拍摄完成。姿态估计共有 17 种场景（讨论、吸烟、拍照、打电话等），每个场景均有 24 个像素级的身体部位标签。

数据的采集来自 4 个校准过的摄像头的不同视角，拍摄高分辨率视频，并使用高速运动捕捉系统精确定位的 17 个三维关节位置和关节角度，总计 15 个动作，包含了讨论、吃饭、问候、打电话、摆姿势、吸烟、拍照、散步、遛狗等。

SURREAL 是一个较新的大规模数据集，含有从人类运动捕捉数据的三维序列渲染的人体合成逼真图像，包括超过 600 万帧人体真实姿势、深度图和分割蒙版。

UP-3D 数据集用于将多个任务的不同数据集联合起来。尤其是使用 SMPLify 方法，研究人员可以获得适合多个人体姿态数据集的高质量三维人体模型。该数据集结合了两个体育姿态数据集（11 000 个训练图像和 1000 个测试图像）和 MPII-HumanPose 数据集的单人部分（13 030 个训练图像和 2622 个测试图像）。尽管可以使用自动分割方法来提供前景轮廓，但研究人员决定使用人工注释器来提高可靠性，具体的数据集和评价指标如下。

关节点坐标误差的平均值（Mean Per Joint Position Error，MPJPE）：常用于 3D Human Pose Estimation 算法的评价指标，指标值（误差）越小则认为这个三维人体姿态估计算法越好，公式如下。

$$E_{\text{MPJPE}}(f, S) = \frac{1}{N_S} \sum_{i=1}^{N_S} \left\| m_{p,S}^f(i) - m_{gt,S}^f(i) \right\|_2,$$

其中，f 是视频某一帧，S 是一个人体姿态骨架，N_S 是总关节点数，$m_{p,S}^f$ 和 $m_{gt,S}^f$ 分别是预测值和真实值。

基于 Procrustes 分析的 MPJPE（Procrustes analysis MPJPE，P-MPJPE）：先对网络输出进行刚性变换（平移、旋转和缩放），向真实值对齐后，再计算 MPJPE。

正确关键点的百分比（Percentage of Correct Key-points，PCK）：如果预测关节与真实值之间的距离在特定阈值内，则检测到的关节被认为是正确的。

❑ PCKh@0.5：阈值 = 头骨连接的 50%

❑ PCK@0.2：预测关节和真实关节之间的距离 <0.2 × 躯干直径

有时采用 150mm 作为阈值，由于较短的肢体具有较小的躯干和头部骨骼连接，因此可以缓解较短肢体的问题，PCK 可用于二维和三维人体姿态检测。

正确部件的百分比（Percentage of Correct Parts，PCP）：如果两个预测关节的位置与真实值之间的距离大于肢体长度的一半，则认为未检测到肢体。如果两个预测关节位置和真实关节位置之间的距离小于肢体长度的一半（通常表示为 PCP@0.5），则认为检测到肢体（正确的部分）。由于较短的肢体具有较小的阈值，因此对较短的肢体的惩罚更大，PCP 越大，模型越好。

检出关节的百分比（Percentage of Detected Joints，PDJ）：如果预测关节和真实关节之间的距离在躯干直径的某一比例范围内，则认为检测到的关节是正确的。PDJ@0.2 = 预测关节和真实关节之间的距离 <0.2× 躯干直径。

2. 二维姿态估计三维人体姿态算法

论文 "A simple yet effective baseline for 3d human pose estimation" 首次提出了一个基于纯二维姿态输入而无图像信息的三维姿态估计神经网络模型 SimDR，用来处理二维到三维姿态回归的问题。SimDR 网络结构如图 10-27 所示，网络仅由几个全连接层 Linear、批归一化层 Batch norm、非线性激活函数 RELU，以及 Dropout 构成。

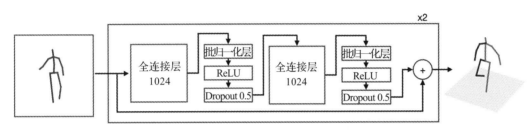

图 10-27　SimDR 算法流程图

算法先在 MPII 数据集上训练二维姿态估计网络，并在 Human3.6M 数据集上进行微调。

过去的三维姿态估计输入为图像信息，由于三维姿态数据集的标注成本过高，导致数据量小于二维姿态估计的数据集。与此同时，由于需要在真实场景做推理，训练数据规模较小，进一步加大了训练集和测试集的特征域差异。该算法巧妙地避开了图像特征域的差异性，直接使用二维姿态估计结果域的输出数据作为网络输入。二维 - 三维的映射结构相对简单，也无须大规模数据，只要二维估计的结果足够准确，三维也会有较好的输出结果。

10.4　AI 表情包合成

表情包是社交媒体和网络结合的产物，与以往传统的媒体内容不同，表情包通常以时下流行元素如语句、动漫、影视截图等为主要素材，通过截取或二次加工形成一种用于表达特定情感的静态或动态图片。

表情包的内容来源大多与热点和潮流有关，而且表达方式直接，具有即时性。表情包素材主要是由表达具体情感的静态或动态图片组成，有的会基于某种特定情感而配以相应的文字，利用文字的娱乐性，让特定的受众产生共鸣。表情包流行的主要原因是其本身具有趣味性和娱乐性，能够很容易地击中人们的情感，并且相比其他的信息媒介显得更加真实和准确，更容易感染受众，从而产生二次传播。

10.4.1　表情包特性

本节介绍表情包的特性，首先介绍表情包图像演变的过程，然后整理表情包图像的类别和合成表情包的意义，最后介绍表情包图像合成的应用。

1. 表情包的演变

表情包是随着数字技术与网络文化的快速发展演变而来的，主要可以分为以下几个阶段。

（1）初级阶段——字符表情包

表情包一开始是由专业的技术人员制作生成的。1982 年 9 月 19 日，美国卡耐基·梅隆大学教授斯科特·法尔曼在校园 BBS 上输入了一串 ASCII 字符 " :)"，成为人类历史上第一个电脑表情符号。这种利用电脑键盘符号（英文字母、数字、标点以及运算符号）加工组合的就是模拟人类表情的象形符号。后来日本的使用者在表达方式上进行创新，添加了除了 ASCII 字符之外的日文假名以及大量外语文字，发展出了"颜文字"的表情符号。颜文字更加注重于情绪的表达，能够更为直观地传情达意。

（2）社交媒体阶段——头像表情包

随着互联网的普及与 QQ 等社交媒体的出现与发展，字符表情包也开始在网络社交中广泛传播和使用。2003 年，QQ 推出第一款黄色小人头系列表情包，这些表情包迅速风靡社交媒体。这些表情包是由栗田穰崇创作的绘文字发展而来的，它们通过图画与字符相结合的方式来表示多种表情，是当前社交媒体中使用最广泛的表情包。

（3）移动互联网阶段——网络表情包

移动互联网时代的到来让表情包的创作者从专业技术人员扩大到普通网民，尤其是 2011 年微信在其产品中引入"兔斯基"系列表情包，点燃了网民的创作热情。

2. 表情包的类型

表情包的内容是丰富的，区分表情包的种类对于分析表情包的特性是非常有意义的。目前的表情包主要分为 Emoji、纯图像表情包、文本表情包、图文表情包和动态表情包。

Emoji 是从符号表情包发展而来的，以微信自带的表情包为代表，这类表情包通过夸张化的面部表情生动地将喜怒哀乐等情绪进行精确传达。

纯图像表情包一般是专业团队或者网友自制的，不包括各种类型的文字或符号的静态图像。这类表情包可以是原创的，大多数是使用未经任何处理的照片和影视截图，通过图像内容原本就具有的某些内容传递信息。

文本表情包是将文字以图片的方式储存，可以对文字做特效处理，更为明确地传递使用者要传达的信息。文本的语言风格包括口头禅、网络流行语、诗词歌赋等，这样即可以直接传递信息，也可以隐匿地表达使用者的意图。

图文表情包是文本和图像的结合体，是当前最为常见、最为流行的表情包种类，与纯图像表情包不同的是，图文表情包使用文字引导增强图像内涵，也可以制造一些意想不到的效果，达到更好的娱乐效果。

动态表情包是相对静态表情包添加了动态的效果，这类表情包一般是由专业制作团队或个人创作的。添加动态效果，能够丰富表情包的表达内容、融合多种新鲜元素，并满足用户多样化需求，也是表情包重要的组成部分。

10.4.2　表情包自动合成的意义及挑战

表情包自动合成技术目前处于发展初期，有很多需要探索的内容和解决的问题，本节将阐述表情包自动合成的意义及其面临的挑战。

1. 自动合成表情包

表情包合成分为自动合成和非自动合成，其中非自动合成又包含手工制作和半自动合成两类。本节主要关注自动合成表情包，表情包的自动合成是借用机器的计算能力，利用算法，快速合成符合大众审美要求的表情包。

自动合成表情的意义是不言而喻的，可以快速满足网友对表情包的需求；缩减创作者的时间，提高创作效率；满足内容推广者对产品推广的需求；满足市场娱乐信息、趣味信息快速迭代的需求。总之，高质量的表情包自动合成能力，对于当前社交时代是十分有必要的。

2. 表情包合成的挑战

自动合成表情包具有很大的意义和价值，但是由于其合成能力远不能满足社会各界对表情包生产速度和质量的需求，因此表情包自动合成面临着很大的挑战。具体的挑战有如下几种。

- ❑ 合成表情包质量低下：当前表情包自动合成相比人工合成的表情包质量有很大的差距。
- ❑ 合成表情包种类和数量不足：仅有的几种表情包合成算法只涵盖了很少的表情包合成种类，甚至只支持少数几幅表情包的合成。
- ❑ 智能自动化水平低下：当前的表情包合成智能水平、自动化水平还处于初级阶段。

10.4.3 表情包合成算法

本节介绍两种主流表情包合成算法，一种是基于图像语义的图像描述，目的是生成能与表情包素材图像语义相洽且具有趣味性和娱乐性的自然语言文字；另一种是基于表达的内容或情感，生成相符的表情包图像。前者是基于图像生成文本，后者是基于文本或语义内容生成表情包图像。

1. 基于图像描述的表情包合成

基于图像描述的表情包合成是利用图像描述的方式，让算法对输入的一幅图自动生成对应的描述性文字。与通常的图像描述生成的内容不同的是，表情包的文字需要具备一定的娱乐性和趣味性，不能只生成一段描述性质的语句。应用于表情包的描述文字是有一定风格的内容。Peirson 等人将图像描述的方式应用于表情包描述语句生成中，他们认为表情包之间是有风格差异的，表情包除了图像和文本之外，还有相应的标签来定义表情包的风格。Peirson 等人修改了原始的图像描述模型，对标签的每个单词进行编码取均值，与图像经过 CNN 编码的特征合并在一起输入 LSTM。

$$q = W\left(p \middle| \frac{e_1 + \cdots + e_n}{n}\right) + b$$

上述公式展示了正向传播的计算过程，其中，p 是 CNN 输出图像特征，e_n 是标签单词嵌入特征，W 和 b 分别是全连接层的参数矩阵和偏差向量。Peirson 等人还将注意力机制引入模型，实现方式是在解码器前再加一个 LSTM，利用注意力机制提取特征，最终输入 LSTM 解码器。

同理，Vyalla 等人也从文本生成的角度处理了表情包合成任务，其主要贡献是构建了表情包数据集，关于这个数据集我们会在 12.4.1 节详细说明。

Vyalla 等人认为以往的文本生成模型不能准确捕捉图像类别信息，也不能产生幽默感。为了解决这些问题，他们用基于 GPT-2 的 Transformer 架构替换一般的 LSTM 作为文本生成器，提取表情包标签文本特征输入 Transformer，并利用 GPT-2 的自注意力机制、预训练模型和框架兼容性提升生成文本的幽默感。

学习得到的模型能够对同一幅表情包，针对不同的标签主题生成不同的语句。最后得到的模型可以通过两种方式生成表情包，一种是对于输入的表情包图片，随机选取一个符合其主题的标签，生成表情包图片；另一种是输入一幅新的表情包图片，选取和这幅图片最接近的标签生成对应的文本。

Kurochkin 则是将表情包的使用场景扩展到社交论坛上，他认为评论能够很好地衡量文章内容，于是利用 TF-IDF 提取评论的关键词作为文本输入，而提取到的关键词还被用来查询与之最相似的表情包图片模板，这个相似度是通过一个训练好的分类器来计算的。最后筛选到的图片和关键词集经过各自编码后同 Vyalla 所提出的理论一样，输入到基于 GPT-2 的文本生成器中。

生成的文本与表情包模板图片经过组合便是最终合成的表情包，这种方式保证了生成表情包的文本和图片内容具有更高的相关性，可用于生成更加合适的表情包。

Sadasivam 等人从机器翻译的角度提出了 memeBot 模型，该模型读入一句话，然后选择相应的表情包模板图片，最后翻译出具有娱乐感的语言。

memeBot 模型分为两部分，第一部分是选择表情包模板图片，利用预训练的语言模型进行重训练，训练的损失函数如下。

$$l(\theta_1) = \arg\max \sum_{(T,S)} \log[P(T\,|\,S,\theta_1)]$$

其中，θ_1 是指表情包模板图片选择模块的参数，T 是选择的目标图像，而 S 是输入的文本语句。

表情包语句的生成是基于 Transformer 语言模型完成的，为了过滤无关信息，模型对输入语句的单词进行词性分析，然后遮盖非名词和动词的内容，对其余单词嵌入编码与图像特征，一同输入到 Transformer 中，最后生成表情包描述语句。

整个框架的损失函数与表情包模板图片选择模块的损失函数是相似的，公式如下。

$$l(\theta_2) = \arg\max \sum_{(S,C)} \log[P(C\,|\,M,\theta_1)]$$

其中，θ_2 是框架的模型参数，C 是生成文本，而 M 是通过 Transformer 编码的特征。

2. 基于图像生成的表情包合成

人工智能的图像生成是指算法可以基于一些信息生成一幅新的图像。当前图像生成主要是基于对抗神经网络得到的，GAN 在图像生成方面取得了巨大的成功。

利用 GAN 进行图像生成，目前已经在图像合成、文本到图像、图像到图像、图像到视频等任务上取得了成功，一些项目包括 CycleGA、StyleGAN、Deepfake 等也表现出了很好的性能，吸引了广泛的关注。

诸多研究成果已经证明了 GAN 在图像生成中的巨大潜力，因此利用 GAN 来合成表情包是有理论基础，且有很大的实践意义和价值的。

Mittal 等人利用 GAN 设计了一个端对端的表情包生成框架，如图 10-28 所示，这个框架能够将一幅素描图转化成一幅表情包图。

Mittal 等人使用 U-Net 作为网络框架，GAN 的训练方式如下所示。

$$L_{\text{adv}}(G, D) = E_{x,y}[\log D(x, y)] + E_x\{\log[1 - D(x, G(x))]\}$$

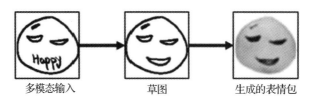

图 10-28 素描图生成表情包图

为了能够捕获眼睛、嘴巴、舌头等关键部位的信息，他们还引入了一个损失函数对网络进行约束。

为了利用多模态的数据，包括素描图和手写关键词，Mittal 等人使用了两种方法来实现这个过程。第一种方法是基于查找的框架，将缺失特征的模板添加到不完整素描图中。此模板以用户绘制的草图为条件，保留用户的绘图样式。用户根据之前绘制的表情图维护每种情绪的一组模板。然后利用基于区域的余弦相似度匹配存储模板，完成用户绘制的草图。最后使用这个草图生成所需的表情符号。

第二种方法是利用全连接层神经网络基于部分信息生成缺失的特征。首先输入关键字由 10×1 的向量（即 10 种不同的情绪）放大到 128×128 的特征图。然后将其与草图融合并输入到编码解码器网络中，以生成最终的表情图。

Ning 等人也提出了一种基于 GAN 的表情包生成模型 EmotionGAN，用于合成人脸表情。模型包括三部分：生成网络、特征提取网络和线性回归网络。生成网络的作用是编码图像获取潜在的特征向量。特征提取网络通过像素损失函数和感知损失函数提取与目标图像近似的特征。线性回归网络可以确定生成表情的内容。EmotionGAN 可以夸张化人脸表情，从而得到具有幽默感的表情图像。

Chen 等人提出了一个 MemeFaceGenerator 模型，以文本作为指导生成相应的表情包，其过程如图 10-29 所示。

图 10-29 MemeFaceGenerator 表情包合成流程

模型作者认为表情包合成分为两步，第一步，对一张模板图进行处理，添加诙谐因素；第二步，基于文本对图像进行引导，生成与文本语义贴近的表情图。模型主要完成了第二步的算法内容，基于 GAN 的图像生成方式得到最后的表情图。

模型使用 Xu 等人提出的 Attngan 作为模型的主要网络框架，整个框架由三部分组成。

- ❑ 利用双向 LSTM 提取输入的文本特征，得到句子向量，加入噪声增强后进行上采样，分层级输入到不同阶段的生成模型中。
- ❑ 引入诙谐的表情图像，与文本特征一同输入到对应阶段的第二个生成模型中，得到的特征分成两种输入到判别模型中，一种直接输入，另一种和先前得到的文本特征合并输入。
- ❑ 引入一个多模态相似性学习模型 DAMSM，确保最后生成的图像与文本的语义内容是一致的。

最后学习的损失函数由 GAN 损失函数和 DAMSM 的损失函数组成，公式如下所示。

$$L = L_G + L_{DAMSM}$$

3. 表情合成的评估方式

表情包合成结果的评估有很多方式，目前呈现百花齐放的态势，下面介绍当前研究者比较认同的评估方式。基于图像描述的表情包合成方法主要以文本评估为主，而基于图像生成的表情包合成方法主要以图像质量评估为主。除了传统的诸如 BLEU 等文本相似度评估方法之外，Dank 将困惑度量（PerPlexity，PP）作为生成文本的评估方法，公式如下所示。

$$PP(C) = \sqrt[N]{\prod_{i=1}^{N} \frac{1}{P(w_i \mid w_1, \cdots, w_{i-1})}}$$

式中 $\{w_1, \cdots, w_N\}$ 是生成文本的单词集合。PP 是计算预测的文本中下一个单词的反向概率的度量，这个度量可以反映模型不同风格文本生成的质量。考虑到表情包对生成文本最大的要求是具有幽默感和趣味性，而这很难有一个可以技术性衡量的指标，人为评估的引入十分有必要。

这种方式一般是通过问卷的形式调查一群成年人，分析或比较生成的文本。人为评估的方式也有很多，比如是否能区分真实的表情包和虚假的表情包；能否理解生成文本添加到图像后传达的信息；图像信息是否和生成文本相关等。

这些方法能够一定程度上评价文本生成的质量，对于基于图像生成的方法则需要利用图像质量评估的方法。比如 Mittal 等人采用峰值信噪比（Peak Signal to Noise Ratio，PSNR）、结构相似性指数（Structure Similarity Index Measure，SSIM）和通用质量图像指数（Universal Quality Index，UQI）等评估方式来检验验证集生成图片的质量。

PSNR 测量图像中的噪声，SSIM 测量生成的图像在结构上与真实情况的相似程度，UQI 测量生成图像的质量，包括发光、对比度失真和相关性损失。而 MemeFaceGenerator 则利用人力从 3 个维度评估模型生成的表情包的质量，分别是图像质量、图像趣味性和图像文本匹配度。这些方法主要是从图像本身出发评估最后生成的效果。

10.4.4　表情包合成应用

表情包的合成在社交媒体上有着广泛的使用，随着越来越多的人使用互联网，表情包的应用场景会越来越多，需求也会越来越大。自动合成表情包有着极大的前景和价值，本节介绍当前主要使用的表情包数据和合成应用的情况。

1. 表情包数据集

当前还没有一个广泛使用的表情包数据集，表情包合成的数据还没有一个统一的标准，因为表情包数据非常繁杂，且包含人为创作的成分，难以归类。表情包合成的方法研究现在还处于初级阶段，没有一条通用的技术路线。虽然当前还没有被广泛接受的数据集，但是总结研究者所使用数据集的特性对未来的研究和应用有极大意义，具体内容如表 10-2 所示。

表 10-2　表情包合成数据集

数据集	图像数量 / 张	（标签 / 模板）/ 个	描述语句 / 幅	表情图 / 幅
Dank	400 000	2600	160	无
memeBot	—	24	177 942	无
AffectNet	440 000	—	无	7
MemeFaceGenerator	2955	33	未知	无

其中 Dank 和 memeBot 的"标签 / 模板"是指文本类别，而 MemeFaceGenerator 的"标签 / 模板"是指初始的输入图像。AffectNet 的表情图指每幅图像最后生成的人脸表情种类，分别是自然、快乐、悲伤、惊讶、恐惧、厌恶和愤怒。还有一些论文也自建或者使用了其他的数据集，由于存在数据集叙述不完整或者不完全是表情包内容，因此没有汇总到表格中。

2. 表情包合成网站

当前表情包的合成在应用层面主要以手工制作和半自动生成为主，少量的自动合成产品因为生成表情包的质量问题，并没有收获很大的关注。手工制作主要是借用一些视觉渲染工具，人工合成一些表情包，大多数是网友基于一些模板合成的。而半自动生成则是借助一些专业的表情包制作网站或工具，它们不仅提供标注的图像模板和文字模板，还提供智能的表情包合成工具，只是合成的过程不能直接响应创作者的想法，还需要借用人力来完成。

imgflip 是当前比较热门的在线表情包自动合成网站，合成的原理是基于图像描述合成，这个网站目前只支持 48 幅表情包模板图片，生成质量较低，跟半自动生成方式在质量和内容方面都有很大的差距。我们相信自动化合成的方法有很大的潜力，也有很多研究工作可以做。

10.5　本章小结

　　本章从多个方面介绍了 AI 素材合成技术的原理解析与应用。首先介绍了人脸属性编辑技术，重点介绍年龄、表情、姿态、妆造、风格化多个模块算法的研究进展，并详细讲解了统一的人脸属性标记框架。其次介绍基本的语音合成系统，重点讲解了语言分析模块和声学系统模块。同时介绍了基于深度网络模型的端到端语音合成模型。然后介绍了 AI 虚拟人技术在游戏领域的价值和详细的虚拟人实现技术原理。最后介绍了智能表情包技术，表情包的添加可以使信息媒介更容易感染受众，产生二次传播的效果。

视频编辑

随着近年来弹幕文化和短视频的兴起，许多内容创作者会通过特效编辑的方式对视频进行二次创作，强化关键内容的表达，增强视频内容的表现力。然而，内容创作者创作一个视频的时间成本往往较高，且其中可能存在对相似创作逻辑的重复编辑。构建智能视频编辑系统可以实现自动化的机器创编，降低内容创作成本。

与视频生成任务不同，视频编辑主要通过对已有的视频素材进行选择、加工来合成具有期望效果的视频成片。视频编辑的各个步骤都具有非常高的自由度和创意空间，现有的一些智能视频编辑方法关注在子任务中应用机器算法实现自动化。

1. 素材处理

素材处理包括视频切分和视频片段标注，视频切分是将原始视频素材进行片段切分，得到后续用于组接、编辑的视频素材单元。视频片段标注包括特征提取、标签分类等，得到视频片段的特征、语义信息。

2. 素材组接

根据一定的编辑规则约束来对素材单元进行时间线上的排布和组接。

3. 时空编辑和特效渲染

时空编辑和特效渲染是使机器模拟人对于镜头语言和特效语言的运用，从空间和时间上对视频画面以及时序节奏进行编辑。

智能视频编辑按照编辑规则的主要约束来源进行划分，包括数据到视频、文本到视频、音乐到视频等类别。本章对结构化数据驱动、文本驱动、音乐驱动视频编辑的相关方法和论文进行介绍。

11.1　结构化数据视频编辑

结构化数据视频编辑主要是模板式编辑，即从原视频中提取结构化信息，包括特定事件发生的具体时间、目标的位置等，填充到预先构建的模板中，根据模板规则合成最终的视频。模板规则包括素材组接、时空编辑和特效渲染的规则。当前，模板式视频编辑已在多个领域和场景落地应用。当技术进一步发展时，机器能自动选择素材组接方式、特效的时间点和添加位置，甚至自动学习并生成模板。

11.1.1　基于模板的电视报道视频编辑

英国广播公司（British Broadcasting Corporation，BBC）研究团队开发了一个自动视频编辑系统 Ed，基于视频流结构化识别结果和规则模板，自动进行构图、排列和选择镜头，并将其应用于电视讨论会的报道。

在结构化信息提取部分，Ed 采用人脸检测与跟踪、脸部关键点检测和姿态估计、视觉说话人检测等方法，得到视频每一帧中人物所处的位置、面部方向，以及说话时间。

在模板构建部分，Ed 基于专业剪辑人员的经验构建了一系列规则模板，应用于构图、镜头排列和镜头选择等步骤，如表 11-1 所示。

表 11-1　规则模板示例

规则模板	镜头构图	镜头排列	镜头选择
1	将镜头焦点置于画面中心或垂直 / 水平 1/3 处（三分法则）	快节奏的节目需要快节奏的片段剪辑	说话人通常要处于镜头画面中
2	画面应朝向人面对的方向	镜头时长应该相近但不完全相同	适时切换到反应或定场的镜头

镜头构图是指目标在画面中的排布。在电视讨论会的设置中，镜头焦点为参与讨论的成员。人脸检测和脸部姿态估计结果用于获取单人、两人、三人等远景、中景、近景镜头候选，这些镜头会按照规则模板进行构图。在两人镜头中，两个人会分别处于画面水平左侧和右侧 1/3 的位置；在单人镜头中，人脸的朝向方向决定了他处于画面中心还是 1/3 处。

镜头排列定义了镜头在何时发生切换。镜头序列的节奏是单个镜头时长最小值和最大值的函数。根据说话人通常要处于镜头画面中的要求，Ed 将镜头切换设置在说话事件附近（开始或停止谈话时）。检测得到的说话时长用于确定镜头时长的范围。算法首先生成线性的时间线，并在允许的范围内将镜头切换时间点向最近的说话事件调整。

镜头选择是指定镜头序列中的某段时间应该选择哪个候选镜头。根据模板规则评分选取，当镜头时长内有人说话时，系统会倾向于选择一个包含较少人的近景镜头，当没有人说话时，系统会倾向于选择一个包含更多人的远景镜头。

11.1.2 基于剪辑元素属性约束的视频编辑

浙江大学与阿里文娱研究团队结合专家访谈和用户实验，得出信息排布、剪辑连贯、剪辑节奏、片段节奏4个影响消费者信息感知的剪辑元素，构建了一个基于剪辑元素属性约束的自动剪辑框架，并将其应用于服装展示型视频剪辑。

如图11-1所示，框架的剪辑流程包括预处理和片段组接两个阶段。

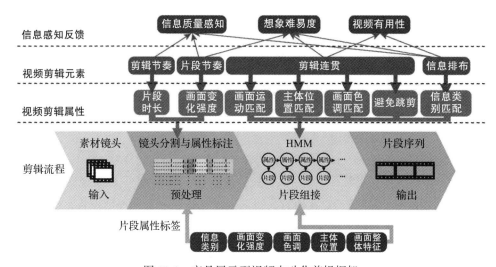

图 11-1　产品展示型视频自动化剪辑框架

预处理阶段对输入视频进行结构化分析。此阶段将镜头分割成备用片段，并对备用片段进行属性标注。考虑到产品展示视频中的每个片段是独立的信息块，该框架基于信息类别变化进行镜头分割，构建了一个服装产品视频帧的信息类别数据集，将画面信息分为产品搭配、产品外观、产品细节、产品材质4个类别。

该框架在视频帧中进行目标检测和对人体关键点进行估计，提取画面中的物体和人体相关特征，利用训练随机森林分类模型对视频帧所属的信息进行分类，得到每帧的信息类别后，采用滑动窗口法计算信息类别变化的分割边界，对素材镜头进行分割。分割得到的镜头经过剪辑节奏（片段时长）和片段节奏（画面变化强度）的约束进一步过滤，得到备选片段。对于备选片段，框架通过提取目标检测框、人体关键点、手工设计的尺度不变特征（Scale-Invariant Feature Transform，SIFT）、画面颜色、差异值哈希等特征计算得到信息类别、主体位置、画面变化强度、画面色调、画面整体特征等属性标注。

该框架通过信息类别排布规则构建片段排布的时间线模板，并结合剪辑连贯规则来约束镜头相接的连贯性。框架采用隐马尔可夫模型来建模，解决在备选片段序列空间选择最佳片段序列的问题。应用信息排布规则，避免跳剪，将画面运动连贯、主体位置连贯、画面色调连贯等剪辑连贯规则进行编码，对隐马尔可夫模型的起始概率、观测概率和转移概率进行约束，并使用维特比算法求解。

11.1.3　视频特效合成系统实践

本节介绍一个基于结构化数据视频编辑的视频特效合成系统示例，介绍通过结构化数据和特效模板进行视频特效合成的流程以及模块实现。

1. 系统流程

视频特效合成系统流程如图 11-2 所示，主要功能是根据创作者上传的创作逻辑构建模板，从用户上传的视频中提取结构化的信息，并填充到创作模板中，对视频进行表情包、动画、文字、调色滤镜、音效、背景音乐、转场、封面图、变速/回放/慢放等特效的自动合成。

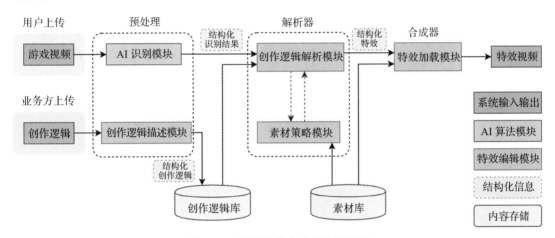

图 11-2　视频特效合成系统流程图

视频特效合成流程可分为模板构建和视频特效合成两个流程。

（1）模板构建

模板构建的步骤如下。

1）创作者通过前端交互录入创作逻辑（模板），包括对精彩事件的定义和对视频特效的定义。以扣篮集锦为例，精彩事件定义为扣篮，精彩事件中会包含一系列时间锚点和空间锚点，如时间锚点包括扣篮开始时刻、进球时刻、扣篮结束时刻；空间锚点包括篮球位置、球员位置。视频特效基于时间空间锚点进行定义，例如"在进球时刻添加表情包""进球时刻加入欢呼音效""对扣篮过程进行回放"等。

2）对创作逻辑进行结构化描述，将创作逻辑转换为结构化信息。

3）对结构化的创作逻辑进行存储，构成创作逻辑模板库。

（2）视频特效合成

视频特效合成的步骤如下。

1）用户上传视频。

2）通过 AI 识别算法对视频中的精彩事件进行识别，输出结构化的识别结果，包括精彩事件的类别和区间，以及片段中时间锚点和空间锚点的具体值。

3）创作逻辑解析器根据识别结果在创作逻辑模板库中选择对应的创作模板，结合识别结果对创作逻辑进行解析，并根据创作模板中指定的素材标签从素材库中选取素材，输出结构化的视频特效描述。

4）特效合成器读取结构化特效，对原视频进行特效编辑，合成特效视频并输出。

2. 创作逻辑解析

在创作模板中，需要指定特效添加的时间、位置、文字内容、素材标签，这里指定的通常为描述性的信息，如篮球比赛中的进球时刻、球员位置、球员名，而非具体的值。创作逻辑解析器根据算法识别结果将创作模板中的时间、位置、文字内容、素材标签解析为特效合成所需的具体值，根据素材标签从素材库中选取素材，并输出特效描述。换言之，就是将创作逻辑中的描述性信息转化为结构化特效中能够直接被读取的值。

下面以篮球比赛视频创编为例，对创作逻辑解析器进行说明。

创作逻辑中添加特效的时间可以指定为数值或字符串表达式，指定为字符串表达式时表示根据时间锚点计算。如下代码指定片段裁剪的开始时间为进球片段的开始时间，结束时间为进球片段的结束时间。

```
"clip": {
    "start": "{start_time}",
    "duration": "{end_time}-{start_time}",
    ...
}
```

在对创作逻辑进行解析时，会读取 AI 识别结果中时间锚点 "start_time""end_time" 的值，计算对应的开始时间和结束时间的实际值，在结构化特效中进行设置。

创作逻辑中添加特效的位置设置为以空间锚点为参考系的坐标（空间锚点可选取为当前屏幕），可以指定为固定坐标值，也可以指定在多个区域范围内随机选取。如下代码表示指定表情包添加位置在屏幕的左上方或右上方。

```
"emoji": {
    "position": {
        "marker": "screen",
        "x": [[0.1, 0.2], [0.8, 0.9]],
        "y": [[0.15, 0.2], [0.15, 0.2]],
    }
    ...
}
```

"screen" 表示指定屏幕为参考系，"x" 为 0 表示屏幕最左边，"x" 为 1 表示屏幕最右边，

"y" 为 0 表示屏幕最上边，"y" 为 1 表示屏幕最下边。代码中指定的 "x" 与 "y" 表示屏幕左上方和右上方的两个区域，在对创作逻辑进行解析时，在所有指定的区域中随机选取一个位置。

如下代码表示指定动画添加位置在进球球员中心，并随着进球球员一同移动。

```
"anim": {
    "position": {
        "marker": "player_position",
        "x": 0.5,
        "y": 0.5,
    }
    ...
}
```

在对创作逻辑进行解析时，会根据 "marker" 指定的参考目标读取 AI 识别结果中空间锚点 "player_position" 的值，计算该锚点目标对应的中心位置的实际值，在结构化特效中进行设置。

创作逻辑中添加的文本内容可以指定为固定字符串或字符串表达式。如下代码表示指定文字内容为球员名以及动作。

```
"text": {
    "text": "{player_name}\n 远投三分 "
    ...
}
```

在对创作逻辑进行解析时，会读取 AI 识别结果中球员名 "player_name " 的值并代入，得到实际需要添加的文本内容。

创作逻辑中可以指定需要添加的素材索引，也可以指定素材标签，由系统在含有该标签的素材中选取。指定的素材标签可以为单个标签，也可以为多个标签的"与""或"组合。如下代码表示指定表情包在标签为"厉害"或"开心"的素材中选取。

```
"emoji": {
    "key": "",
    "tag_name": " 厉害 , 开心 ",
    ...
}
```

在对创作逻辑进行解析时，若未指定具体素材（"key" 值为空），则根据 "tag_name" 指定的标签在素材库中检索符合该标签的素材，并由解析器进行自动选取。

3. 特效合成

特效功能示意图如图 11-3 所示。L1 表示最外层特效，可包含多个封面图、开场视频、片段截取、结尾视频，为视频添加背景音乐、背景贴图等。其中，每个视频段都可以作为片段主体，叠加 L2 层的特效（所有已定义的特效功能都可以添加）。L2 层中的每个视频段又可以作为片段主体，叠加 L3 层的特效。以此类推，能够不断地进行特效嵌套和叠加。

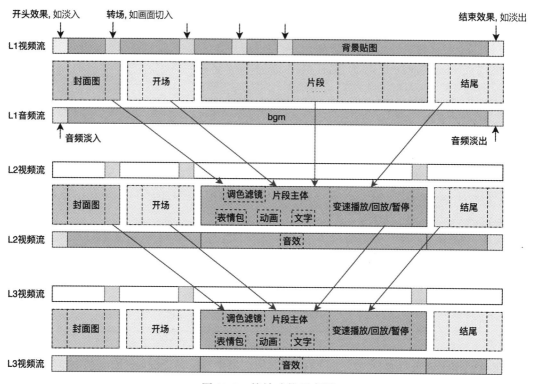

图 11-3　特效功能示意图

在创作逻辑解析部分，读取识别结果的时间点为相对于输入视频时间线上的时间。对于通过特效编辑新生成的视频片段，如封面图持续的时间片段或回放片段，当需要在其中叠加新的特效，如在封面图持续片段中加入标题文字，或在回放片段中加入表情包时，无法在原始输入视频的时间线上指定对应的时间点，因为这些片段不存在于输入视频的时间线上。

这里采用特效嵌套的方式，将封面图上的文字或回放片段中的表情包作为嵌入特效，在加入特效时，指定相对于当前片段（封面图 / 回放）的时间点，实现效果的叠加，同时使得创作模板更加易于理解。

特效合成流程如图 11-4 所示。输入结构化特效，依次对调色滤镜、表情包、动画、文字、音效、变速播放 / 回放 / 暂停、片段截取拼接、开场 / 结尾视频拼接、封面图、开始 / 结束效果、背景音乐等特效进行合成。对于含有嵌入特效的片段，递归调用特效合成器，实现特效叠加，直至所有特效合成完成，输出特效视频。

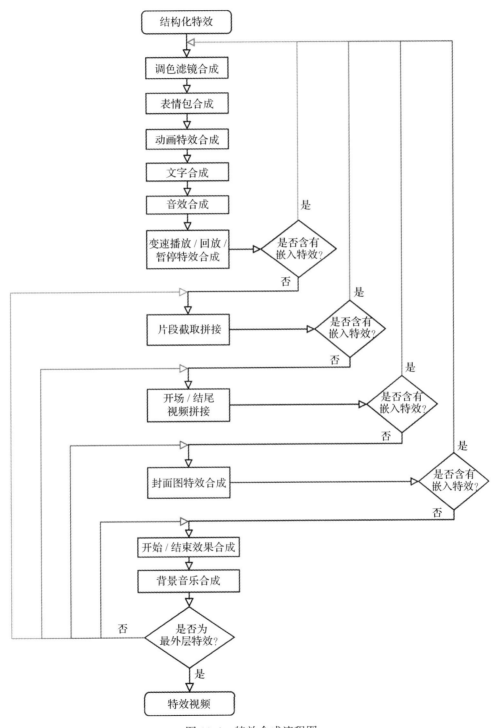

图 11-4 特效合成流程图

特效合成的过程可以理解为将需要添加的特效构建为一棵树，每个节点是一个特效操作，对特效构成的树进行深度优先遍历，而在每一层（相同深度）节点中，按照预置的顺序（调色滤镜、表情包、动画、文字等）进行特效添加。

11.2 文本驱动视频编辑

文本驱动视频编辑根据一段输入文本来排布时间线上的素材，并结合剪辑技法的设置和摄影学指导规则来约束视觉呈现的连贯性和增强视觉叙述的节奏感。

文本驱动视频编辑方法通常由如下三部分组成。

❑ 分别对文本和视频进行分割，得到文本片段（关键词）和视频镜头。

❑ 文本和视频镜头相匹配。

❑ 结合文本匹配结果和剪辑技法对候选镜头进行组装。

11.2.1 基于主题文本编辑的视频蒙太奇

清华大学研究团队提出了一个基于主题文本编辑创作视频蒙太奇的工具 Write-A-Video。给定一段有主题的文本和一个相关内容的视频素材库（来源于在线网站或个人视频集），Write-A-Video 能够帮助用户便捷的生成一个贴近文本内容，包含丰富的视觉内容并符合摄影学指导规则的视频，如图 11-5 所示。

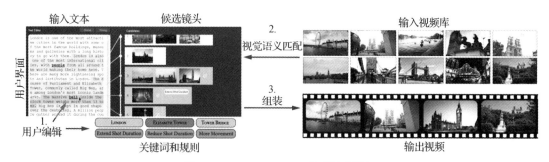

图 11-5　Write-A-Video 处理流程图

图 11-5 展示了 Write-A-Video 的处理流程，由 3 个步骤组成。

1）用户写一段文本，通过交互界面编辑文本段中的属性。

2）使用视觉语义匹配从输入视频存储库中自动检索候选镜头。

3）根据用户指定的偏好和摄影学规则进行优化问题求解，组装镜头得到成片。

1. 视觉语义匹配

视觉语义匹配的流程如图 11-6 所示，包括关键词匹配和视觉语义嵌入两个阶段。

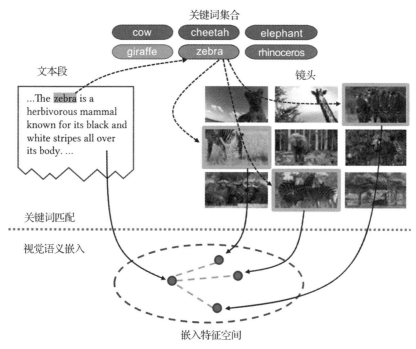

图 11-6 视觉语义匹配示意图

对于输入的主题文本，使用者需要定义一个关键词集合，如 {London, Tower, Bridge, …} 或 {zebra, giraffe, …}。Write-A-Video 将主题文本切分为一系列文本片段，通过字符串匹配为每个片段匹配关键词标签，再用关键词检索镜头。

默认情况下，一个句子为一个文本片段，用户可以通过交互编辑合并或拆分文本片段。视频素材库中的视频被分割为一系列镜头，用于关键词索引和组装成片。Write-A-Video 采用基于直方图的镜头分割算法，将帧间 HSV（Hue、Saturation、Value，色调、饱和度、明度）直方图差异大于 80% 且帧间 SURF（Speeded Up Robust Feature）特征点未匹配数量大于 80% 的位置作为镜头分割边界。

对于从网络上通过关键词搜索得到的视频素材库，检索的关键词将作为镜头的索引。此外，Write-A-Video 对镜头画面中出现的目标进行检测，将检测到目标的标签作为镜头的索引。

Write-A-Video 采用视觉语义嵌入算法 VSE++ 来计算文本片段和对应关键词检索到的镜头的匹配分数。VSE++ 将跨模态的文本和图像内容编码到一个联合特征空间，特征空间中编码特征的距离表征了跨模态内容的相似度。对于每个检索到的镜头，均匀采样得到若干帧，计算每个采样帧和文本在特征空间中特征向量的余弦相似度，将相似度的均值作为镜头和文本的匹配分数，选取匹配分数前 10 的镜头作为文本片段的候选镜头。

2. 摄影学感知的镜头组装

专业的影片中通常会使用一些摄影学指导规则来增强故事的节奏感。Write-A-Video 对镜头进行二维的相机运动估计和色调分析，结合摄影学指导规则，对镜头的内容稳定性、饱和度及亮度、色调一致性、时长、反向移动、跳剪等进行约束，使得组装成片具有更优的视觉节奏。将镜头组装建模为混合优化问题，目标函数考虑了独立的镜头、镜头的切换以及镜头和文本匹配的能量项。

$$E(\hat{S}, \mathcal{A}) = \sum_{l=1}^{L} [E_{\text{shot}}(\hat{S}_l) + E_{\text{cut}}(\hat{S}_l) + E_{\text{seg}}(\hat{S}_l, A_l)]$$

镜头能量项对每个镜头独立计算，包括视觉语义匹配分数、镜头稳定性以及色调。

$$E_{\text{shot}}(\hat{S}_l) = \frac{1}{|\hat{S}_l|} \sum_{s \in \hat{S}_l} \alpha_1 F_{\text{vsm}}(s) + \alpha_2 F_{\text{stab}}(s) + \alpha_3 F_{\text{tone}}(s)$$

剪辑能量项对连续的两个镜头进行计算，包括避免反向移动、避免跳剪、色调一致性等约束。

$$E_{\text{cut}}(\hat{S}_l) = \frac{1}{|C|} \sum_{s \in \hat{S}_l} \beta_1 F_{\text{OM}}(s, s') + \beta_2 F_{\text{JC}}(s, s') + \beta_3 F_{\text{TC}}(s, s')$$

片段能量项对文本片段对应的镜头子序列和用户指定的片段属性进行计算，包括指定的摄影学惯用规则、局部视觉语义匹配、分割时间点等约束。

$$E_{\text{seg}}(\hat{S}_l, A_l) = \gamma_1 F_{\text{idiom}}(\hat{S}_l, A_l) + \gamma_2 F_{\text{match}}(\hat{S}_l, A_l) + \gamma_3 F_{\text{split}}(\hat{S}_l, A_l)$$

采用动态规划算法对优化问题进行求解，得到最优的剪辑镜头序列。

11.2.2　基于解说文本的旅游视频编辑

Crosscast 是一个自动为旅游类型音频播客（Podcast）添加视频的系统，给定一个旅游类型音频播客，使用自然语言处理和文本挖掘来识别播客文本内容中的地理位置和描述性的关键词。再使用这些位置和关键词从在线素材库中自动选择相关照片，并使它们与音频解说的时间线对齐。

Crosscast 的处理流程如下。

1）根据播客音频，得到时间对齐的文字内容。

2）标注文字内容中的地理位置和视觉关键实体。

3）根据地理位置实体构建地理层次树，确定播客中描述的主要区域。

4）对文字内容中的每个单词与地理位置和视觉关键实体的相关性进行评分。

5）将评分最高的地理位置和视觉关键实体名称组合为查询条件，使用图像搜索引擎获取相关图像。

6）对于播客文本中的单词，如果是第一次提到某个位置，则选择地图图像；当一张图显示了合适的时长后，从一组相关的候选图像中选择另外的图像。首次提到某个位置和视觉关键实体时，还会在图像上添加文本标签以帮助理解。

11.3　音乐驱动视频编辑

音乐驱动视频编辑通常根据音乐节拍、节奏变化和基于专家知识的剪辑规则来约束以音乐为主导的视频编辑。这类编辑主要是为呈现画面节奏与音乐节奏相一致的和谐视听效果。音乐提供了时间线上的结构布局并在编辑过程中保持不变，视频片段在音乐时间线上进行排布和编辑。

11.3.1　音乐驱动视频蒙太奇

Audeosynth 是一个音乐驱动视频蒙太奇的框架。给定一段背景音乐和一个视频片段的集合，Audeosynth 能够自动生成一段编辑视频，其中视觉活动根据背景音乐的节奏进行切分和同步，呈现视听共振的效果，如图 11-7 所示。

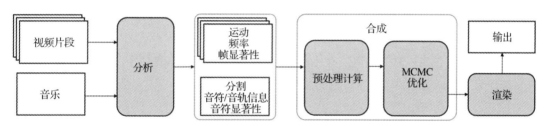

图 11-7　框架处理流程图

框架的处理流程如下。

1）分别对输入音乐和视频片段进行分析，对音乐进行切割，提取音乐和视频片段的时间特征。

2）将音乐片段和视频片段的匹配建模为一个优化问题，使用马尔可夫蒙特卡洛（Markov Chain Monte Carlo，MCMC）采样进行求解。

3）渲染模块根据求解结果渲染得到最终的视频。

1. 音视频分析

Audeosynth 使用光流算法检测视频中目标的运动速率或相机运动，并使用显著性估计来给每个像素的光流赋予权重。基于光流和显著性图，构造了运动变化速率（Maximum Continuous Rating，MCR）、流峰值、动态、峰频率等特征来表征视觉运动的显著性和频率。

令 $\phi(v_j, f) = \text{OpticalFlow}[v_j(f-1), v_j(f)]$ 表示光流，$\alpha(v_j, f)$ 为显著性图，$\nabla\phi(v_j, f; x)$ 为光流在相邻帧的差值，即像素的加速度。

$$\nabla \phi(v_j, f; x) = \phi(v_j, f; x) - \phi(v_j, f-1; x')$$
$$x = x' + \phi(v_j, f-1; x')$$

定义 MCR 为显著性加权平均运动变化速率。

$$\Phi(v_j, f) = \frac{1}{N} \sum_{x,y} \alpha(v_j, f; x, y) \| \nabla \phi(i, f; x, y) \| / \max_f \Phi(v_j, f)$$

音乐分析包括音乐分割和显著性计算两部分。Audeosynth 采用的输入音乐为 MIDI（Musical Instrument Digital Interface）格式，MIDI 是音乐信号的语义编码，记录了弹奏时间、音高、音量、持续时长等音符参数、乐器类型、音轨信息以及音乐元数据（乐谱号、韵律和拍子）。

根据音乐视频编辑中按照节拍切分的经验法则，使用音乐中的小节作为音乐分割的原子单元。每个小节是聚类的初始类，自底向上聚类，构成层次聚类树。每一步聚类中，选择具有最小分割距离的相邻片段进行合并，直到所有片段达到期望的分割间隔。分割距离定义如下。

$$\chi(m_i, m_{i+1}) = w_0 \frac{|\mathrm{pace}(m_i) - \mathrm{pace}(m_{i+1})|}{\mathrm{mode}(\mathrm{pace})} + w_1 \frac{|\mathrm{median}[\mathrm{pitch}(m_i)] - \mathrm{median}[\mathrm{pitch}(m_{i+1})]|}{\sigma_{\mathrm{pitch}}} +$$
$$w_2 \frac{|\sigma[\mathrm{pitch}(m_i)] - \sigma[\mathrm{pitch}(m_{i+1})]|}{\sigma_{\mathrm{pitch}}}$$

根据音符的音高、时间间隔、在小节中的位置等特征定义 8 种二值显著性，并定义音符显著性为二值显著性关于音符音量的加权。

$$\omega(t_i) = [1 + \mathrm{vol}(t_i) \sum_{i=1}^{8} \mathrm{score}_i] / \max[\omega(t_i)]$$

由于音符是离散的，定义连续时间显著性函数如下，其中 $G(\cdot)$ 为高斯核函数。

$$\Omega(m_i; t) = \sum_{t_i=1}^{K} \omega(t_i) G(t - t_i; \sigma_{t_i})$$

2. 音视频合成

图 11-8 为问题建模的示意图，视频片段通过起始帧 sf，结束帧 ef，以及缩放因子匹配到音乐片段。音视频合成的目标是选取最小化以下能量函数的视频序列。

$$E(\theta, M) = E_{\mathrm{match}}(\theta, M) + E_{\mathrm{transit}}(\theta, M) + E_{\mathrm{global}}(\theta, M)$$

其中，$M = \{m_1, m_2, \cdots, m_q\}$ 表示切割的音乐片段集合，$V = \{v_1, v_2, \cdots, v_p\}$ 表示输入视频片段集合，$\theta = \{\theta_1, \cdots, \theta_q\}$ 表示每个音乐片段匹配的视频片段参数，$\theta_i = (v_{a_i}; sf_i, ef_i, \mathrm{scale}_i)$。

能量函数由匹配代价、过渡代价和全局代价组成，分别构成了一元约束、二元约束和高阶约束。Audeosynth 将最小化能量函数的问题分解为两阶段的优化。

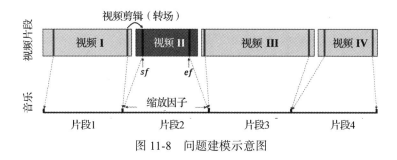

图 11-8　问题建模示意图

（1）预处理计算阶段

对于一个独立的音乐片段，计算局部最优的视频片段，将视频片段与音乐片段通过起止帧和缩放因子进行全局对齐，并在视频内部使用变化的时间缩放因子将显著的视觉帧与显著的音乐音符进行对齐，如图 11-9 所示。

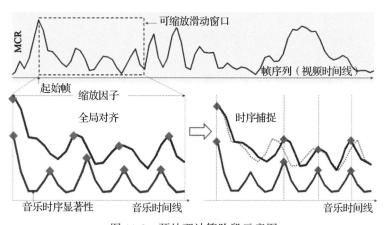

图 11-9　预处理计算阶段示意图

（2）MCMC 采样

使用 Metropolis-Hastings 算法在标签空间中采样，求解优化问题。由于预处理计算，新的标签空间简化为音乐片段序列对应的视频段索引序列。

11.3.2　根据音乐生成视觉节奏

斯坦福大学研究者提出了一种根据音乐节奏生成视觉模拟的方法，通过分析视频中目标的运动并进行时间上的扭曲，将视觉节奏与音乐节奏对齐，使得视频中的目标呈现舞蹈效果。

该方法可以应用于一段舞蹈视频，改变其背景音乐，使得视频中的舞蹈动作与新的背景音乐对齐；也可以应用于从非舞蹈视频中检测具有合适节奏的动作片段，通过在时间线上与背景音乐的节奏进行精确对齐，来合成具有视觉节奏的视频，通过该方法可以生成在自媒体视频平台非常受欢迎的搞笑视频。

首先，提取音频和视频中的节奏特征，如图 11-10 所示。

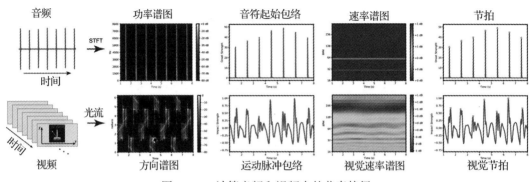

图 11-10　计算音频和视频中的节奏特征

该方法使用通用的音频波形图作为音乐的输入格式，利用开源的音频信号分析库 LibROSA 进行音乐特征提取。对音乐信号进行短时傅里叶变换，并计算频谱图和频谱通量、音符起始包络、速率谱图等特征，最终通过动态规划得到音乐的节拍。

对于图 11-10 中的每个音频特征，推导它们在视频上具有相对应含义的特征，使用相似的方法进行计算。通过光流估计视频中目标的运动，并计算方向谱图、运动脉冲包络、视觉速率谱图等特征，最终得到视觉节拍。

计算得到音乐节拍和视觉节拍后，需要通过时间扭曲将两者进行对齐。在除了视觉节拍点之外的所有位置，时间扭曲的速率应该具有连续性，以保证在输入没有视觉脉冲时不会产生新的视觉脉冲。时间扭曲曲线如图 11-11 所示，将视频时间绘制为音乐时间的函数，图中的点表示匹配的视觉节拍（水平）与音乐节拍（垂直），曲线的斜率表示时间扭曲的瞬时变化率。有的插值方法如三次插值和线性插值可以满足时间扭曲速率的连续性要求，如图 11-11a 和图 11-11b 所示，它们在节拍处的导数值较小，会使输出视频的节奏显著性不够突出。

该方法提出了一种新的用于时间扭曲的插值方法，使得在节拍处具有更大的导数值，插值函数定义如下，在 $[0, p]$ 区间为直线，在 $(p, 1]$ 区间具有加速度。

$$f(t) = \begin{cases} \alpha t, & t \leqslant p \\ \alpha t + g(t - p), & t > p \end{cases}$$

该函数具有以下约束。

$$f(0) = 0$$
$$f(1) = 1$$
$$g(0) = 0$$
$$g'(0) = 0$$

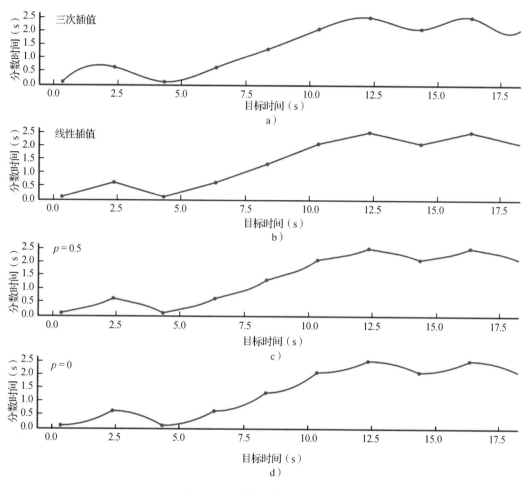

图 11-11 时间扭曲曲线示意图

将加速度项设为 $g(x) = x^2$，可以解得 α 和 p 的关系。

$$p = 1 - \sqrt{1-\alpha}$$
$$\alpha = 1 - (1-p)^2$$

参数 p 表示将多少时间用于加速，图 11-11c 和图 11-11d 展示了 p 分别取 0.5 和 0 时的时间扭曲曲线。

AlignNet 使用基于深度学习的端到端模型来实现视觉节奏与音乐节奏的对齐。考虑到背景变化可能对图像造成干扰，该方法采用更加鲁棒的人体关键点特征作为视觉模态的输入，采用归一化对数梅尔频谱作为音乐模态的输入。模型如图 11-12 所示，结构设计包括以下几部分。

❑ 使用空间和时间的注意力模块来突出重点区域。

❑ 使用特征金字塔从视觉和音频的输入中提取多尺度特征。

- ❑ 扭曲层基于高层的特征来扭曲低层的模态特征，以更好地预测更大范围的失真。
- ❑ 相关层对视频特征与音频特征之间的相似性进行建模。
- ❑ 通过相似性图预测模态间的稠密对应关系。

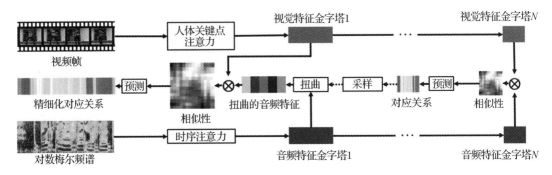

图 11-12　AlignNet 结构示意图

11.3.3　基于音乐合成视觉叙事镜头

有研究团队通过学习音乐和视觉叙事镜头的关系，基于音乐生成专业的镜头类型序列。在电影语言中，镜头类型是导演用于视觉叙事的关键元素，镜头类型的定义如表 11-2 所示。基于音乐合成视觉叙事镜头的方法可以应用于演唱会视频编辑，强化观众的视听体验。

表 11-2　6 种镜头类型的定义

特写 （Close-Up，CU）	中特写 （Medium Close-Up，MCU）	中景 （Medium Shot，MS）	中远景 （Medium Long Shot，MLS）	远景 （Long Shot，LS）	大远景 （Extreme Long Shot，XLS）
特写用于展示人物主体脸上的表情，脸部占据屏幕中的大部分	中特写包含人物主体的完整头部和肩膀	中景包含人物主体的头顶至腰部	中远景包含人物主体的头顶至膝部	远景包含人物主体的全身，从头顶至脚底	大远景覆盖了大片区域，由于距离很远，很难从镜头中看到人物的表情和反应

研究团队提出了一个结合电影语言模型的多分辨率融合循环神经网络框架来进行音乐和镜头类型序列的转换。

将输入音频波形通过短时傅里叶变换分别得到低、中、高分辨率（4 秒每帧、2 秒每帧、1 秒每帧）的对数梅尔频谱。使用在 MagnaTagATune 音乐数据集上预训练的卷积网络来提取不同分辨率频谱下的音乐表征 X、Y、Z。选取镜头类型序列 $\hat{s}$ 可以如下建模。

$$\hat{s} = \arg\max_{s \in S} P(s \mid X, Y, Z) \propto P(X, Y, Z \mid s)P(s)$$

其中，S 表示所有可能的镜头序列的集合，$P(X, Y, Z \mid s)$ 是 X、Y、Z 的联合概率分布，$P(s)$ 是电影语言的先验概率，通过官方演唱会视频中的镜头转换计算得到，采用二元语言模型进行估计，公式如下。

$$P(s) = P(s^1) \prod_{t=2}^{T} P(s^t \mid s^{t-1})$$

基于最大熵原理，通过组合特征的相关性和似然来估计联合概率如下。

$$P(X, Y, Z \mid s) \stackrel{\text{def}}{=} \prod_{t=1}^{T} P(X^t \mid s^t) P(Y^{\left\lceil \frac{t}{2} \right\rceil} \mid s^t) P(Z^{\left\lceil \frac{t}{4} \right\rceil} \mid s^t) \times \frac{P(u^t, v^{\left\lceil \frac{t}{2} \right\rceil}, w^{\left\lceil \frac{t}{4} \right\rceil} \mid s^t)}{P(u^t \mid s^t) P(v^{\left\lceil \frac{t}{2} \right\rceil} \mid s^t) P(w^{\left\lceil \frac{t}{4} \right\rceil} \mid s^t)}$$

$$\approx \prod_{t=1}^{T} P(X^t \mid s^t) P(Y^{\left\lceil \frac{t}{2} \right\rceil} \mid s^t) P(Z^{\left\lceil \frac{t}{4} \right\rceil} \mid s^t) \times \frac{P(u^t \mid v^{\left\lceil \frac{t}{2} \right\rceil}, s^t) P(v^{\left\lceil \frac{t}{2} \right\rceil} \mid w^{\left\lceil \frac{t}{4} \right\rceil}, s^t)}{P(u^t \mid s^t) P(v^{\left\lceil \frac{t}{2} \right\rceil} \mid s^t)}$$

其中，$P(X^t \mid s^t)$、$P(Y^{\left\lceil \frac{t}{2} \right\rceil} \mid s^t)$、$P(Z^{\left\lceil \frac{t}{4} \right\rceil} \mid s^t)$ 分别为高、中、低时间分辨率音乐表征的似然估计，$\lceil \ \rceil$ 表示向上取整。对于上式中的特征相关项，由于 X、Y、Z 是连续值，在联合条件 s 下，难以获得足够的训练数据来构建三者的条件联合分布。故使用 k-均值聚类来构建码本，并进行向量量化，使用对应的码字 u、v、w 来表示 X、Y、Z。

上述模型在演唱会数据集上有不错的表现，但集成的模型具有较高的计算复杂度，使得该方法的应用受限。该研究团队又提出了一种深度交互学习机制，用于构建高效的轻量级网络。不同于知识蒸馏中从教师网络到学生网络的单向信息传递，深度交互学习机制可实现教师网络和学生网络之间的协同学习。深度交互学习可以看作一种双向的知识蒸馏方法，学生网络也会传递知识给教师网络。

深度交互学习机制将集成模型作为教师网络，包含 3 个时间分辨率 RNN（称为助理网络），采用一个与助理网络具有相同结构的 RNN 作为学生网络来模仿教师网络的输出表现。在从教师网络到学生网络的学习步骤中，固定教师网络的参数，学生网络使用教师网络输出的标签概率分布（Soft Target）和真实标签（Hard Target）的加权和作为模仿样本进行训练，如图 11-13a 所示。而后在从学生网络到教师网络的学习步骤中，固定学生网络的参数，将学生网络输出的标签概率和真实标签用于教师网络中每个助理网络的训练，如图 11-13b 所示。

由于标签概率分布与真实标签相比具有更大的信息熵（标签概率分布包含不同标签上的置信度），以这种方式学习能够增加学习网络的后验熵，帮助教师网络和学生网络收敛到更鲁棒的极小值，并在测试数据上获得更强的泛化能力。

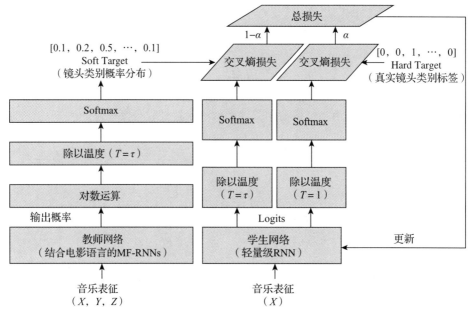

a）基于蒸馏的教师网络到学生网络学习框架

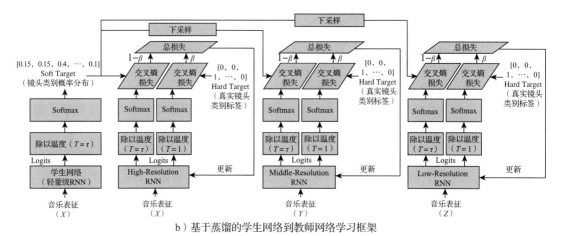

b）基于蒸馏的学生网络到教师网络学习框架

图 11-13　深度交互学习机制示意图

11.4　本章小结

本章介绍了结构化数据驱动、文本驱动、音乐驱动视频编辑的相关方法和论文，并对这三类编辑方式在视频编辑的素材处理、素材组接、时空编辑和特效渲染任务上的不同处理进行总结。

第三部分 *Part 3*

内容质量

　　信息流产品致力于为用户提供丰富的内容，内容的质量是用户体验的基础，也是各大信息流产品的核心竞争力。内容质量问题是一个日益凸显的问题，低质内容包含恶意作弊、骗流量、不适合推荐、粗制滥造等，这些内容对产品和用户的伤害最为直接。业界通常构建安全审核、机器审核、人工审核的审核流程，将业务划分为更细粒度的类型，对多源数据的多种数据类型，分别建立识别模型，提升线上内容供给效率，降低线上内容负反馈。

　　第三部分将详细介绍信息流领域产品常见的内容质量问题，帮助读者了解针对这些内容质量问题的业务场景应如何进行拆解和定义，化抽象为可以建模的问题。同时介绍作者团队的业务建模流程以及业界常用的解决方案和研究进展。

Chapter 12 | 第 12 章

标 题 党

随着信息时代的发展，内容传播的主要媒介逐渐从报纸、广播、电视等传统媒介转变为门户网站、微博、手机 App 等互联网形式的新兴媒介。信息时代的内容信息量大，内容传播的速度快，用户只要拿出手机，点开某个新闻 App，上下滑动屏幕就可以接触到各种各样的内容。即使是同一个内容，也会有非常多的网络媒体工作者通过不同的内容组织形式去表达和传播。更容易被用户点击的内容具有更高的商业价值，内容主体可能是新闻资讯，也可能是商品广告。受欢迎的内容本身应该是有趣的、吸引人的，用户接触到某条内容时通常是先看到内容标题，那么标题吸引人的程度也决定了用户点击这条内容的概率。

以广告信息为例，如今大多数内容发布者都会选择在社交媒体上投放广告。通过传播"预告信息"（广告标题），发行商可以进行病毒式营销。在社交媒体上投放的广告由以下内容组成。

❑ 短文本。

❑ 可选的媒体附件，可以是图像或视频。

❑ 跳转到广告内容页面的链接。

从发布者的角度来看，理想的预告消息应尽可能少地披露其广告内容，以使其目标受众（或者所有人）都倾向于去访问发布者的页面。相反，从读者的角度来看，理想的预告消息应该是一个独立的摘要。这两个理想自然是矛盾的，社交网络运营商需要在两者之间进行协调。

优秀的内容标题既要对正文内容进行合理的概括，又能够吸引用户点击。而有些网络媒体工作者为了让自己的内容脱颖而出，只关注标题能否吸引眼球，绞尽脑汁制作十分夸张的标题内容，期望增加点击量，从而获得商业利益。可以认为这种只为吸引眼球的标题内容就是标题党。

"标题党"的英文为"clickbait"，再回译为中文可以直译为"点击诱饵"。韦氏词典将"点击诱饵"定义为鼓励读者点击带有信息片段的超链接的东西，例如标题。Biyani 等人在论文中定义了 8 种点击诱饵类型。

❑ 夸张：标题夸大宣传了正文的内容。

标题举例：女朋友身上隐藏着一个惊天秘密，我怎么接受她？

❑ 戏弄：标题故意省略细节，设置悬念，迫使读者有点击的冲动。

标题举例：Google 是世界第二大公司，看看谁是第一？

❑ 措辞不当：措辞不当或标题中使用粗俗的词语。

标题举例：普京在 G20 峰会上受到重创。

❑ 格式强调：标题中强行添加强调的标点（多个感叹号），或者英文单词全部大写。

标题举例：震惊！！！芈月居然能穿透所有墙。

❑ 侮辱调侃：特指那些令人不快、不安或令人难以置信的主题。

标题举例：某明星整容手术失败——脸庞像融化的蜡烛。

❑ 诱饵开关：标题中承诺 / 暗示的内容并不在点开的页面上，需要额外点击或者没有任何内容。

标题举例：爱喝酒的美国人不再喝酒。（点开之后没有具体内容）

❑ 模棱两可：标题不明确或者容易引起好奇。

标题举例：房东哭了！因合同多了 6 个字，知名餐饮店连续 10 年拒交房租。

❑ 内容虚假：标题和正文都是虚假内容。

标题举例：科学家坦白"全球变暖是一场 220 亿美元的骗局"。

12.1 模型构建

12.1.1 业务定义

在构建模型前，我们先细致地定义标题党。按照用户感受来划分，可以认为"标题党"是形容词，形容用户对于内容标题的一种被欺骗了的感受，可以分为两类：第一类是标题带来的主观感受；第二类是通过标题点击进入文章后的阅读感受。

第一类标题党可以从下面两个方面提取证据。

❑ 表征层面：用词用语、句法句样式。例如常见的"震惊体"——"震惊！鲁班 7 号上 KPL 比赛 ban 位了"。

- ❑ 知识层面：标题是否让人主观先验到，大概率是夸张或虚假的资讯内容。例如"14亿人都不知道的真相，历史的血泪！"

第二类标题党通过以下角度可以发现。

- ❑ 文题符合程度：如果文章内容和标题的相关程度较低，或者说文章内容跟标题完全不相关，那么这样的标题给人的感受就是标题党。
- ❑ 用户对内容的反馈信息：如果资讯内容给人的直观感受是没有信息量，例如内容只有纯配图，或者内容是纯旧闻，那么用户对这一内容的反馈将是负面的。负反馈信息可以分为三类。
  - ❍ 阅读行为：阅读时长低，无明显阅读行为，跳出率高。
  - ❍ 内容评论：用户在评论中指出资讯内容是标题党。
  - ❍ 举报：用户对资讯内容进行了举报，举报原因选择了标题党、无价值、无营养。
- ❑ 知识层面：文章内容是否跟标题描述不一致。注意和假新闻的区别，假新闻的新闻内容是虚假的，而标题党的文章内容可能是真实的，文章内容与标题的描述却不一致。

举例来说，内容标题是"空气污染现在是导致肺癌的主要原因"，而文中的关键句子是"我们现在知道，室外空气污染不仅是普遍威胁健康的主要风险，而且还是导致癌症的主要环境原因之一。"这个例子中的标题存在断章取义的问题，正文中描述的内容是空气污染是导致癌症的环境原因之一，而实际上导致肺癌的原因除了环境原因之外还有其他原因。

- ❑ 时效性层面：新闻内容具有时效性，如果内容本身是过时的新闻，那么即使新闻标题和新闻内容是完全匹配的，用户进入文章后的阅读感受也不会好。例如2020年英雄联盟 S10 比赛期间推送一篇 2019 年洲际赛亚洲对抗赛的战报，标题为"Nuguri 吸血鬼伤害爆炸，DWG 战胜 TES 助力 LCK 晋级决赛！"因为 DWG 和 TES 战队是 S10 比赛的争冠热门，所以用户大概率会被标题吸引，点开文章内容会发现这并不是 S10 比赛，就会有种被欺骗的感觉，大大影响阅读体验。这种不符合时效性的新闻内容，尽管标题是真的，文题也符合，它依然属于标题党。

我们根据上面的区分方式，使用特征和处理手段，把"标题党"模型分成了几种类型。针对标题的感受的模型是基于标题建模；针对阅读文章的感受的模型是基于文章整体内容建模，这里的文章内容除了标题和正文的文本外，还包含用户评论、阅读行为、用户举报原因等能获取到的信息。

12.1.2 基于标题建模

基于标题建模细分为词法句法层面建模和知识层面建模。

1. 词法句法层面建模

从标题浅层表征层面来建模标题党内容，重点是对标题党内容的用词用语和句法句式的挖掘。通过自然语言处理的分词、序列标注、句法分析等方法，从已有的数据中挖掘诱导点击的典型词和典型句式。将挖掘出的典型词和典型句式构造成规则匹配模板，当要判断标题内容是否为标题党时，用构造好的规则匹配模板进行匹配。

举例来说，具有标题党特征的典型词有"震惊""%"，可以根据典型词匹配出可能是标题党的标题。

- ❏ 震惊！老帅中单孙膑竟打出 30% 伤害占比
- ❏ 震惊！兰陵王悄无声息带飞全场
- ❏ qghappy 晋级个人赛，猫神芈月神操作震惊全场
- ❏ 99% 的玩家不了解他，其实这样玩输出峡谷最强
- ❏ 80% 玩家都不知道的上单秘诀，学会轻松一打二！
- ❏ 李白党福利？玩家发现体验服李白疑似加强，大招第一段伤害增加 15%！

可以发现，第 1、2、4、5 条标题内容符合标题党的特征，而第 3、6 条并不具有显著的标题党特征。因为第 3 条的"震惊"和第 6 条中的"%"是相应典型词的不同用法。依靠典型词匹配可能会出现误差，虽然可以通过制定更加详细的规则来减轻误匹配，但是这一方法本质上需要消耗较多的精力构造匹配规则。

句法规则匹配和典型词匹配类似，以"学会……轻松上王者"这一句法为例，可以看到匹配到了几条标题党的标题。

- ❏ 王者荣耀安琪拉怎么玩？学会这几招，轻松上王者！
- ❏ 失传已久的亚瑟神出装，学会了助你轻松上王者
- ❏ s16 上分利器，学会这三个英雄，轻松上王者

句法规则匹配比典型词匹配略微复杂一些，匹配到的标题是标题党的准确率也提升了不少。句法规则匹配和典型词匹配有着共同的缺点，尽管可以用 NLP 的工具辅助挖掘典型句法和典型词，但是要得到高质量的规则匹配模板，还是依靠人工制定和优化大量的匹配规则。此外，这些匹配规则往往只适用于当前的资讯领域，扩展性较差，在判断其他领域的标题党内容时，需要重新制定匹配规则。

词法句法层面建模，优点是推断效率较高，能够召回具有鲜明特征的标题党内容。缺点是需要消耗较多精力去构建规则匹配模板，方法的扩展性较差。

2. 知识层面建模

知识层面的建模，是要建模标题的深层语义信息。"震惊"这一典型词在标题开头大概率是"震惊体"标题党，而出现在标题中间可能只是一个简单的形容词。利用标题的浅层

表征，可以捕捉到典型词和典型句法，但是难以把握整个标题的内在语义，从而可能导致误判。

多年来，文本内容理解一直是一个重要的研究方向。自然语言处理领域对文本的理解方法也越来越深入，从字、词的表示扩展到句子的表示，再扩展到基于上下文的文本表示。随着以 BERT 模型为代表的预训练语言模型的兴起，我们可以更深入地学习句子的语义信息。

知识层面的建模方式有两种：一种方式是直接对标题内容进行二分类，通过深度学习模型学习标题的语义信息，自动判断标题是不是标题党；另一种方式是结合外部知识，可以是已有的知识库，也可以是大规模的通用语料，首先，使用外部知识的文本信息预训练语言模型，然后在预训练语言模型的基础上微调标题党内容的分类器。

结合深度学习的知识层面的建模有许多优点，一方面，省去了特征工程需要消耗的大量精力；另一方面，分类效果不输于模板匹配和传统机器学习方法。此外，这一方法是端到端的，维护方便，扩展性强。结合深度学习模型对标题进行建模，构造二分类器，是解决标题党问题的发展趋势。基于 BERT 进行标题分类的模型结构如图 12-1 所示。

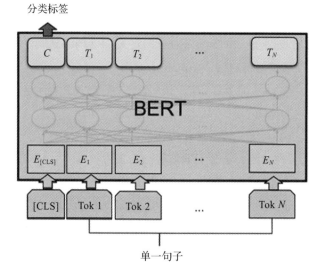

图 12-1　标题分类的 BERT 模型

12.1.3　基于文章整体内容建模

文章整体内容不仅是指标题和正文的文本内容，还包含正文中的图片、视频、用户的评论，以及可能可以获取到的用户的阅读行为、用户举报原因等。根据这些信息，结合标题和文章内容建模可以细分为标题正文文本匹配建模、用户反馈信息建模和多模态内容建模。

1. 标题正文文本匹配建模

标题正文文本匹配建模重点区分的是文不对题型标题党和虚假型标题党。文不对题型标题党是指文章内容和标题完全不相关，虚假型标题党是指文章内容和标题有一定的相关性，但正文内容和标题描述不符。判断虚假型标题党需要模型对语义有更加深入的理解，这一任务的难度比判断文不对题型标题党要困难很多。

对于文不对题型标题党的内容，可以使用相似度匹配的方式来判断。首先分别建模标题和正文，学习特征向量，然后根据特征向量给出标题和正文的相似度得分，得分低于某一阈值就认为这一标题属于文不对题型标题党。也可以直接进行句子对二分类，将标题和正文作为输入的句子对，分类模型输出 0 或 1。标题 - 正文匹配分类 BERT 模型如图 12-2 所示。

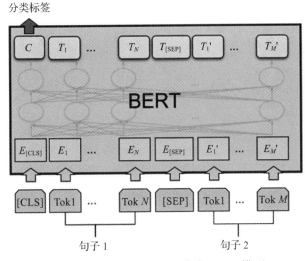

图 12-2　标题 - 正文匹配分类 BERT 模型

对于虚假型标题党，同样可以采用特征相似度匹配或者句子对分类的方式来区分。如果特征难以把握较为深层的语义，很容易发生误判。例如内容标题是"空气污染现在是导致肺癌的主要原因"，而文中的关键句子是"我们现在知道，室外空气污染不仅是普遍威胁健康的主要风险，还是导致癌症的主要环境原因之一。"这种内容的标题和正文的相关性很强，模型想要理解"主要原因"和"主要环境原因之一"是很困难的事情。

尽管虚假型标题党较难区分，但是我们可以利用预训练模型学习通用知识，在预训练模型的参数上进行句子对分类。以 BERT 模型为例，BERT 模型预训练时使用了预测下一句话任务，使得模型具备处理两个句子作为输入的能力，这一预训练模型在机器阅读理解、自然语言推理等任务上已经取得了显著效果，在细粒度情感分析、词义消歧等句子对任务上也取得了非常好的表现。在判断虚假型标题党这一场景中，该模型同样可以适用，将标题作为句子 A，正文作为句子 B，进行句子对分类即可。

2. 用户反馈信息建模

除了标题和正文的文本内容外，用户的反馈信息也是我们判断内容是否为标题党的重要依据。用户的反馈信息包含用户评论、用户阅读行为、用户举报等内容。

对于标题党的文章，用户可能已经在评论中指出这篇文章是标题党。另外，标题党内容和非标题党内容的评论的语义分布通常是不一样的。标题党和非标题党内容的互动回复链路如图 12-3 所示，标题党的链路往往比较短，指出内容是标题党的内容可能会收获较多点赞。而非标题党内容的一级评论、二级评论会较多一些。

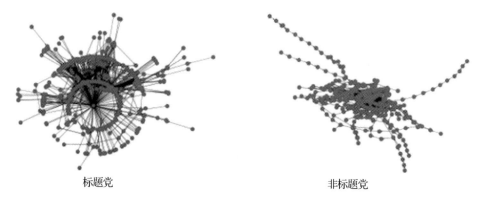

标题党   非标题党

图 12-3   标题党和非标题党内容的互动回复链路

Shang 等人具体研究了用户反馈信息来判别标题党。此外，标题党内容的评论中，往往负面的评论居多，我们可以通过评论数量以及评论的情感极性对具有标题党嫌疑的内容进行初步召回。

用户阅读行为信息也可以用来判断标题党并进行初步召回，用户阅读时间短或者无明显阅读行为的内容很可能是标题党，而阅读时间较长的内容大概率不是标题党。

用户的举报反馈是一个十分重要的判断标题党的证据，十分适合作为判断标题党系统的冷启动。只需要在举报反馈的原因选项中加入标题党选项，就可以得到由广大用户标注的可能是标题党内容的数据。一方面，可以直接将举报反馈为标题党的内容归类为标题党；另一方面，这批数据可以被收集起来，用于训练其他标题党内容分类模型。

对于时效性层面的标题党内容的判断，用户反馈信息起到了关键的作用。要过滤掉这类标题党，一种方式是构建一个旧闻匹配系统，自动识别并过滤过时的新闻；另一种方式是利用用户反馈信息进行判断。需要注意的是，利用用户反馈信息的判断方法有一个明显的缺点，它不能保证筛选的标题党内容的实时性。新出现的内容是没有用户反馈信息的，只能等有了用户反馈信息后才能进行判断。

3.多模态内容建模

信息时代的文章资讯内容不再局限于文本和图片，还可能包含视频。如何利用好图片、视频等信息来辅助判断标题党内容是一个新的研究方向。

标题党内容在本质上还是需要判断相关语义的，围绕标题党建模的方法大多建模文本信息。尽管内容中包含文本和图片，但是起到判断标题党决定性作用的还是文本内容。随着深度学习的发展，神经网络对于图片、视频特征的建模能力越来越强，利用文本模态以外的特征来辅助判断标题党内容成为可能。

客观地看，多模态特征具有差异性，要使用文本、图片、视频特征共同分类标题党内容，如何融合这些特征是一个难点，很难确认是不是只有其中一个文本模态的特征起了决定性的作用。在标题党分类任务上，需要我们花更多的精力去探索，使多模态特征模型的分类表现超过只使用文本特征的模型。

12.2 标题党研究方向

同假新闻的研究方向类似，标题党相关的研究可以分为数据方面、特征构造方面和模型方面。

12.2.1 数据方面的研究

通用的数据集对于具体的研究任务是十分重要的，关于标题党问题的通用测评数据集还不多，很多研究工作都是自己收集并构造数据集的，例如 Chakraborty 等人构造的维基新闻数据集、Potthast 等人构造的 Twitter 推文数据集。虽然有部分研究工作公开了数据集，但大多数研究没有公开数据集。

12.2.2 特征构造方面的研究

特征构造方法往往会和传统的机器学习相结合，通常会从句法、词法分析入手，构造相应特征。以标题内容为例，特征构造可以是对于词语、标点数量的统计；对于夸张词、限定词和缩写词的统计；对于主语和从属词之间的最大距离分布的统计等。以用户反馈信息为例，特征可以是互动回复链路。人工构造特征的方法对于构造特征的质量要求很高，需要花费较多的精力设计有效的特征。

12.2.3 模型方面的研究

模型方面的研究重点是不依赖特征构造方法的深度学习方法。通常会使用预训练的词向量作为文本的原始输入，然后使用深度学习中常用的 CNN、GRU 等网络结构对特征做进一步融合，最后使用融合后的特征进行预测。不论是对于标题党标题分类还是标题党标题 – 正文匹配任务，深度学习方法都可以很好地适配。近年来，Devlin 等人提出的 BERT 预训练语言模型方法在文本分类和文本匹配任务上取得了非常好的效果，可以很好地用于标题党分类或匹配任务。

12.3　数据集

　　标题党问题的数据集对于研究任务是十分重要的，关于标题党的通用测评数据集少，公开的数据集大多是研究工作者收集并构造的，表 12-1 介绍了当前标题党问题公开的数据集。

表 12-1　标题党数据集

数据集	数据集简介	数据集构造细节或获取方式
Clickbait Corpus	通过社交网站的链接来获取标题党和非标题党的资讯数据	标题党数据链接 • https://www.reddit.com/r/SavedYouAClick • https://www.facebook.com/StopClick-BaitOfficial 非标题党数据链接 • https://www.reddit.com/r/news • https://www.reddit.com/r/worldnews
Twitter Clickbait Corpus	推特推文标题党数据集，二分类标注，共 2992 条数据，其中 767 条是标题党	数据集作者从推特上发布内容影响力 Top20 的新闻媒体中采样。搜集了 2015 年第 24 周的推文数据，每个新闻媒体 150 条推文（其中有一个只有 142 条）
Clickbait Corpus	这一数据集中的数据来自不同的新闻站点，这些站点的页面显示在 Yahoo 主页上。网站包括《赫芬顿邮报》《纽约时报》、哥伦比亚广播公司、美联社、《福布斯》等。共有 1349 条标题党和 2724 个非标题党网页	数据的采样范围是 2014 年末到 2015 年末。文章涵盖了政治、体育、娱乐、科学和金融等不同领域。标题党在不同类别中的分布如下： 模棱两可：68 条 夸张：387 条 措辞不当：276 条 点击诱饵：33 条 戏弄：587 条 格式强调：185 条 内容虚假：33 条 侮辱调侃：106 条 注意这些类别中示例的总数大于标题党内容的总数，因为一个示例可以属于多个类别
Headline Clickbait Corpus	数据集作者从维基新闻网站上收集新闻进行二分类标注	每条内容由 3 名标注人员进行标注。有两个版本的数据集，第一版共 15 000 条数据，标题党内容占 7500 条。第二版共 32 000 条数据，标题党内容 15 999 条

（续）

数据集	数据集简介	数据集构造细节或获取方式
Media Corpus	数据集作者利用 Facebook Graph API 搜集了包含主流媒体和不可靠媒体在 Facebook 上发布的帖子（根据主流媒体内容和不可靠媒体内容自动区分标题党）。时间范围从 2014 年 1 月 1 日到 2016 年 12 月 31 日	Facebook 帖子的数量超过 200 万，其中部分帖子包含照片、视频或指向外部资源的链接。数据集作者筛选出包含视频和链接的帖子共 167 万，并收集了其中 191 514 条包含链接的帖子正文。数据集的获取链接为 https://tinyurl.com/y7mk7c7k
Webis Clickbait Corpus 2017	数据集包含 38 517 条带标注的推文，四分类标注（非标题党、轻微标题党、中度标题党、重度标题党）	推文从 27 个转发最多的新闻媒体中采样获得，时间跨度为 150 天。每条推文都由 5 名标注人员进行标注。数据集的获取链接为 https://webis.de/data/webis-clickbait-17.html

12.4　相关论文介绍

早期标题党问题的相关研究主要采用特征工程加机器学习进行分类，近期更多地利用深度神经网络对标题党问题建模。本节介绍一些经典的论文。

12.4.1　特征构造

特征构造的方法主要是制定规则从文本中提取标题党风格的词语、句法特征。如图 12-4 所示，Chakraborty 等人统计了标题党内容和非标题党内容在词语特征方面的不同。

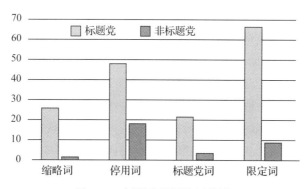

图 12-4　标题党词语特征统计

Chakraborty 等人将词语统计特征、句法规则特征、词性分布特征以及词语 N-Gram 特征共同作为 SVM 分类模型的输入，最终取得了 0.93 的 F1 分数。

Chakraborty 等人不仅考虑了基于单词的特征，还考虑了句子结构和顺序信息。他们在论文中使用了一种类顺序规则挖掘方法来提取句子结构和顺序信息。

具体来说，就是设计一种高级的句法规则匹配模板，作为句法特征。例如标题为"她是曾经的世界冠军，但现在为工作发愁"，这个标题中的关键触发词是"她""曾经""但""现在"，匹配到的句法模板为 <代词，过去，转折连词，现在>。具有这样句式特征的内容，是标题党内容的概率大大提升。在论文中，作者使用了 Co-Training 方法进行半监督学习，从标题和正文两个视角分别使用 SVM 分类器进行分类。

此外，Shang 等人利用用户评论信息构造特征的方法，针对在线视频设计了标题党检测模型，模型结构如图 12-5 所示。

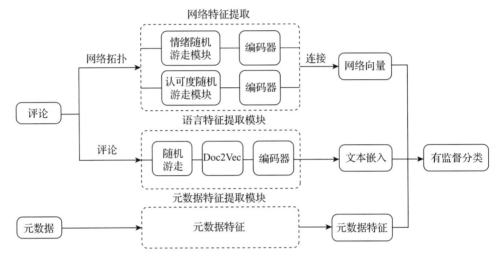

图 12-5　在线视频标题党检测模型

在线视频往往包含较多用户评论信息。论文作者使用了随机游走算法，从用户评论数据中提取特征。标题党视频和非标题党视频在观众评论的拓扑特征（如评论链的结构）和语义特征（如情绪、认可）方面是不同的。他们将评论构建成图结构，将视频的描述当做中心节点，一级评论节点直接通过有向边指向中心节点；二级评论（评论的回复）通过有向边指向一级评论节点。YouTube 数据集中有评论以及对评论的回复这两类评论，主要通过两个角度对用户评论进行建模，一个是评论的情感得分，另一个是根据每条评论的点赞数。

论文作者使用的随机游走算法，在图上根据有向边进行有向游走。首先随机选择一个节点，然后跟着有向边进行游走，每走过一个节点，就会记录该节点的情感极性或者点赞数，一共游走 M 次，每次最大步数为 K，得到 $M \times K$ 的向量。如果游走的步数还没有达到 K 就已经到达了中心节点，那么会将向量填充，对于情感极性添加中性情感，对于点赞数添加 0。最终，得到文本内容的图结构特征。

除了图结构特征外，论文作者也定义了一些元数据特征，例如评论数量、点赞数量、取消赞数量等。最终，使用图结构特征加上元数据特征共同分类，模型可以取得 89.6% 的准确率。

12.4.2 深度学习

深度学习的方法主要通过神经网络模型学习文本原始特征的深层表示，在 Clickbait Challenge 2017 评测任务中，Omidvar 等人使用了深度学习模型对标题党内容进行分类并获得了第一名，模型结构如图 12-6 所示。

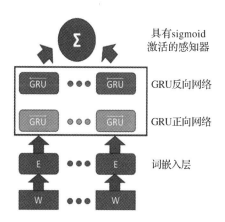

图 12-6　标题党双向 GRU 分类模型
(Omidvar, Jiang et al. 2018)

词语原始输入是 One-Hot 的形式，经过词嵌入层之后得到分布式表示的词语，接着通过双向 GRU 网络对特征做进一步融合，最后将融合的特征经过 sigmoid 函数输出二分类概率。整个模型完全不需要人为设计各种特征，特征融合的工作交给神经网络模型去完成，十分简洁高效。

除了将标题党问题建模为文本分类外，还可以同时考虑标题和正文，进行文本匹配，网络结构如图 12-7 所示。分层混合标题党匹配模型，分别提取标题特征和正文特征，然后将两部分特征进行融合，最后使用融合后的特征进行分类。值得一提的是，对于文本分类和文本匹配任务，当前效果最好的方法还是预训练语言模型微调，不过暂时还没有相关研究将预训练语言模型微调的方法应用到标题党问题上。

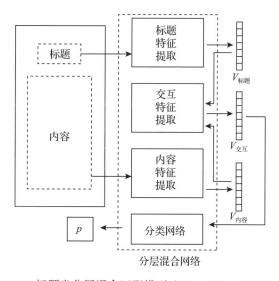

图 12-7　标题党分层混合匹配模型（Liao, Zhuo et al. 2019）

除了使用文本信息和用户评论信息外，也有研究尝试使用多模态信息进行标题党分类，该模型作者考虑使用社交媒体帖子中的多模态信息进行分类，网络结构如图 12-8 所示。

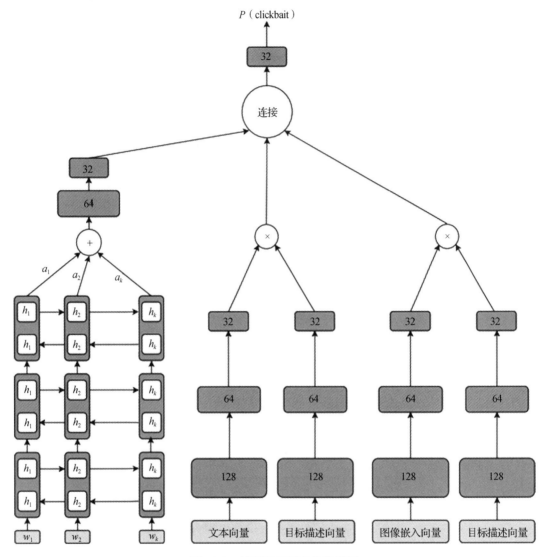

图 12-8 标题党多模态分类模型

该网络一共由 3 个模块组成。

- ❑ 带注意力机制的双向 LSTM 模块：LSTM 网络能对序列输入进行很好的建模，而注意力机制可以发现各个单词对标题党分数的贡献程度。
- ❑ 标题文章特征匹配模块：使用 Doc2Vec 的方法分别将标题和文章描述转换为向量表征，通过孪生网络来捕获它们的相似性，可以检测到类似文不对题的情况。
- ❑ 图像特征匹配模块：使用 VGG-19 网络得到文章中的图像特征，使用 Doc2Vec 得到文章描述特征，同样也是使用孪生网络捕获它们之间的相似性。

12.5 本章小结

本章介绍了和内容质量相关的一个十分重要的问题：标题党问题。首先介绍了标题党存在的背景、标题党的定义和划分。然后从多角度详细梳理了标题党检测的方法，介绍了早期和近期进行标题党检测的相关论文。总的来说，结合标题和正文内容进行匹配的方式可以取得更好的检测效果。在特定的情形下，可以考虑使用用户评论信息来进一步提升标题党分类的准确率，使用多模态方法来区分标题党内容也是一个很不错的尝试。在实际应用场景，可以利用各种模态的内容信息，结合多种有效方法来构建一个完善的标题党检测系统。

第 13 章

假 新 闻

"假新闻"一词被评选为柯林斯英语词典 2017 年年度热词,并被收入词典,定义为假借新闻报道形式传播的错误虚假、耸人听闻的信息。假新闻的危害不言而喻,尤其当今时代新闻传播更加迅速,传播途径更加多样,假新闻的传播会带来更大的影响并且更加难以被及时发现和制止。如何更快、更准确地对假新闻进行检测和处理,受到研究者和从业者的广泛关注。

假新闻是被故意生产并传播的不实新闻。一般我们认为需要研究和检测的假新闻,同时具有虚假性和故意性两个特点。一方面,假新闻的内容客观上是不符合事实的;另一方面,制造和传播假新闻的人是故意误导读者和大众的。在某种程度上,假新闻也是一个微观领域的算法问题,和谣言分类、事实判断、标题党检测、垃圾内容挖掘等比较类似,在宏观上都属于内容质量的领域。处理这些问题的很多方法是通用的,甚至我们会发现部分数据集在这些任务之间是通用的。

本章主要介绍具有典型代表的假新闻检测方法。读者可以从中去了解多模态、基于网络特征挖掘等任务在假新闻领域上的实践。

13.1 基本方法

假新闻检测可以分为四类:基于内容真实性、基于内容风格、基于传播模式、基于传播源特征。

13.1.1 基于内容真实性

内容虚假是假新闻的一个重要特点,根据内容真实性对假新闻进行检测是最直接的方法，主要分为人工检测和自动检测两种。

1. 人工检测

人工检测包括两种，一种是基于专家经验的真实性检测，另一种是基于众包的真实性检测。

基于专家经验的真实性检测主要依靠领域内少数高度可靠的专家的专业知识来判断新闻的真实性。这种检测的优点是准确率高和可靠性高，缺点是成本高、效率低，不适合对互联网环境下大规模的新闻内容进行检测。

基于众包的真实性检测主要依靠大规模的普通用户观点来判断新闻的真实性。相比于专家检测，众包检测的成本更低，适用范围更广。不过众包检测的可靠性比起专家检测要差一些，为了提高众包检测的可靠性，一般需要过滤不可靠的用户，以及对有争议的检测结果进行进一步判断。而且，因为依靠更大规模的用户的判断，基于众包的真实性检测往往具有滞后性，无法从源头快速检测假新闻。

2. 自动检测

自动检测是将新闻描述的内容和事实知识库或知识图谱进行对比，从而找出与事实不符的假新闻。

自动检测依赖于包含足够事实信息和真实数据的知识库，知识库一般以三元组或者知识图谱的方式存在，可以通过专家手动构建，也可以根据规则构建和根据神经网络自动构建。一个优质的知识库需要解决如下问题。

- ❑ 冗余：合并相同或相似的表述。
- ❑ 失效：解决因为时间原因而变得无效的表述。
- ❑ 冲突：处理相互矛盾的表述。
- ❑ 可信度低：合理控制信息来源以保证事实的可信度。
- ❑ 缺失：通过多种渠道获取信息以及根据已有信息进行合理推理来提高事实的完整性。

传统的自动检测流程包括实体定位、关系验证、知识推理等。对于待检测新闻，抽取新闻中包含的主要实体以及它们之间的关系，在知识库中定位新闻中的主要实体，然后根据知识库中实体之间的关系验证新闻表述是否和事实相符。如果新闻的表述没有事实的直接支持，可以根据预设规则标记为真实、虚假，或者尚不明确。

尽管知识图谱、事实推理等技术在近些年得到了广泛的研究，并发展迅速，但是自动检测要在假新闻领域落地使用，仍然面临技术落地成本高、难度大、效果不理想的问题，还需要更多的时间进行技术探索和积累。

13.1.2 基于内容风格

与事实检测的方法不同，基于内容风格的假新闻检测能够检测新闻的意图，即新闻是否通过行文方式故意误导和欺骗读者。为了吸引更多的读者，令新闻更快传播，假新闻创造者倾向于使用一些和真实新闻有明显区别的行文风格。通过对内容风格的分析可以检测新闻作者是否有创作假新闻误导大众的主观意图。

关于识别假新闻特点的理论研究有着非常久的历史,翁多伊齐假设认为假新闻在写作风格和质量上与真实新闻有区别;四元素理论研究认为假新闻在情感表达有区别于真实新闻的特点;信息操纵理论研究表明假新闻在词频等关于数量的统计与真实新闻的特点不同。

1. 新闻风格

根据一般新闻的表现形式,新闻风格分析往往分为文本特征分析和图片特征分析。

文本特征可以分为通用特征和隐特征两种。其中通用特征包含词汇、句法、篇章和语意等不同维度。词汇级特征,如词频统计或者词包模型;句法级特征,如词性出现的频率或者概率上下文无关文法重写规则频率;篇章级特征,如修辞分析中依赖关系频率;语意特征,如特定心理语言学词汇频率。文本的频率特征具体可以表现为绝对频次、标准化频率或者相对频率。隐特征即文本向量化表示,包含词向量表示、句子向量表示和文章向量表示。

图像特征在假新闻领域的研究相对较少,同样可以分为手工设计的通用特征和隐特征两种。通用特征包含清晰度、相关性、直方图特征、多样性等传统图像处理得到的静态特征结果。隐特征一般为神经网络得到的向量特征,比如 VGG、ResNet 等。

除了以上基本特征,近几年假新闻检测工作研究了更多聚合特征的作用。聚合特征是把各个基本特征进行有机融合后得到的包含更多综合信息的特征表示。在假新闻检测中,聚合特征可以表示新闻标题与正文的关系、文本和图片的关系、不同图片之间的关系等,这些信息往往很难通过单独的基本特征来表示。

图 13-1 是一些常用的特征集。

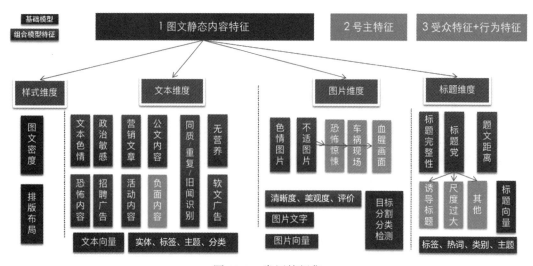

图 13-1 常用特征集

2. 分类方法

基于内容风格的假新闻模型一般依赖于传统的机器学习分类器或者深度神经网络进行检测。机器学习分类器包括支撑向量机、随机森林、XGBoost（eXtreme Gradient Boosting）等。深度神经网络包括卷积神经网络、循环神经网络、Transformer 等。近几年发展迅速的深度预训练模型在假新闻检测领域也获得了很好的应用，比如语言预训练模型 BERT、图片预训练模型 VGG 和 ResNet 等。

3. 规律总结

研究发现，假新闻的内容风格往往有一些明显区别于真实新闻的特点。假新闻的文本会更加非正式，包含更多少见的动词，表达更加主观，更加情绪化。真实新闻文章明显长于假新闻文章，假新闻使用的技术词汇、标点符号尤其是引号会比较少。假新闻使用了更多的冗余词汇。

真假新闻的标题也有明显的不同，假新闻的标题会更长，更喜欢增加名词和动词。真实新闻会包含更多论述内容，而假新闻更多通过启发和情感来说服读者。

13.1.3 基于传播模式

因为假新闻的目的和真实新闻是不同的，所以在传播过程中也会呈现出和真实新闻有明显差异的模式。通过对传播模式的分析来识别假新闻是一个有效的方法。

在对新闻传播的分析中，我们往往会将新闻表现出的传播模式表达为串联传播网络或者自定义传播网络。

1. 串联传播网络

串联传播网络通过树状结构表示新闻的传播过程，其中节点代表参与新闻传播的个体，包括新闻发布者、中间传播者和接收者，节点之间的边表示新闻的传播方向。根据侧重点的不同，串联传播网络又分为着重表示传播路径长度的 hop-based 串联网络和着重表示传播时间长度的 time-based 串联网络。如图 13-2 所示分别为 hop-based 串联网络和 time-based 串联网络的结构。

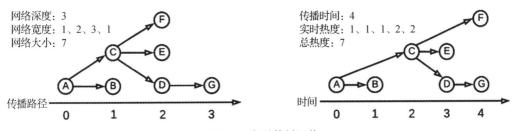

图 13-2 串联传播网络

在利用串联传播网络检测假新闻时，我们一般关心如下特征。

- ❑ 网络大小：网络中包含的结点总数量。
- ❑ 网络宽度：分为同 hop 宽度（图 13-2 中的网络宽度）和同时间宽度（图 13-2 中的实时热度）。
- ❑ 网络深度：传播路径中的最长距。
- ❑ 传播速度：传播时间与宽度的相对关系。
- ❑ 网络相似性：该网络与其他串联网络之间的相似性等。

和基于内容风格的检测方法类似，以上特征会输入机器学习分类模型或深度神经网络模型来进行假新闻检测分类。

2. 自定义传播网络

相比于串联传播网络，自定义传播网络的结构更加复杂，建模能力更强，可以灵活表示新闻传播中的各种要素。根据对网络节点进行不同的限制，将自定义传播网络分为同质网络、融合（异质）网络等。

在同质网络中，节点表示具有相同属性的不同个体。最常见的是传播者网络，每个节点表示一个新闻参与者，包括新闻发布者、传播者和接收者，并且用边表示传播方向。和串联传播网络不同，传播者网络可以区分参与者中的重要个体（影响力强的个体）、普通个体和易受影响个体，并且网络结构是以有向图而不是串联传播网络中树的方式呈现，传播者网络具有更丰富的表达能力。

在融合网络中，不同的节点代表不同属性的个体。比如"发布者 – 新闻报道 – 用户"网络中，有 3 种不同的节点分别代表新闻的生产者、新闻报道和新闻用户。不同节点之间的边也有不同的含义，发布者指向新闻报道的边表示新闻发布的过程，新闻报道和用户之间的边表示新闻的传播方向，而不同用户之间的边表示用户之间的社交关系。融合网络对不同实体及其之间的关系具有更强的建模能力，可以利用更加复杂的传播信息来进行假新闻检测。

3. 特点总结

对传播模式的研究发现，假新闻在传播中具有如下特点。

- ❑ 假新闻传播速度更快，传播距离更远，传播线路更宽。
- ❑ 更多用户会参与假新闻的转发与传播而非真实新闻。
- ❑ 假新闻传播转发者之间的社交网络更加密集。

基于传播模式的假新闻检测方式能够更加准确地识别假新闻，具有更强的鲁棒性。因为该方法需要获取新闻完整的传播过程，所以具有滞后性，无法在假新闻传播之初快速进行检测。另外，因为现在新闻传播渠道的多样性和复杂性，所以获取完整的新闻传播过程的成本非常高，这进一步制约了基于传播模式的假新闻检测方法的落地应用。

13.1.4　基于传播源特征

基于传播源特征是一个有效的假新闻检测方法，我们一般认为，来自可信传播源的新闻往往是真实的，而来自不可信传播源的新闻是假新闻的可能性更高。这里所说的传播源并不仅仅指新闻作者，也包括新闻传播过程中的转发者或者二次传播者。

Sitaula 的研究表明，相同类型的新闻作者之间有着更密切的合作关系，即和真实新闻作者交往密切的作者所发布的新闻是真实新闻的可能性更高，而和假新闻作者关系密切的作者发布的新闻是假新闻的可能性更高。关于新闻作者的研究能够方便我们更加迅速地识别并且从源头上切断假新闻的传播。

对新闻二次传播者的研究主要在于识别恶意用户和易受假新闻影响的普通用户。互联网环境下，恶意用户更多是指机器人账号，识别模型可以通过一个用户的社交网络、活跃时间、发布内容、感情色彩等特征将机器人账号识别出来。对于易受影响的普通用户的研究相对较少，在区分这类用户之后，我们就可以有针对性地提前预防假新闻的传播。

13.2　未来研究方向

1. 更细化的假新闻定义

目前的研究工作往往通过二分类进行假新闻检测，而很多情况下我们需要更加细化的假新闻分类，以便于区分比如过时新闻、部分细节夸张或者虚构的新闻等。

2. 更快的假新闻检测

为了尽可能减少假新闻传播所带来的负面影响，需要尽可能快速地进行假新闻检测，并且减少对高成本数据的依赖。

3. 假新闻检测的重要程度

主要是识别新闻价值，以及假新闻是否会造成很大的影响。比如是否会快速传播，是否会引起激烈讨论，是否关于国家事务或社会热点等。检测结果有利于快速、精准打击更具危害性的假新闻。

4. 不同领域的假新闻分析

因为领域不同新闻特点也有不同，所以区分领域进行假新闻检测会更加准确。

5. 可解释性

可解释的检测结果往往更具研究分析价值，方便更加准确地提前预防或打击假新闻。

13.3 数据集

为了更好地进行假新闻检测方向的学术研究，我们整理了常用的相关数据集，如表 13-1 所示。

表 13-1 数据集总结

名称	介绍	数据集获取方式
FakeNewsNet	BuzzFeed 和 PolitiFact 两个平台的数据集，包括新闻内容本身（作者、标题、正文、图片视频）和社交上下文内容（用户画像、收听、关注等）	https://github.com/KaiDMML/Fake-NewsNet
LIAR	来自 PolitiFact，包括内容本身和内容的基础属性数据（来源、正文）	http://www.cs.ucsb.edu/~william/data/liar_dataset.zip
Twitter and Weibo DataSet	一个比较全的数据集包括帖子 ID、发帖用户 ID、正文、回复等数据	详见论文 "Detecting Rumors from Microblogs with Recurrent Neural Networks"
Twitter15 and Twitter16	该数据集收集了 Twitter 在 2015 年、2016 年的帖子，包括了帖子之间的树状收听、关注关系和帖子正文等内容，该数据集的内容同时包含于上述 "Twitter and Weibo DataSet" 数据集	https://www.dropbox.com/s/7ewzdrb-elpmrnxu/rumdetect2017.zip?dl=0
Buzzfeed election data set	Buzzfeed 新闻公司于 2016 年收集的选举假新闻	https://github.com/rpitrust/fakenewsdata1
Our political news data set	作者收集的 75 个新闻故事，包括假新闻、真新闻和讽刺新闻	https://github.com/rpitrust/fakenewsdata1

13.4 相关论文介绍

在工业界如互联网公司解决假新闻检测问题主要还是通过构建任务管线，融合多个模型，包括内容向模型集、用户向模型集，结合号主发布者特征、内容产生的用户行为特征等综合构建一套体系。我们在实际控制的时候结合了几十个静态 + 动态特征模型和知识库进行自动召回和人工验证。图 13-3 为某内容质量控制流程图，其中包含了假新闻检测的工作。

和工业界解决问题的切入点不同，相关会议的学术论文主要在尝试根据问题场景，把内容本体、内容生产源（内容发布者）、内容阅读者（用户）及其行为（订阅、评论）等特征进行融合处理。常见的解决假新闻检测问题的方法包括端到端的深度学习、基于概率分布的特征挖掘以及构建新颖的综合类目标函数等。很多模型往往只经过了小规模数据集上的实践，尚未进行大规模落地尝试。本节介绍几篇学术领域相关重要论文。

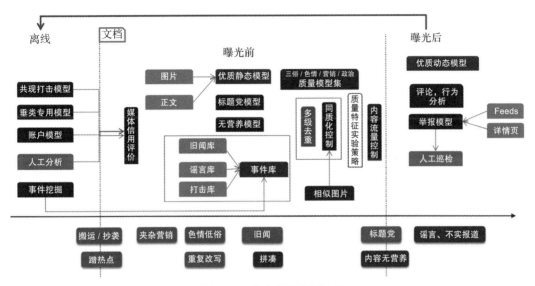

图 13-3　内容质量控制流程

1. "Fake News Early Detection: A Theory-driven Model"

Zhou 的这篇论文主要侧重于利用文本统计特征来进行假新闻检测。Zhou 研究了 4 种级别的文本特征。

❑ 词汇级别特征

❑ 句法级别特征

❑ 论述级别特征

❑ 语义级别特征

词汇级别特征的分析基于词袋模型，对新闻中出现的词汇进行统计。论文中比较了绝对频次特征和标准频率特征，绝对频次特征即每个单词在新闻中出现的次数；标准频率则是每个单词出现的次数除以该新闻的总单词数量。

对于句法级别特征，论文研究了单词词性（Part-Of-Speech，POS）和概率上下文无关文法（Probabilistic Context Free Grammar，PCFG）中的重写规则的统计。POS 标注了新闻文本中的动词、名词等词性信息，而 PCFG 的重写规则标注了新闻文本中的动宾、从句等语法结构信息。论文同样研究了以上标注出现的绝对频次和标准频率。

论述级别特征的分析是以 RST 解析为基础，统计了句子不同成分之间的关系，比如阐释关系、归属关系和条件关系等。

语义级别的特征主要分析标题中的点击诱饵（ClickBait-related Attribute，CBA）和虚假信息（DisInformation-related Attribute，DIA）属性。对于点击诱饵，一般通过 4 种方式进行识别。

❑ 通过点击诱饵的常见语句模式进行识别。

❑ 分析标题的易读性，由于心理学研究表明，点击诱饵需要建立在读者对标题内容充
分理解的基础上，因此假新闻标题往往具有比较高的易读性。

❑ 对标题中的煽情表述进行识别，比如感情相关的用词、标点符号和重复表述等。

❑ 识别标题中的低质量和非正式的表述，也是点击诱饵的特点。

对于虚假信息属性，一般以翁多伊齐假设、四元素理论、信息操纵理论等为基础，通
过文本风格识别新闻文本中更有可能是假新闻的表述。比如质量特点，包括非正式表述、
多样性表述、主观性表述等；情感化表述，包括积极情绪和消极情绪的用词；数量表述，
包括极大或者极小的数字；特异性，论文结合 LIWC 词表研究了部分术语在假新闻中频率
的特点，并以此进行区分。

基于以上特征，论文训练了 XGBoost 分类器和随机森林分类器，并分析了不同特征及
其组合在假新闻检测中的效果。

实验证明，综合利用词汇级别、句法级别和语义级别的特征能够在假新闻检测任务上
取得最好的效果。

2. "Leveraging Emotional Signals for Credibility Detection"

该论文研究了如何利用文本中表达的情绪特征来进行假新闻检测。论文作者认为，情绪
特征在假新闻检测中有非常重要的作用，基于深度神经网络模型，利用新闻的主体文本特
征和新闻表现出的情绪特征，可以提升假新闻检测的效果，模型网络结构如图 13-4 所示。

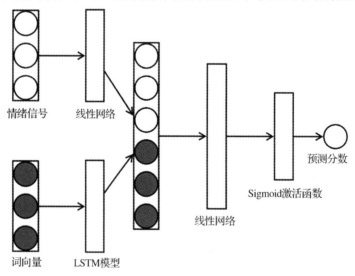

图 13-4　模型网络结构

首先，对于主体文本的处理，采用了常见的词向量化后经过 LSTM 模型的结构。同时，
通过新闻的文本表述抽取情绪的信息的向量化表示，然后经过一层全连接网络得到情绪特
征。最后，文本特征和情绪特征拼接成长向量，经过一层全连接网络和激活函数，得到假

新闻分类结果。

通过新闻文本表述提取情绪信息是非常重要的一步，论文采用了 3 种方法来提取情绪特征。

❑ emoLexi：通过情绪词汇字典 EmoLex、SentiSense 和 EmoSenticNet 来得到新闻中出现的情绪词汇，并计算词频。

❑ emoInt：通过 NRC 情感强度词典计算新闻表述包含的愤怒、恐惧、喜悦和悲伤 4 种基本情绪的强度。

❑ emoReact：训练神经网络模型来预测新闻表述体现出的爱、喜悦、悲伤、惊讶、愤怒等情绪的强度。

如表 13-2 所示，加入情绪特征可以比较明显的提升假新闻检测的效果。

表 13-2　实验结果

数据集	方案	准确率	F1 分数
Politifact-1	纯文本	0.551	0.549
	EmoCred-emoLexi	0.608	0.602
	EmoCred-emoInt	0.604	0.602
	EmoCred-emoReact	0.617	0.617
Politifact-2	纯文本	0.597	0.567
	EmoCred-emoLexi	0.621	0.606
	EmoCred-emoInt	0.628	0.586
	EmoCred-emoReact	0.619	0.601

3. "EEANN: Event Adversarial Neural Networks for Multi-Modal Fake News Detection"

该论文研究了如何同时利用文本和图像的多模态信息来进行假新闻检测，同时通过对抗学习的方式提升检测结果。论文认为，之前的工作更多是在提取和新闻事件相关的特征，而新闻事件本身可能会影响假新闻检测的结果。

为了提取更具有普遍性的特征，需要识别出和新闻事件相关的特征，然后通过对抗训练去掉这些特征的影响。论文使用的主要框架如图 13-5 所示，主要分为特征提取、假新闻分类、事件判别 3 个模块。

（1）特征提取

特征提取包括文本特征提取和图片特征提取。如图 13-6 所示，论文中使用 Text-CNN 模型进行文本特征提取，利用不同大小的核对文本进行卷积，并且对卷积过后的特征向量进行最大化池化，最后通过一个全连接层将特征映射到特定维度。

对于图像特征，论文中选择了预训练模型 VGG-19，利用 VGG-19 进行特征向量提取，然后通过一个全连接层将特征映射到目标维度。最后将两个模态的特征进行拼接，得到新闻的特征。

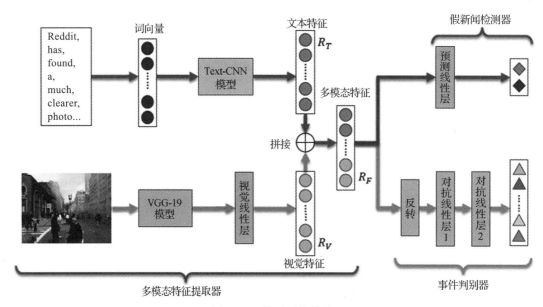

图 13-5　模型网络结构

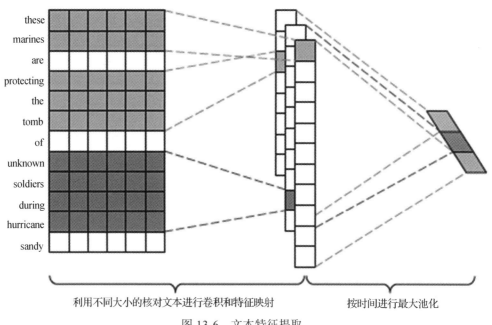

利用不同大小的核对文本进行卷积和特征映射　　按时间进行最大池化

图 13-6　文本特征提取

（2）假新闻分类

使用 Cross-entropy 进行分类器的优化，以得到准确的假新闻的标签，公式如下。

$$L_d(\theta_f, \theta_d) = -E_{(m,y) \sim (M, Y_d)}\{y \log[P_\theta(m)] + (1 - y)[\log(1 - P_{\theta(m)})]\}$$

（3）事件判别

这个模块的主要目的是得到一个用来对抗的事件判别器。数据中对微博和 Twitter 数据进行了关于事件类型的分类（分为 K 类）。事件判别器试图得到一个利用多模态特征来进行事件分类的分类器，也就是说，事件判别器会利用多模态特征中关于事件本身的部分。

对抗训练的目的是尽量减少模型对新闻事件进行区分的难度，以此保证模型对假新闻的检测结果不会受到新闻类型的影响，具体损失函数如下。

$$L_e(\theta_f, \theta_e) = -E_{(m,y)\sim(M,Y_d)} \sum_{k=1}^{K} I_{(k=y)} \log\{G_e[G_f(m;\theta_f)];\theta_e\}$$

模型训练时需要同时考虑分类损失函数和对抗损失函数，具体如下。

$$L_{\text{final}}(\theta_f, \theta_d, \theta_e) = L_d(\theta_f, \theta_d) - \lambda L_e(\theta_f, \theta_e)$$

其中 θ_f 是关于特征提取的参数，θ_d 是关于假新闻分类器的参数，θ_e 是关于事件判别器的参数。事件判别器的优化和分类器的优化交替进行，公式如下。

$$(\hat{\theta}_f, \hat{\theta}_d) = \arg\min_{\theta_f, \theta_d} L_{\text{final}}(\theta_f, \theta_d, \hat{\theta}_e)$$

$$\hat{\theta}_e = \arg\max_{\theta_e} L_{\text{final}}(\hat{\theta}_f, \theta_e)$$

文章的实验结果如表 13-3，其中"EANN-"代表不是用事件判别对抗模块时的实验结果，而"EANN"代表包含全部模块的实验结果。结果显示，该方法可以比较明显地提升了假新闻检测的效果。

表 13-3　实验结果

数据集	方案	准确率	精准率	召回率	F1 分数
Twitter 数据集	纯文本	0.532	0.598	0.541	0.568
	纯视觉	0.596	0.695	0.518	0.593
	VQA	0.631	0.765	0.509	0.611
	NeuralTalk	0.610	0.728	0.504	0.595
	att-RNN	0.664	0.749	0.615	0.676
	EANN-	0.648	0.810	0.498	0.617
	EANN	**0.715**	**0.822**	**0.638**	**0.719**
微博数据集	纯文本	0.763	0.827	0.683	0.748
	纯视觉	0.615	0.615	0.677	0.645
	VQA	0.773	0.780	0.782	0.781
	NeuralTalk	0.717	0.683	**0.843**	0.754
	att-RNN	0.779	0.778	0.799	0.789
	EANN-	0.795	0.806	0.795	0.800
	EANN	**0.827**	**0.847**	0.812	**0.829**

4. "Multimodal Fake News Detection with Textual, Visual and Semantic Information"

该论文同时使用了文本特征、情感特征、图像特征、图像检测特征、图文匹配特征 5 种特征融合来解决假新闻检测问题。

（1）文本特征

文章通过 300 维 word2vec 词向量表 GoogleNews-vectors-negative300 提取新闻文本的向量化表示。

（2）情感特征

文章利用 Valence Aware Dictionary for sEntiment Reasoning（VADER）得到 4 维的情感特征。

（3）图像特征

文章提取新闻图像的 Local Binary Patterns（LBP）特征，作为假新闻检测所需要的图像特征。

（4）图像检测特征

文章中分别利用 VGG-16、VGG-19、Resnet、Inception、Xception 对新闻图像进行目标检测，并得到 Top10 的标签，然后利用 word2vec 获得标签的 300 维向量化表示。

（5）图文匹配特征

将以上得到的文本向量化表示和 5 种模型进行图像检测得到的向量化表示分别计算余弦相似度，拼接成 5 维的相似度向量特征。

最终，文本、图像等 5 种特征向量被拼接成一个长特征向量，输入分类器进行假新闻分类。

实验结果如表 13-4 所示。结果显示，使用更多特征，一般而言会提升假新闻检测的效果。

表 13-4　实验结果

	PolitiFact 数据集	MediaEval 数据集	GossipCop 数据集
文本特征	0.911	0.885	0.815
情感特征	0.474	0.352	0.562
图像检测特征	0.718	0.615	0.623
图像特征	0.474	0.520	0.551
图文匹配特征	0.474	0.875	0.538
文本特征 + 图像检测特征	0.924	0.637	0.825
文本特征 + 图像特征	0.909	0.896	0.814
文本特征 + 图像检测特征 + 图文匹配特征	0.920	0.636	0.827
文本特征 + 图像特征 + 图文匹配特征	0.910	0.908	0.816
文本特征 + 图像检测特征 + 图像特征 + 图文匹配特征	0.925	0.622	0.829

5. "MVAE: Multimodal Variational Autoencoder for Fake NewsDetection"

该论文主要是利用 Variational AutoEncoder（VAE）模型抽取多模态特征，从而提升假新闻检测效果。模型主要分为特征提取、数据重建、VAE 和分类器 4 个模块。

（1）特征提取

如图 13-7 所示，新闻文本通过 word2vec 得到向量化表示，然后经过双向的 LSTM 网络和一层全连接网络得到文本特征向量。新闻图像通过预训练的 VGG-19 模型得到向量化表示，然后经过两层全连接网络得到图像特征向量。图文特征向量拼接后作为 VAE 的特征。

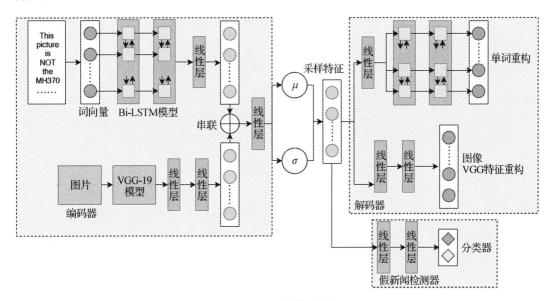

图 13-7　网络模型结构

（2）数据重建

该模块和特征提取基本成对称关系。文本特征向量经过一层全连接网络以及双向 LSTM 网络得到重建文本特征，用来计算重建文本的概率。图像特征向量经过两层全连接网络得到和 VGG-19 输出特征相同维度的向量，用来计算和 VGG-19 输出向量的损失函数。

（3）VAE

VAE 模块根据多模态特征预测每一个均值和方差，然后采样隐藏特征向量，用以分类和数据重建。

（4）分类器

VAE 采样隐藏特征向量经过两层全连接网络后通过二维 softmax 进行分类。为了训练这个模型，文章考虑了如下 4 个损失函数。

文本重建损失函数，公式如下。

$$L_{\text{rec}_t} = -E_{m \sim M}\left[\sum_{i=1}^{n_t}\sum_{c=1}^{C}\{1\}_{c=t_m^{(i)}}\log \hat{t}_m^i\right]$$

图像重建损失函数，公式如下。

$$L_{\text{rec}_{\text{vgg}}} = E_{m \sim M}\left[\frac{1}{n_v}\sum_{i=1}^{n_v}(\hat{r}_{\text{vgg}_m}^i - r_{\text{vgg}_m}^i)^2\right]$$

VAE 损失函数，公式如下。

$$L_{kl} = \frac{1}{2}\sum_{i=1}^{n_m}[\mu_i^2 + \sigma_i^2 - \log(\sigma_i) - 1]$$

假新闻分类损失函数，公式如下。

$$L_{\text{fnd}}(\theta_{\text{enc}}, \theta_{\text{fnd}}) = -E_{(m,y)\sim(M,Y)}[y\log(\hat{y}_m) + (1-y)\log(1-\hat{y}_m)]$$

以上损失函数加权求和得到最终的损失函数如下。

$$L_{\text{final}}(\theta_{\text{enc}}, \theta_{\text{dec}}, \theta_{\text{fnd}}) = \lambda_v L_{\text{rec}_{\text{vgg}}} + \lambda_t L_{\text{rec}_t} + \lambda_k L_{kl} + \lambda_f L$$

实验结果如表 13-5 所示，VAE 模型能够很好的提升准确率和 F1 分数。

表 13-5　实验结果

数据集	方案	准确率	假新闻			真新闻		
			精准率	召回率	F1 分数	精准率	召回率	F1 分数
Twitter 数据集	纯文本	0.526	0.586	0.553	0.569	0.469	0.526	0.496
	纯图像	0.596	0.695	0.518	0.593	0.524	0.70	0.599
	VQA	0.631	0.765	0.509	0.611	0.55	0.794	0.650
	Neural Talk	0.610	0.728	0.504	0.595	0.534	0.752	0.625
	att-RNN	0.664	0.749	0.615	0.676	0.589	0.728	0.651
	EANN	0.648	0.810	0.498	0.617	0.584	0.759	0.660
	MVAE	0.745	0.801	0.719	0.758	0.689	0.777	0.730
微博 数据集	纯文本	0.643	0.662	0.578	0.617	0.609	0.685	0.647
	纯图像	0.608	0.610	0.605	0.607	0.607	0.611	0.609
	VQA	0.736	0.797	0.634	0.706	0.695	0.838	0.760
	Neural Talk	0.726	0.794	0.713	0.692	0.684	0.840	0.754
	att-RNN	0.772	0.854	0.656	0.742	0.72	0.889	0.795
	EANN	0.782	0.827	0.697	0.756	0.752	0.863	0.804
	MVAE	0.824	0.854	0.769	0.809	0.802	0.875	0.837

6. "SpotFake: A Multi-modal Framework for Fake News Detection"

该论文利用简单的图文多模态模型进行假新闻检测，其中在文本特征提取中利用了 BERT 预训练模型，基本框架如图 13-8 所示。

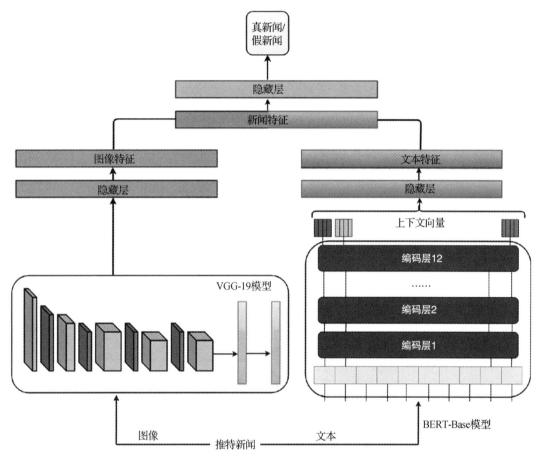

图 13-8　网络模型结构

在文章中，新闻文本通过 BERT 模型以及两层全连接网络得到文本特征向量，新闻图片通过 VGG-19 预训练模型和两层全连接网络得到图像特征向量。将两个模态的特征向量拼接在一起，经过一层全连接网络，输入分类器进行假新闻检测。

实验结果如表 13-6 所示，引入 BERT 模型后，即使是简单的多模态模型，假新闻检测的效果也有明显的提升，说明 BERT 处理文本能力的强大以及文本特征在假新闻检测工作中的重要性。

表 13-6　实验结果

数据集	方案	准确率	假新闻			真新闻		
			精准率	召回率	F1 分数	精准率	召回率	F1 分数
Twitter 数据集	纯文本	0.526	0.586	0.553	0.569	0.469	0.526	0.496
	纯图像	0.596	0.695	0.518	0.593	0.524	0.700	0.599
	VQA[27]	0.631	0.765	0.509	0.611	0.55	0.794	0.650

（续）

数据集	方案	准确率	假新闻			真新闻		
			精准率	召回率	F1 分数	精准率	召回率	F1 分数
Twitter 数据集	Neural Talk[28]	0.610	0.728	0.504	0.595	0.534	0.752	0.625
	att-RNN[29]	0.664	0.749	0.615	0.676	0.589	0.728	0.651
	EANN-[20]	0.648	0.810	0.498	0.617	0.584	0.759	0.660
	EANN[20]	0.715	NA	NA	NA	NA	NA	NA
	MVAE-[21]	0.656	NA	NA	0.641	NA	NA	0.669
	MVAE[21]	0.745	0.801	0.719	0.758	0.689	0.777	0.730
	SpotFake	0.777	0.751	0.900	0.820	0.832	0.606	0.701
微博 数据集	纯文本	0.643	0.662	0.578	0.617	0.609	0.685	0.647
	纯图像	0.608	0.610	0.605	0.607	0.607	0.611	0.609
	VQA	0.736	0.797	0.634	0.706	0.695	0.838	0.760
	Neural Talk	0.726	0.794	0.713	0.692	0.684	0.840	0.754
	att-RNN	0.772	0.797	0.713	0.692	0.684	0.840	0.754
	EANN-	0.795	0.827	0.697	0.756	0.752	0.863	0.804
	EANN	0.827	NA	NA	NA	NA	NA	NA
	MVAE-	0.743	NA	NA	NA	NA	NA	NA
	MVAE	0.824	0.854	0.769	0.809	0.802	0.875	0.837
	SpotFake	0.892	0.902	0.964	0.932	0.847	0.656	0.739

7. "SAFE: Similarity-Aware Multi-Modal Fake News Detection"

该论文显式地考虑图像与文本之间的相似性，通过多任务学习来训练这种相似性，基本结构如图 13-9 所示。

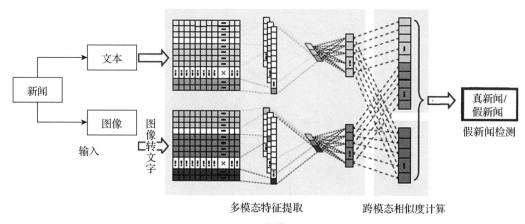

图 13-9　网络模型结构

和前几篇论文介绍的工作不同的是，对于新闻图像，该论文通过图像转文本模型变为可以描述该图像的句子，然后以文本处理的方式提取特征。对于新闻文本，经过 Text-CNN 模型和一层全连接网络得到文本特征向量。对于新闻图片，经过图像转文本模型、Text-CNN 模型和一层全连接网络得到图像特征向量。一方面，这两个向量会拼接在一起用来进行假新闻检测；另一方面，这两个向量之间以如下方式计算相似度。

$$M_s(t,v) = \frac{t \cdot v + \|t\| \|v\|}{2\|t\| \|v\|}$$

由于真实新闻的图文相关性更高，因此相似度更高，而假新闻相似度则会低一些。在训练时，相似度的损失函数如下。

$$L_s(\theta_t, \theta_v) = -E_{(a,y)\sim(A,Y)}\{y \log[1 - M_s(t,v)] + (1-y)\log M_s(t,v)\}$$

另外，训练分类器的交叉熵损失函数表示如下。

$$L_p(\theta_t, \theta_v, \theta_p)$$

模型的训练需要同时优化相似度结果和假新闻分类结果，最终的损失函数是分类损失函数和相似度损失函数的加权和，公式如下。

$$L(\theta_t, \theta_v, \theta_p) = \alpha L_p(\theta_t, \theta_v, \theta_p) + \beta L_s(\theta_t, \theta_v)$$

表 13-7 是实验结果。SAFE 是文章介绍的完整模型，在此基础上，SAFE\T 模型去掉了文本特征模块，SAFE\V 去掉了图像模块，SAFE\S 去掉了相似度模块，SAFE\W 则只利用相似度结果进行假新闻检测。实验结果表明，SAFE 的效果超过了 LIWC、VGG-19 等传统模型。另外，SAFE\T 的效果相对差一些，说明文本特征在假新闻检测中非常重要。

表 13-7　实验结果

数据集		LIWC	VGG-19	att-RNN	SAFE\T	SAFE\V	SAFE\S	SAFE\W	SAFE
Politi-Fact 数据集	准确率	0.822	0.649	0.769	0.674	0.721	0.796	0.738	0.874
	精准率	0.785	0.668	0.735	0.680	0.740	0.826	0.752	0.889
	召回率	0.846	0.787	0.942	0.873	0.831	0.801	0.844	0.903
	F1 分数	0.815	0.720	0.826	0.761	0.782	0.813	0.795	0.896
Gossip-Cop 数据集	准确率	0.836	0.775	0.743	0.721	0.802	0.814	0.812	0.838
	精准率	0.878	0.775	0.788	0.734	0.853	0.875	0.853	0.857
	召回率	0.317	0.970	0.913	0.974	0.883	0.872	0.901	0.937
	F1 分数	0.466	0.862	0.846	0.837	0.868	0.874	0.876	0.895

8. "CSI: A Hybrid Deep Model for Fake News Detection"

该论文认为构建社交图谱并不便利，构建一些假新闻的特征也需要大量人工知识。为了更好地整合新闻文本、反馈、源三者的特征，论文作者深入研究了用户和新闻的交互模式。假设有 n 个用户对 m 个新闻在时间 T 内的参与，其中用户 u_i 对新闻 a_j 在时间 t 的参与

记录为 $e_{ijt} = (u_i, a_j, t)$，利用该信息进行假新闻检测。这里的"参与"即用户转发关于新闻的文本信息，比如推特和微博等。

如图 13-10 所示，整个架构由 3 个部分组成。

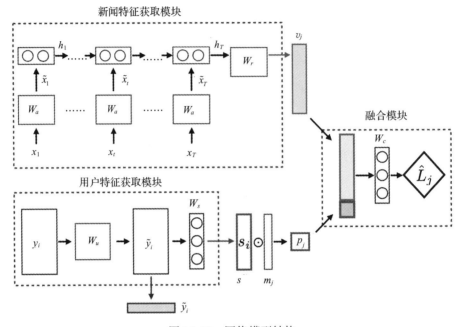

图 13-10　网络模型结构

（1）新闻特征获取模块

新闻特征获取模块用于提取用户对一篇新闻 a_j 的参与模式。首先得到每个时间 t 中包含文章和用户信息的特征向量 $x_t = (\eta, \Delta t, x_u, x_\tau)$，其中 η 表示用户参与新闻 a_j 的次数，Δt 表示用户参与新闻的时间间隔，x_u 表示用户的全局特征，x_τ 表示用户转发的关于新闻的文本特征。这些特征经过一个线性变换和 tanh 激活函数，并通过 LSTM 模型得到一个隐藏状态特征 h_T，通过线性变换得到新闻特征 v_j。

$$\tilde{x}_t = \tanh(W_a x_t + b_a)$$
$$h_T = \text{LSTM}(\tilde{x}_1, \cdots, \tilde{x}_T)$$
$$v_j = \tanh(W_r h_T + b_r)$$

（2）用户特征获取模块

用户特征获取模块用于提取每个用户的特征。首先通过构建用户关系网络和 SVD（Singular Value Decomposition，奇异值分解）降维计算得到用户 u_i 的特征 y_i，然后通过线性变换和非线性激活函数得到两组特征向量 $\tilde{y}_i$ 和 s_i。

$$\tilde{y}_i = \tanh(W_u y_i + b_u)$$
$$s_i = \sigma(\langle w_s^T, \tilde{y}_i \rangle + b_s)$$

通过遮蔽处理选择和新闻 a_j 有参与关系的用户计算求和平均，得到新闻 a_j 关于用户的特征 p_j。

（3）融合模块

融合模块用于特征融合和分类。对新闻特征获取模块得到的 v_j 和用户特征获取模块得到的 p_j 进行拼接，得到 c_j，$\hat{L}_j = \sigma(w_c^{\mathrm{T}} c_j + b_c)$。

最终的损失函数是二分类交叉熵损失加 L2 正则约束。

$$L = -\frac{1}{N} \sum_{j=1}^{N} [L_j \log \hat{L}_j + (1-L_j)\log(1-\hat{L}_j)] + \frac{\lambda}{2} \| W_u \|_2^2$$

论文中把基于用户参与的内容对文章的刻画和用户之间的行为构建的网络对文章的刻画，二者蕴含的信息都转化成文章的向量，同时进行反向传递的目标学习，这点具有很大的突破性。

9. "News Verification by Exploiting Conflicting Social Viewpoints in Microblogs"

该论文利用主题模型来进行假新闻检测，主要框架分为两个模块，如图 13-11 所示。

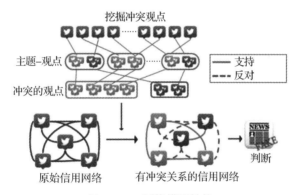

图 13-11　网络模型结构

（1）主题模型挖掘

为了对发帖的支持和反对行为构造信用网络，假设每一个新闻帖子都是由一组混合的主题和对某个特定主题的多种观点组成的。每一个主题 – 观点组合 $k - l$ 服从于一个多项式分布，其分布参数来自狄利克雷分布，即 $\phi_{kl} \sim Dir(\beta)$。同样，对于每一个新闻帖子 t，其包含的所有主体的分布参数符合狄利克雷分布 $\theta_t \sim Dir(\alpha)$。对于其中可能的主题，包含的所有观点的分布参数符合狄利克雷分布 $\varphi_{tk} \sim Dir(\gamma)$。然后采样观点分布 $z_{tn} \sim Mult(\theta_t)$，采样观点分布 $v_{tn} \sim Mult(\varphi_{tz_{tn}})$，采样主题 – 观点组合 $\omega_{tn} \sim Mult(\phi_{z_{tn}v_{tn}})$。

文章利用 Jensen-Shannon Distance 来衡量不同主题 – 观点组合之间的距离，然后通过有限制的 k-means 算法把某个主题下的观点聚合成两个彼此冲突的堆。

（2）构建信用网络迭代学习

根据上面的主题模型挖掘，我们已经得到了主题的分布参数 θ_t 和观点的分布参数 φ_{tk}，因此可以得到一个关于主题 k 的新闻帖子 t 的似然概率 $p\_tk = \theta_t \cdot \varphi_{tk}$。这样，关于同一主题的两个新闻帖子之间的相似性定义为

$$f(t_i, t_j) = \frac{(-1)^{\alpha}}{D_{JS}(p\_t_jk \parallel p\_t_jk) + 1}$$

其中 D_{JS} 表示 Jensen-Shannon 距离。

文中定义损失如下。

$$Q'(T) = \mu \sum_{i,j=1}^{n} W^{i,j} \left[\frac{C(t_i)}{\sqrt{D^{i,i}}} - \frac{C(t_j)}{\sqrt{D^{j,j}}} \right]^2 + (1-\mu) \parallel T - T_0 \parallel^2$$

其中 $W^{i,j} = f(t_i, t_j)$，$T = \{C(t_1), \cdots, C(t_n)\}$，$C(t_i)$ 表示新闻帖子 t_i 的信用值，是需要学习的参数。

具体求导和证明网络可收敛的过程可以参考原论文，最终得到每 k 轮迭代的表达式如下。

$$T(k) = \mu HT(k-1) + (1-\mu)T_0$$

10. "Fake News Detection with Deep Diffusive Network Model"

该论文作者通过大量数据分析与挖掘，发现新闻内容、作者和主题三者和新闻的真假有很强的关联。于是设计网络同时对新闻内容、作者和主题进行建模，统计进行优化。该模型分为以下 3 个层次。

（1）内容特征

如图 13-12 所示，模型学习明确特征和潜在特征，其中明确特征为文本统计特征，而潜在特征的通过 GRU 的隐藏层和融合层得到，公式如下。

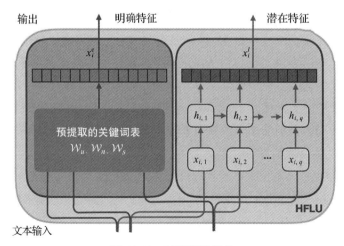

图 13-12　特征提取结构

$$h_{i,t} = \text{GRU}(h_{i,t-1}, x_{i,t}; W)$$

$$x_{n,i}^{l} = \sigma(\sum_{t=1}^{q} W_i h_{i,t})$$

（2）综合特征

如图 13-13 所示，该论文提出了一个 GDU 单元，不仅可以针对新闻内容，还可以对作者、主题同时进行学习。具体对内容、作者、主体的学习公式如下。

$$y_{n,i} = \text{softmax}(W_n h_{n,i})$$

$$y_{u,j} = \text{softmax}(W_u h_{u,j})$$

$$y_{s,l} = \text{softmax}(W_s h_{s,l})$$

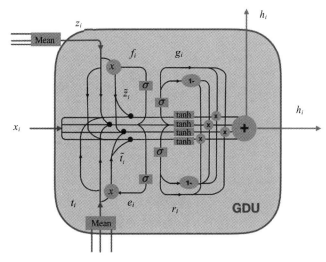

图 13-13　GDU 结构

（3）综合优化

结合以上特征，得到关于内容的优化函数如下。

$$L(T_n) = -\sum_{n_i \in T_n} \sum_{k=1}^{|Y|} \hat{y}_{n,i}[k] \log y_{n,i}[k]$$

关于新闻作者的优化函数如下。

$$L(T_u) = -\sum_{n_j \in T_u} \sum_{k=1}^{|Y|} \hat{y}_{u,j}[k] \log y_{u,j}[k]$$

关于主题的优化函数如下。

$$L(T_s) = -\sum_{s_l \in T_s} \sum_{k=1}^{|Y|} \hat{y}_{s,l}[k] \log y_{s,l}[k]$$

最后，同时最小化三者的目标，公式如下。

$$\min_{W} L(T_n) + L(T_u) + L(T_s) + \alpha L_{\text{reg}}(W)$$

其中 W 表示网络参数，$L_{\text{reg}}(W)$ 是关于参数的归一化损失函数。最终的网络架构将三者相互连接起来，如图 13-14 所示。

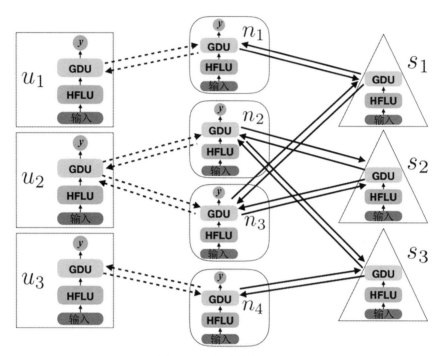

图 13-14　网络模型结构

论文和其他方法进行了对比，整个网络模型有点类似图神经网络。

11. "Exploiting Tri-Relationship for Fake News Detection"

该论文对新闻作者（或者发布者）、新闻、社交网络的用户和用户直接的订阅行为进行了联合建模，用不同的矩阵表示不同的特征，包括新闻内容矩阵、用户矩阵、用户 – 新闻行为矩阵、作者 – 新闻发布关系矩阵等。

对于新闻内容矩阵和用户矩阵，采用非负矩阵进行分解，公式如下。

$$\min_{D,V \geqslant 0} \| X - DV^{\mathrm{T}} \|_F^2 + \lambda(\| D \|_F^2 + \| V \|_F^2)$$

$$\min_{U,T \geqslant 0} \| Y \odot (A - UTU^{\mathrm{T}}) \|_F^2 + \lambda(\| U \|_F^2 + \| T \|_F^2)$$

对于用户 – 新闻行为矩阵分解的基本思路是，高信用分的用户偏好分享真实新闻，低信用分用户偏好分享假新闻，公式如下。

$$\min_{U,D_L \geqslant 0} \sum_{i=1}^{m} \sum_{j=1}^{r} W_{ij} c_i \left(1 - \frac{1 + y_{Lj}}{2}\right) \| U_i - D_{Lj} \|_2^2 + \sum_{i=1}^{m} \sum_{j=1}^{r} W_{ij} (1 - c_i) \left(\frac{1 + y_{Lj}}{2}\right) \| U_i - D_{Lj} \|_2^2$$

其中第一项代表真新闻，第二项代表假新闻。

作者－新闻发布关系矩阵分解的基本思路是，基于新闻发布者的潜在特征，可以通过其发布的行为得到。文章把新闻发布者分为各种党派风格，然后用分解后的矩阵拟合这个特征，公式如下。

$$\min_{D \geqslant 0,q} \| e \odot (\bar{B}Dq - o) \|_2^2 + \lambda \| q \|_2^2$$

通过和 Hadamard 正交矩阵做运算 $\odot$ 来衡量误差大小。

最后把刚刚几个矩阵得到的分解矩阵进行运算，公式如下。

$$\min_{P} \| D_L p - y_L \|_2^2 + \lambda \| p \|_2^2$$

把所有的矩阵分解目标和最终目标拼接起来就得到了整体目标函数，如下所示。

$$\min_{D,U,V,T \geqslant 0,p,q} \| X - DV^\mathrm{T} \|_F^2 + \alpha \| Y \odot (A - UTU^\mathrm{T}) \|_F^2 + \beta tr(H^\mathrm{T}LH) + \gamma \| e \odot (\bar{B}Dq - o) \|_2^2$$
$$+ \eta \| D_L p - Y_L \|_2^2 + \lambda R$$

13.5 本章小结

本章主要介绍了内容质量相关的假新闻检测问题，介绍了假新闻的定义、判断假新闻的依据、假新闻检测的基本方法，以及近期比较重要的假新闻检测研究工作。总体来说，假新闻检测是内容质量中较难的问题，它和标题党、谣言检测等问题既有关联，也有自己的特点。假新闻主要还是通过新闻内容以及新闻传播方式来进行检测，制作假新闻的方式在不断变化，也要求假新闻检测的方法在实践中不断发展，综合新闻内容和传播方式的检测方法能更好地满足未来新闻模式更加复杂、对检测效率要求越来越高的需求。

第 14 章

图文低俗识别

在移动互联网时代，内容产品越来越多，形式也越来越丰富。自媒体、MCN（Multi-Channel Network，内容创作专业机构）和 UGC（User Generated Content，用户生产内容）的涌入，使内容创作和消费海量增长。内容平台为了符合监管要求，防范娱乐风险，以及维护用户口碑和商家品牌形象，需要对各种内容产品进行低俗识别。

本章首先介绍现阶段图文低俗识别的研究背景和问题定义，然后介绍目前业界比较知名的图文低俗识别产品，最后重点介绍主流的自动化识别方法。

14.1 研究背景与问题定义

图文低俗判断的主观性强，无法量化定义，同时不同业务场景对低俗内容的界定尺度也不一致，图文低俗识别是内容平台内容质量业务中最难处理的问题。内容质量是信息流产品的立身之本，直接关系到用户的阅读体验。未来维护健康的内容生态，必须准确识别低俗内容并处理。

14.1.1 研究背景

内容平台的低俗内容不但会导致发布内容下架或屏蔽，还会流失大量优质用户和损害公司形象。传统的图文低俗识别方法如下。

❏ 人工审核：雇用大量员工进行人眼鉴定，判断相关图片或者文本是否违规。

❏ 建立 MD5（Message Digest Algorithm5，一种基于密码散列函数的信息摘要算法）

数据库：首先对低俗图片或者低俗文本建立 MD5 数据库，用户上传图文后，后台自动分析图文的 MD5 是否合法。

❏ 传统的机器审核：如判断文本中是否包含敏感词，或者基于图片 RGB 值识别敏感部位等。

这 3 种识别方法各自存在问题。人工审核方法效率低下，人工成本高；建立 MD5 数据库的方法鲁棒性差，只要稍微修改一下图文的内容，MD5 就可以被篡改；传统的机器审核方法准确率低，经常误判或者漏判。传统的图文低俗识别方法已经不能满足需求。随着大数据的积累、算力的提升和深度学习的兴起，机器自动化审核方法已成为主流。

14.1.2　问题定义

低俗内容类型主要包括文本、图片、声音和视频等，包括危险行为、性暗示等。和性感不同，低俗对人的身心都会带来不良影响，低俗是介于色情和性感之间的描述。结合工业和信息化部等部门互联网专项行动规则，内容平台定义低俗内容标准如下。

❏ 直接暴露和描写人体性部位的内容，但要考虑涉及美学教学内容不判定低俗。

❏ 表现或隐晦表现性行为、具有挑逗性或者侮辱性的内容。

❏ 以带有性暗示、性挑逗的语言描述性行为、性过程、性方式的内容。

❏ 全身或者隐私部位未着衣物，仅用肢体掩盖隐私部位的内容。

❏ 带有侵犯个人隐私性质的走光、偷拍、漏点等内容。

❏ 以庸俗和挑逗性标题吸引点击的内容。

❏ 相关部门禁止传播的或被审核删减的影视剧的"未删减版""未删节版"等作为标题、分类或宣传推广的。

❏ 传播一夜情、换妻、性虐待等的有害信息；以猎奇宣扬的方式对"红灯区"、有性交易内容的夜店、洗浴按摩场所进行展现的内容。

❏ 情色动漫。

❏ 宣扬暴力、恶意谩骂、侮辱他人等的内容。

❏ 非法性药品广告和性病治疗广告等相关内容。

❏ 恶意传播侵害他人隐私的内容。

❏ 推介淫秽色情网站和网上低俗信息的链接、图片、文字等内容。

低俗与色情相比，表达方式更加隐晦多样，有类似胸、臀、三角区等一些敏感部位的暴露，也有特定的行为或者表情；不仅涉及人体还有一些物品等。在实际业务中，色情内容由专门的信息安全部门负责识别，业务团队更多解决低俗场景内容的识别。由于低俗业务的特殊性，单一模型很难解决业务的问题，因此一个完备的低俗内容识别系统应该是多种方法的融合，也是机器识别和人工识别的协作。

14.2　业界常用产品

1. 百度 AI 开放平台

在文本审核方面，百度应用深度学习技术，判断一段文本的内容是否符合网络发文规范，审核内容主要包括智能鉴黄、暴恐违禁、政治敏感、恶意推广、低俗辱骂和低质灌水。在图像审核方面，百度基于深度学习技术，识别图片中的涉黄、涉暴涉恐、政治敏感、微商广告等内容，也从美观和清晰等维度对图像质量进行检测。

2. 网易易盾

在文本检测方面，基于海量样本数据，定制相关策略，过滤色情、广告、暴恐、违禁、谩骂和灌水内容。网易除了采用深度学习和自然语言处理相关技术外，也采用了关键词、用户黑 / 白名单、IP 黑 / 白名单等比较简单的方法。在图片检测方面，主要过滤涉黄、暴恐、违禁、广告等图片，并提供 OCR、人脸识别和质量检测的能力。网易易盾支持的图片格式包括 JPG、PNG、BMP、WEBP、TIFF、TIF 等格式。

3. 阿里云内容安全

在文本垃圾内容检测方面，可以检测指定中文或者英文文本中是否包含违规信息，例如色情、广告、灌水、暴恐、辱骂等，并支持自定义关键词。在图片检测方面，阿里云支持鉴黄（性感、色情等）、暴恐（血腥、爆炸烟光、特殊装束、特殊标识、武器、打斗、聚众、游行、车祸现场、旗帜、地标等）、违规、二维码、不良场景（黑屏、黑边、画中画、打架等）、Logo 等识别。产品形态为通过调用 HTTP 接口发送请求。

4. 美团云

美团云内容安全包括图片安全检测、文本安全检测。在文本安全检测方面，主要识别文本中有关色情、暴恐、广告、灌水等垃圾内容，检测结果最终分为广告、色情、违法、灌水。在图片安全检测方面，主要识别图片中的诈骗广告、微商小广告、涉黄内容、恐怖主义、极端主义、血腥等内容，检测结果分为广告、色情等。

5. 今日头条 "灵犬"

今日头条的 "灵犬" 在文本低俗识别方面，采用先进的文本分类模型和半监督技术，对低俗文本进行识别。在图片低俗识别方面，则采用深度学习技术对图片进行分类。另外，对于机器无法判断的案例，采用人工审核的方式进行辅助。"灵犬" 的产品形态是内嵌在 "今日头条" 手机 App 内部。

6. 人工智能研究院

人工智能研究院研发的 "云鉴" 产品，主要提供色情识别、暴恐识别、敏感人物识别、广告监测、危险物品识别、名人识别、图文审核、敏感旗帜和违法违禁识别，其产品形态主要通过 HTTP 进行请求通信。

7. 腾讯云内容安全

在文本内容检测方面，腾讯云采用深度学习技术，识别涉黄、涉恐等有害内容，同时支持用户配置词库，打击自定义的违规文本。在图片内容检测方面，识别涉黄、涉恐、涉毒等有害内容，同时支持用户配置图片黑名单，打击自定义的违规图片。腾讯云内容安全的产品形态为 HTTP 接口请求。

目前业界低俗识别产品的主要形态是 PC 端或者手机端的在线测试、HTTP 或者 HTTPS 的 API 请求接口，以及 Docker 的私有化部署。技术手段主要采用深度学习结合关键词和黑 / 白名单的方法。

14.3　主要技术手段

14.3.1　关键词

基于关键词的识别方法首先构建一个低俗公共词库，如果待审核的文本中包含公共词库中的低俗词，就认为该文本为低俗文本；也可以在公共词库上构建一些简单规则对文本进行审核，比如同时包含特定的 A 和 B 两个关键词，或者包含 A 关键词但不包含 B 关键词。另外，也可以构建两种公共词库，即黑名单公共词库和白名单公共词库，之后在这两种公共词库上结合规则进行低俗文本的判断。

值得一提的是，当词库中词的数量非常大的时候，逐个排查的搜索方法耗时会非常高，每个待审核词的审核复杂度为 $O(N \times M)$，其中 N 为词库中词的数量，M 为待审核词的字符串长度。这个时候需要对检索的速度进行提升，比较常用的两种方法为 AC（Aho-Corasick Algorithm）算法和 Wu-Manber 算法。

AC 算法使用的是基于 Python 实现的 pyahocorasick 库。AC 算法首先构造有限状态自动机，之后有限状态自动机会根据输入内容进行模式串匹配，并随着字符的输入发生状态转移。每个待审核词的算法复杂度为 $O(N)$，即与待审核词的长度 M 无关。

假设有 5 个字符串 ABCD、BELIEVE、ELF、ELEPHANT 和 PHANTOM，则构成的 AC 自动机如图 14-1 所示，其中实线箭头代表成功的状态走向，虚线箭头代表失败的状态走向，灰色节点代表输出状态。当输入一个模式串，会从 ROOT（根节点）开始游走，只要走到灰色节点，代表一次匹配成功，即存在字符串。

与文本的关键词类似，图片低俗识别可以基于图片的 URL 或者 MD5 进行匹配判断。

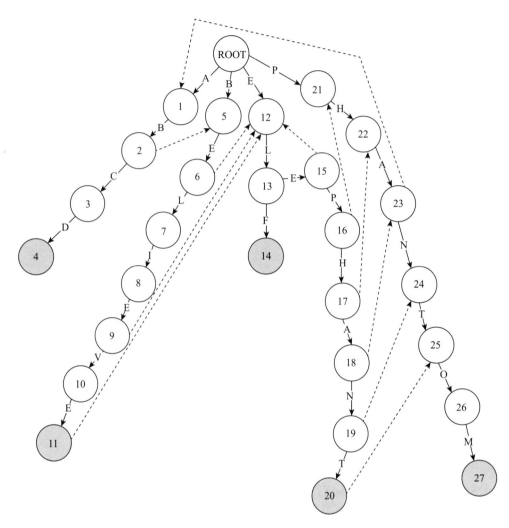

图 14-1 AC 自动机

14.3.2 模型

基于模型的方法不再是把文本当作离散的词的组合，而是把文本当作一个整体来考虑。在实际场景中，低俗识别通常转化为一个分类问题。文本的模态一般先把待审核的文本转换为特征向量，再对特征向量进行分类判断，如果低俗的概率高于非低俗的概率，那么该文本就会被判定为低俗。

将文本转换为特征向量的方法主要包括 TF-IDF、TextRank、word2vec、GloVe、FastText、ELMo、BERT 等，主流的文本分类方法包括 TextCNN、HAN、CNN-RNN、BERT、RoBERTa、XLNET 等。值得注意的是，越复杂的模型需要的算力越大，比如 BERT 模型需要在 GPU

上运行。

在实际应用中，并不是复杂的模型效果就一定好，一般要根据业务需求结合实验效果选取合适的特征表示和分类模型。很多时候也需要结合多种特征表示和模型组合来提高低俗图文识别的效果。与文本类似，图片低俗识别可以先将图片转换为特征向量（比如 SIFT、HOG、深度学习网络），再应用图片分类模型进行低俗判断。分类模型可以是各种深度学习网络，也可以是经典的分类模型，比如支持向量机、线性判别分析等。

14.3.3　匹配

基于匹配的方法与基于关键词的方法有点类似，不过此时不是维护一个词库，而是维护一个向量库。将低俗文本转换为向量，保存到低俗向量库，将非低俗的文本也转换为向量，保存在非低俗向量库。判断待审核的文本时，先将其转换为向量，此处向量转换的方法要与低俗向量库的转换方法一样。接着与低俗向量库和非低俗向量库进行向量匹配，匹配的时候通过向量相似度计算方法（比如 cosine 相似度、欧氏距离等）计算相似度。最后，如果与低俗向量库中的向量更相似且相似度超过一定的阈值，则认为待审核文本为低俗文本。

为了提高搜索效率，目前向量匹配比较前沿的方法有 Faiss、Milvus 和 SPTAG。以 Faiss 为例介绍高效向量匹配的基本原理，其核心原理主要包含两部分，一是 Product Quantizer（乘积量化，PQ），二是 InVerted File system（反向文件系统，IVF）。

PQ 是把连续的向量空间离散化，从而优化距离。IVF 是先用 k-means 聚类算法对所有向量做聚类，得到多个簇，待查询向量先与簇心计算距离，再与最近的几个簇中的所有向量计算距离，从而选出最相似的几个向量。

如图 14-2 所示，假设共有 M 个文本，转换后每个文本的向量为 T 维，假设 T 取 128，那么待匹配向量 A 为 $M \times 128$。首先将向量分段，假设分为 S 段，$S=4$，得到 B。

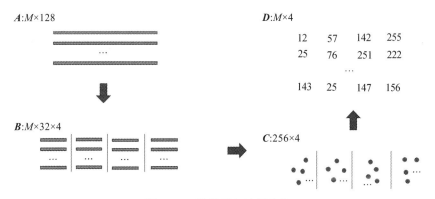

图 14-2　将所有向量离散化

接下来分别对 **B** 中 4 个分段的所有向量进行无监督聚类（比如 k-means）得到多个簇和簇中心向量，假设簇的数目为 R，假设 R=256，那么簇中心向量的编号为 0～255，由此得到 **C**。将每个文本向量用 4 个簇的编号来表示，即转换为簇向量。比如图 14-2 中第一个文本向量的第一段属于簇 12，第二段属于簇 57，第三个属于簇 142，第四个属于簇 255，那么第一个文本向量可以表示为 [12, 57, 142, 255]。由此得到所有文本向量对应的簇矩阵 **D**。值得注意的是，图 14-2 整个过程是离线进行的，并不占用线上匹配的时间。

当加入一个新的文本向量的时候，我们就可以对其进行向量检索了，即与 **A** 中所有向量计算相似度。如图 14-3 所示，首先将该向量分为 4 段，然后计算每段向量与 **C** 中每个簇中心向量的距离，由此得到距离池，距离池为大小为 256×4。

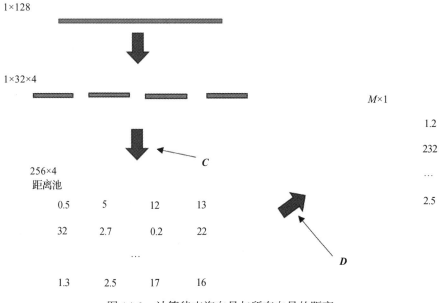

图 14-3　计算待查询向量与所有向量的距离

接下来计算新文本向量 **a** 与所有向量的距离。通过 **D**，我们先计算新向量每段与 **D** 中每个向量每个簇中心向量的距离，由此得到 $d1$、$d2$、$d3$、$d4$，那么 $d1+d2+d3+d4$ 即为新向量与该向量的距离。

最后得到新向量与所有向量的距离，其大小为 $M×1$。向量检索阶段为线上运行阶段，减少耗时非常重要。我们来对比一下 PQ 与暴力匹配的耗时。假如采用暴力匹配，那么复杂度为 M 次 T 维向量的距离计算；假如采用 PQ，只需要 $S×M$ 次的查找计算，再加上 $S×R$ 次的 T 维向量的距离计算。M 往往远大于 S 和 R，因此 PQ 大大减少了线上向量搜索的耗时。

IVF 就是对线上搜索耗时的进一步优化，其做法是减少需要计算距离的目标向量的个数（即缩小 M）。首先对所有 M 个向量用 k-means 算法做聚类，得到 W 个簇和簇心，查询向量先与每个簇心计算距离，然后挑选距离最近的 Z 个簇，接着计算查询向量与 Z 个簇里向量的距离（计算方法与 PQ 阶段类似），由此得到与待查询向量最相似的 Y 个向量及其相似度。

低俗图片的匹配处理过程也可以先转换为特征向量，再用向量检索的方式进行判断。

14.3.4　举报

在实际应用中，机器识别低俗内容具有局限性，当一种全新的低俗内容出现的时候，机器往往无法识别。这个时候需要引入举报和申诉机制，即借助用户，即人的反馈来辅助判断低俗内容。比如当有用户举报的时候，进一步由人工审核判断内容是否低俗，或者当多个用户对同一个内容进行举报的时候，可以自动判定该内容为低俗内容。

我们在产品规划中设计用户的负反馈机制，这也是内容产品面对用户常见的功能。因为低俗场景的特殊性，各种低俗内容的变种一直和黑产有一定的关联，所以用户反馈的时效性更高。我们将变种加入种子库，可以迅速响应日常一些突发的案例。同时，在模型预测的样本中，很大一部分依赖于反馈的数据来迭代与优化。

14.3.5　用户行为

除了基于内容本身对低俗内容进行识别，也可以结合用户的行为进行判断。低俗用户的基础属性比如用户的 ID 或者头像等可能包含低俗信息，或者某个地点、某个时间段、某个 IP 地址的用户经常发布低俗的内容，那么就可以对该用户进行封号或者权限控制。

物以类聚，人以群分。用户在某些方面的兴趣、年龄、经历等具有一定的趋同性。低俗用户的社交行为相对在一个圈子里，但是低俗用户的社交关系为了某种目的，比如招嫖用户，会存在大量的陌生社交行为。图结构学习等算法可用于挖掘用户行为。

14.3.6　多模态

由于低俗内容本身的复杂性和多样性，往往也需要借助多模态的方法进行全方位打击。比如除了对声音本身进行识别，还可以将声音转换为文字，再对文字进行低俗识别。除了对图片本身进行识别，还可以对图片中的文字通过 OCR 技术进行提取，再对文字进行低俗识别。甚至有时候需要结合图片和文字两者来综合判断当前内容是否低俗，相关方法请参考第 6 章的介绍。

14.4　业务案例

一个完备的低俗内容识别系统应该是多种方法的融合，也是机器识别和人工识别的协作。机器可以提高效率、节省成本，而人工可以识别机器无法识别或者识别错误的内容，通过给机器提供反馈使机器的识别效果得到进一步的提升。下面介绍一下我们在业务场景中进行低俗图文识别的技术方案，如图 14-4 所示。

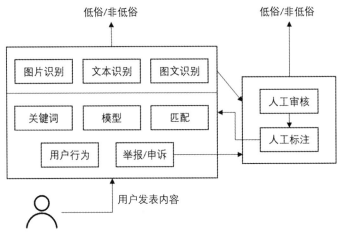

图 14-4　人机融合的低俗内容识别

我们在实际探索中，分别建立了文本识别和图片识别模型，也是图文低俗识别业务和视频低俗识别业务中的基础算法模块。

文本识别模块初期使用的 TextCNN 网络模型，随着 BERT 模型的出色表现，业务应用在实践中也延续了业界常用的预训练和精调的范式。在实际业务中我们重点优化了两方面的能力。

数据处理方面，真实数据中低俗正样本占比极低，同时存在低俗正相关词正负样本不均衡的问题。例如写真这个词在训练集中出现的比例，正样本远大于负样本，当模型在训练写真类型的短文本样本时，由于模型更倾向于学习到的局部特征，就会将包含写真的负样本判断为非低俗。针对这类词，一方面可以通过机器辅助人工进行调整，另一方面可以通过随机删除的数据增强方法，结合重采样策略来训练模型，在模型上采用 Focal Loss 从损失函数的角度来处理样本不均衡的问题。

语义处理方面，因为业务的特殊性，文本低俗表达隐晦，局部特征例如"飞机""香蕉"等词，难以确定是常规词还是低俗词，涉及深层语义理解。我们在模型设计上改进了 Mask 机制，传统的 Mask 机制是只掩盖子词，我们将其改进为掩盖子词和子词所在的完整词，实现了对语义单元的覆盖，在中文环境使语义表示能力得到了增强。

在训练策略上，我们首先在业务领域对数据进行进一步训练，解决了预训练语料和特定领域的数据分布不一致问题。同时模型在不同业务数据集上进行多任务学习，在标题党等相近内容质量模型的有监督数据集上进行训练。最后在目标任务低俗文本识别模型上进行精调。

我们使用的图片分类模块是 Inception-ResNet，在业务初期取得了不错的效果。我们的初期模型主要解决的是数据问题，因为低俗图片占比总体是万分之一，这种极度不均衡的模型改进很难获取大的收益。我们采取数据多源采集，建立负反馈机制、内容爬取、主动学习策略，快速构建了大规模数据集。同时探索了基于 GAN 的数据增强方法，生成更多低俗图片，有效补充了训练样本，满足了业务初期的需求。

实际业务中，我们通过进行判别错误案例分析和模型可视化发现，很多低俗信息来自局部特征，例如胸部裸露的部分过多。我们的模型对画面主体识别更加有效，我们的思路是采用注意力机制对局部特征进行关注，最终在业务中使用的模型结构参考了 WS-DAN 网络。

网络通过注意力的特征图来关注目标主体，采用双线性注意力池化机制解决细粒度分类的问题，具体如图 14-5 所示。

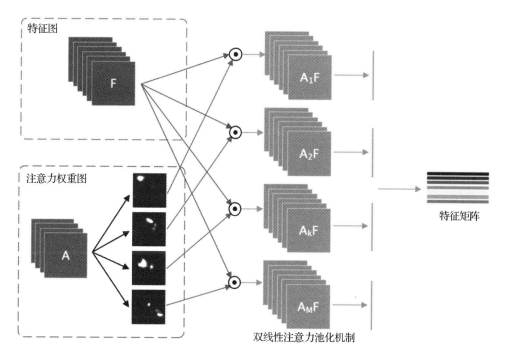

图 14-5　WS-DAN 网络注意力机制计算流程

首先产生特征图和注意力权重图，每个注意力权重都关注物体的局部，然后通过卷积或者池化来提取局部特征，得到由局部特征拼接组成的特征矩阵。

因为游戏图文的语义信息包含在不同的模态数据中，我们除了单独文本和图像分类模型，也尝试了多模态理解模型作为基础方案。在基础方案中我们分别用 EfficientNet 模型和 BERT 模型来提取单模态特征，然后将各个模态特征进行拼接融合。对于基础模型，我们针对游戏视频理解任务的特点，从模型结构、数据利用方法和优化方法等方面对基础模型做了优化。下面介绍一下效果提升最有效的多模态融合方法优化。

拼接融合和 Transformer 融合是目前两种常用的模态融合方式，它们在不同的数据条件下表现不一致，当数据量相对较少时，由于拼接融合结构简单、参数量小，能够有效避免过拟合，因此有着更好的效果；而当数据量足够大时，Transformer 融合结构能利用自注意力机制让不同模态的特征进行充分的信息交换，因而具有更强的表达能力，能够带来更好的融合效果。

此外，游戏视频中不同模态有着信息冗余，如果采用 Transformer 融合，大量冗余信息会对融合后的特征造成干扰，并且增加自注意力的计算复杂度。为了解决这个问题，我们参考了 MBT（Multimodal Bottleneck Transformer）模型。MBT 是基于 Transformer 融合的模型，通过新增 bottleneck（瓶颈限制）节点，迫使模态间的信息只能通过这些 bottleneck 节点进行交流，这就要求单模态模型有能力整理和浓缩最相关也就是最需要和其他模态进行融合的信息，从而提高融合性能。

14.5　本章小结

本章首先介绍了业界低俗图文识别的主要产品及其形态，接着介绍了低俗图文识别的主要技术手段，包括关键词、模型、匹配、举报、用户行为和多模态，并介绍了我们在真实业务场景探索的有效方法。低俗图文识别是一个长期动态的过程，需要根据当时当地的法律法规以及用户的对抗行为作出适应性的调整和升级。